기계기술자의 일렉트로닉스 100가지기술

스기다 미노루 저
편 집 부 역

첨단과학기술도서출판
機電研究社

머 리 말

　인기기술인 일렉트로닉스는 모든 분야에 그 응용을 넓혀 기계에서도 대형기계는 물론 자동차 또는 사무 기기, 시계, 카메라 등의 소형 기계에까지 이르는 등 비약적으로 활용되어 기업의 경쟁력을 높이는 원동력이 되어 있다.
　그래서 기계기술자에게도 일렉트로닉스의 중요성이 많은 사람에게 인식되어 세미나, 통신교육, 기타 방법으로 몇 회라도 반복되고 있다.
　그러나 일렉트로닉스의 공부는 그 기술이 넓으면서도 깊고 기계기술자에게 이질적인 점과 기술 혁신도 심해서 용이하지 않으며 일렉트로닉스를 기초에서부터 교과서적인 순서로 공부해도 그것이 어떻게 기계에 연결되는지 알 수 없고 또 난해한 것이 많고, 그 사이에 공부 의욕도 꺼지고 절망하는 사람들이 태반이라고 한다.
　그래서 기계기술자에게 일렉트로닉스의 공부가 용이하게 이해되도록 입문을 위한 도서라는 속셈으로 정리한 것이 본서다.
　본서가 지금부터 공부하려는 기계기술자 또는 기타 일반사람들에게 또 사내교육등의 입문 텍스트용으로 사용된다면 다행으로 생각된다.

저 자

목 차

1. 입문에 즈음해서

1.1 기계기술자의 일렉트로닉스······················11
1.2 일렉트로닉스의 기계 응용······················13
1.3 기계 일렉트로닉스 공부의 마음가짐··············15
1.4 가급적 표준 회로를 생각한다····················20
1.5 실험 회로에서 체득한다························22

2. 입문을 위한 기초 지식

2.1 부품, 소자의 기호······························25
2.2 그림, 기호를 이해한다··························28
2.3 전기 회로의 입문······························29

3. 기계기술자의 저항기

3.1 시판하는 일반 저항기····························35
3.2 옴의 법칙과 그 실제 회로를 이해한다············37
3.3 옴의 법칙과 미터································41
3.4 저항기의 실용 기술······························44
3.5 저항의 직렬과 병렬 접속을 이해한다··············48
3.6 가변 저항기란··································50

3.7 기계기술자와 가변 저항기······················52
3.8 저항 분할과 그 응용·························54
3.9 저항기의 소비 전력··························56
3.10 휘트스톤 브리지를 실용하는 지식················58
3.11 휘트스톤 브리지의 극성과 상···················60
3.12 휘트스톤 브리지와 서보 모터···················64
3.13 저항(임피던스) 매칭························67
3.14 도선의 저항·······························71
3.15 유도 리액턴스와 한 개 전선의 대저항············73
3.16 저항기의 실제 응용과 그 이해··················80
3.17 기계의 마찰과 효과적 저항기 회로···············84
3.18 기계에의 저항기 응용 지식····················86

4. 기계 기술자의 콘덴서 기술

4.1 시판하는 일반 콘덴서························89
4.2 콘덴서란································91
4.3 콘덴서의 직병렬과 실험······················93
4.4 콘덴서와 교류·····························95
4.5 콘덴서를 이해하는 실험······················97
4.6 패스콘의 효용과 콘덴서의 응답·················100
4.7 시상수 회로······························102
4.8 콘덴서와 아날로그 기억······················104
4.9 적분 회로를 이해한다························106
4.10 적분 회로와 노이즈 대책····················108
4.11 미분 회로 입문···························110

4.12 미분 회로의 이해·················112
4.13 미분 회로와 펄스···············114
4.14 채터의 주의··················117
4.15 기계와 콘덴서·················118
4.16 정전 실드의 이해···············120
4.17 정전 실드와 변위 전류···········122
4.18 기계의 응답 개선과 콘덴서의 집중력·····125
4.19 콘덴서의 참고 지식··············127

5. 기계 기술자의 코일 기술

5.1 기계를 움직이는 힘과 코일의 관계········131
5.2 코일의 유도 작용················133
5.3 1회 감기 코일의 노이즈와 시상수·······135
5.4 기계의 응답개선과 인덕턴스와 저항······139
5.5 서지 전압의 이해················142
5.6 기계 기술자의 서지 전압 대책 기타······144
5.7 기계 기술자의 노이즈 시뮬레이터·······147

6. 기계 기술자의 다이오드 기술

6.1 다이오드와 순방향 전압············151
6.2 시판하는 일반 다이오드의 선정········153
6.3 다이오드를 이해한다··············155
6.4 정류 평활 회로의 해설············158
6.5 배전압 정류, 위상 변별············160

6.6 기계에 소용되는 다이오드 진동기······162
6.7 제너 다이오드란············164
6.8 제너 다이오드의 정전압과 기계······165
6.9 회전 안전화와 발광 다이오드·······167
6.10 발광 다이오드의 각종 기계에 응용····169
6.11 기계의 상태 표시··········171
6.12 기억을 요하는 기계의 표시례······173

7. 기계 기술자의 트랜지스터 기술

7.1 트랜지스터의 기호와 증폭·······175
7.2 어스의 이해와 증폭 회로·······179
7.3 기계 기술자의 트랜지스터 지식······181
7.4 최대 전압, 최대 전류 기타······183
7.5 최대 허용 손실(컬렉터 손실)의 해설····185
7.6 트랜지스터의 실험과 사용 방법·····187
7.7 트랜지스터 스위치의 해설······191
7.8 무접점 스위치의 지식········193
7.9 기계 기술자의 어스··········195
7.10 트랜지스터를 이해하는 실험·····198
7.11 기계 기술자의 제어 회로·······200
7.12 기계 기술자의 전자 릴레이······202
7.13 전자 회로에 왜 전자 릴레이가 필요한가···204
7.14 LED 표시와 달링톤 증폭·······206
7.15 달링톤 증폭···········208
7.16 트랜지스터의 기계 응용 여러가지와 트랜지스터 선정··210

7.17 트랜지스터의 표준 회로·················217

8. 기계 기술자의 일렉트로닉스 기술

8.1 기계 기술자의 부하와 그 주의··········219
8.2 스위치를 트랜지스터에 치환하는 방법··········221
8.3 트랜지스터의 모터 제어법···············223
8.4 DC 모터의 속도 제어··················225
8.5 광센서의 기계 응용법·················227
8.6 광파이버를 기계에 응용하는 각종 기술········229
8.7 광파이버로 기계 감시·················231
8.8 기계의 동작 아날로그 검출과 부하 효과·······233
8.9 비교 판단 방법·····················235
8.10 기계의 상태 비교 판단법···············237
8.11 일렉트로닉스 기계 응용의 마음 가짐········240

9. 납땜과 테스터

9.1 초심자의 납땜·····················243
9.2 납땜 인두························245
9.3 납땜의 방법······················247
9.4 납땜 시의 주의····················249
9.5 테스터란························251
9.6 전압 측정법······················254
9.7 저항의 측정법····················256
9.8 전류의 측정······················258

1. 입문에 즈음해서

1.1 기계기술자의 일렉트로닉스

 기계기술자가 일렉트로닉스에 의해서 훌륭한 성과를 올리기 위해서는 일렉트로닉스에 다음과 같은 기본적 응용 방향이 있는 것을 이해하고 이것에 따라서 응용을 진전하는 것이 바람직하다.
 무릇 기술이나 일에는 구체와 추상이라는 것이 있다.
 구체와 추상을 그림 1처럼 기술이나 일에 대해 두 가지 형태로 분류할 수 있다.
 구체적인 일이란 어떤 재질로 만들어진 것을 움직이거나 가공하는 것으로 이것은 인간이 옛날부터 해 온 것이지만 점차 기계가 이것을 하게 되고 다시 그 기계는 각종이 모여서 공장 기타의 형태를 만들어 이것을 중심으로 해서 물건을 능률적으로 가공하여 대량으로 생산이 가능해져 경제를 눈부시게 발전시키고 있다.
 한편, 추상의 일이란 상술한 것처럼 어떤 재질로 만들어져 치수라

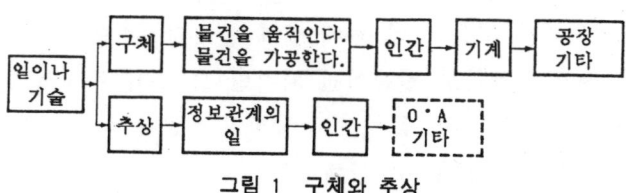

그림 1 구체와 추상

1. 입문에 즈음해서

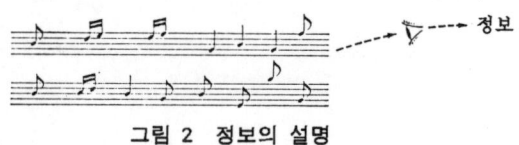

그림 2 정보의 설명

든가 형상을 가진 것을 대상으로 하는 것이 아니라 추상적인 정보 관계의 일을 하게 된다. 이러한 추상적인 일은 인간이 이제까지 주로 두뇌를 사용해온 것으로 이것을 기계화, 자동화하는 것은 곤란했었다.

그러나 최근 일렉트로닉스의 진보는 컴퓨터의 보급, OA, INS 등으로 나타나 이분야는 급속히 신장, 혁신을 촉구하고 있다.

따라서 옛날부터 책상앞에서 주로 연필(펜)을 가지고 종이 일을 해 오던 많은 사람들에게 기술 혁신의 물결이 다가오고 있다.

요컨대 산업혁명이라는 말을 가지고 보아도 구체적인 일이라는 것이 선행하고 기계화에 의해 오늘날과 같은 풍부한 문화를 이루어 왔지만 최근에는 물건이 아닌 추상적인 정보를 중요시 활용하는 시대가 되었다.

정보를 취급하는 데에는 일렉트로닉스가 가장 안성마춤으로 이 분야에서 대활약하게 된다.

그래서 정보에 대해서 좀더 이해를 깊게 하기 위해 그림 2로 정보의 설명을 하겠다. 구체물인 어떤 악보(종이나 잉크라는 구체물)를 인간이 눈으로 보아서 거기서 추상적인 정보를 머리 속에 넣는 것이다.

형태있는 구체물은 그대로 머리 속에 들어가지 않지만 추상적이 된 정보라는 것은 머리 속에 쉽게 들어갈 수 있다.

머리 속도 구체물로 만들어진 뇌지만 그 속에 추상적으로 기억된 것이 있어서 머리 속에 들어간 추상적인 정보는 이 기억과 비교되고 판단되어 악보를 읽을 수 있게 된다.

구체물인 악보는 색깔있는 종이나 백지라도 좋고 두꺼운 종이나 얇은 종이라도 좋고 또 일부 더러워져도 괜찮다. 요는 그 구체물로부터의 것이 아닌 추상적인 정보를 받게 된다. 그리고 이 정보는 인간의 머리 속이 아니라도 그림 2처럼 종이라는 구체물인 악보에 정보를 실은 것처럼 전기에도 실을 수 있고 그것을 크게 취급할 수 있다.

전기에 정보를 실음으로써 IC를 비롯해 기타 각종의 소자가 활약해 정보의 기억이라든가 판단, 기타 여러 가지의 것을 할 수 있게 되고 인간의 두뇌를 대신해 정보의 일을 할 수 있게 된다.

따라서 이제까지 구체적인 일밖에 할 수 없었던 각종 기계에 정보를 취급하는 일능력을 줌으로써 구체와 추상의 양쪽 일을 할 수 있게 된다.

여기에서 일렉트로닉스의 응용 방향을 구하는데 기본이라고 할 수 있다.

1.2 일렉트로닉스의 기계 응용

일렉트로닉스의 기계 응용은 일반 기계에 정보 능력을 그림 1처럼 부여함으로써 이제까지에 없는 기계를 개발하는 것이 중요하다.

이때 정보에 관한 능력을 기계에 준다고 해도 그 기술 내용은 대단한 격차가 있고 상당한 자금이나 노력, 시간이 걸려도 현재의 기

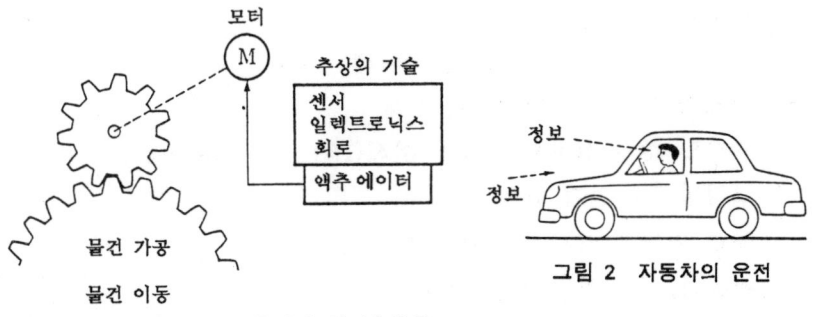

그림 1 구체와 추상의 양기술응용

그림 2 자동차의 운전

술로는 불가능한 것도 있고 또 대단히 간단하고 용이하게 실현할 수 있는 것도 있다.

그래서 준비없이 개발 계획을 추진해서 수렁과 같은 곤란한 상태에 빠져 들어가지 않아야 한다. 따라서 기술 능력에 맞는 개발, 개선 계획을 세우는 것이 바람직하다.

예를 들면 그림 2는 자동차의 운전이지만 도로의 온갖 상태라는 정보는 시시각각으로 변화해서 차 속의 사람에게 들어온다.

인간은 그 정보를 얻어 판단해서 엔진을 돌려 짤그랑거리며 움직이는 기계를 잘 운전하게 된다.

이 인간을 일렉트로닉스(마이컴)로 그대로 대용할 수 있는 로봇 등을 생각해도 그 실현은 안전이나 경제적인 조건이 필요해서 개발 불가능이 된다.

그러면 어떻게 생각하면(어떻게 조건을 붙이면) 이러한 것의 개발이 가능해지는가 하는 것이다.

예를 들면 기계공장 등의 무인 운반차등과 같은 계획을 하면 용도에 따라서 개발이 가능해진다. 따라서 일반 기계기술자는 일렉트로닉스의 급소라고 할 수 있는 응용 포인트는 개발이 가능한가, 등도 포함해서 응용 계획을 할 수 있는 기술자가 되는 것이 공부해 스스로가 고도한 회로 모두를 만들 수 없어도 어떠한 조건을 붙이면 바람직한 진행 방법일 것이다.

일렉트로닉스의 기계 응용을 참고로 생각나는 대로 늘어놓으면 다음과 같다.

- 신제품 개발, 신기술 개발을 위해
- 이제까지의 것을 개량하기 위해
- 특수한 생산 설비를 만들기 위해(FMS, FA 등을 위해)
- 고정밀도를 얻기 위해
- 높은 기능을 가지게 하기 위해
- 자동화, 무인화를 하기 위해

- 불량품을 없애기 위해
- 안전을 위해
- 최적한 제어를 하기 위해
- 인력을 절약하기 위해
- 정보를 취급하기 위해, 센서의 활용을 위해
- 관리를 시키거나 관리를 쉽게 하기 위해
- 계측을 하기 위해(동적 기계의 계측을 하기 위해)
- 현상을 연구하기 위해, 검사, 데이터를 취하기 위해
- 가격절감을 위해
- 경량화를 위해, 소형화를 위해
- 에너지 절약을 위해
- 사용하기 쉬운 것, 편리한 것으로 하기 위해
- 마이컴의 활용으로 경쟁력을 만든다.
- 메커트로닉스를 활용한다.
- 경쟁력이 있는 기술자를 만들기 위해
- 설비 진단을 위해
- 기업 구조의 개혁
- 기타

1.3 기계 일렉트로닉스 공부의 마음가짐

 기계기술자가 일렉트로닉스를 공부할 때의 마음 가짐이라는 것이 있다.
 그것은 일렉트로닉스의 공부를 가령 일렉트로닉스의 기계에의 계획(응용)력을 기대해서 배우는 방향과 또 하나는 일렉트로닉스의 회로 기술력을 배운다는 두 가지 방향으로 분류했을 때 어느쪽에 비중을 두어서 공부하는가 하는 것이다. 이 공부의 방향은 기계기술자의 연령, 직업, 지위, 기타에서 어느쪽을 채택하는가에 따라서

16   1. 입문에 즈음해서

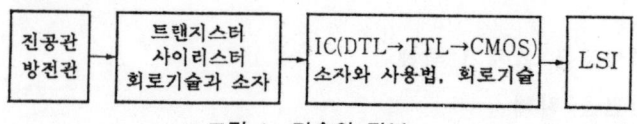

그림 1   기술의 진보

달라지는 것이 보통이지만 일반적으로 젊고 기술에 열려 있는 사람은 회로기술의 연구 설계력을 얻는 쪽에 나아가는 것도 바람직하다.

어느정도 중년인 사람은 계획(응용)력의 양성을 위해 공부하고 회사의 이익을 신속히 올리기 위해서는 어떻게 계획하는가 하는 방향에 힘을 쏟는 것이 바람직한것 같다.

옛날부터 일렉트로닉스가 중요해지리라는 예측에서 기계에 대한 각종 기술잡지에 일렉트로닉스의 강좌가 게재되었다. 그 내용은 일렉트로닉스의 전문가가 일렉트로닉스를 교과서적으로 해설한 것이었다.

그 해설 정도는 고도의 것이거나 반대로 대단히 간단한 해설이어서 그것이 기계에 어떻게 소용되는지 알지 못한 채 공부하고 결국, 기계기술자의 일에 소용될 수도 없이 무위로 끝난다는 소리도 있었다.

가령, 노력의 결과, 상당히 일렉트로닉스를 배워 이해했더라도 이 분야는 기술혁신이 대단히 변화한다.

그림 1을 예를 들면 일렉트로닉스가 중요하다는 것이 알려진때는 진공관이나 방전관 시대였다. 진공관으로는 큰 전력을 취급하기 어려워서 기계 제어등의 용도에 사이라트론을 사용한 일이 있다.

옛날에 사용한 사이라트론의 예를 그림 2 좌측에 든다.

또 펄스 기술의 카운터 등에서도 데카트론이 사용되었다. 옛날에 사용한 데카트론의 예를 그림 3 좌측에 든다.

그런데 이런 응용 기술을 몸에 익혔을 때 진공관이나 방전관류는 트랜지스터나 사이리스터 기술로 치환되고 있다.

그림 2의 우측에 든 것이 사이리스터의 SCR인 데 그림의 사이라트

1.3 기계 일렉트로닉스 공부의 마음가짐 17

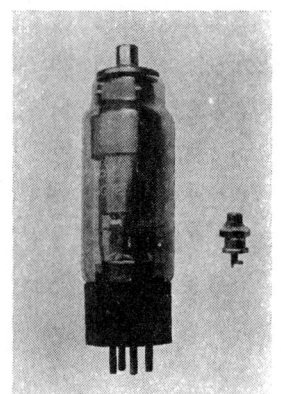
그림 2 사이라트론과 SCR

그림 3 데카트론과 계수용 IC

론과 동등한 파워를 그림과 같은 소형으로 가지고 있다.

게다가 사이라트론은 수명이 짧고 열음극이어서 필요없는 큰전류를 소비하지만 SCR는 전혀 이런 걱정이 없다.

또 그림 3의 좌측은 펄스 계수용인 계수 방전관(데카트론)과 TTL의 SN7490N을 가리킨 것으로 이것 또한 그 계수 속도에서도 더블 펄스 데카트론에서 매초 4,000, 싱글 펄스 데카트론에서 매초 20,000 정도이고 그 수명은 보통 3,000시간 정도지만 사용 조건에 따라서 500~1,500시간 정도가 되는 일도 있다.

이에 대해서 TTL의 SN7490N은 계수 속도 20MHz로 수명은 반영구적으로 사용되어 전혀 비교가 되지 않는다. 따라서 새로운 기술로 변혁되기 마련이다.

이 한 가지 예처럼 일렉트로닉스의 기술 혁신은 놀랍고 또 급속해서, 예를 들면 진공관이라든가 방전관 시대에 일렉트로닉스 기술에 종사했던 사람들 중에서도 중년인 사람은 트랜지스터 시대에 들어가지 못한 사람도 상당히 있다.

이때, 젊은 사람은 힘을 내서 새로운 기술로 비약해 트랜지스터의 회로기술자로 되었지만 이것 또한 그후에 나타난 IC에 대해서 이들 회로 기술자도 이젠 이것으로 우리도 끝나는 것이 아닌가 하고 걱정하는 사람도 많다.

최근에는 각종 회로가 IC로 되어 싸고 소형으로 제작되어 판매되고 있어서 이것들을 잘 활용하게 된다. 그리고 이 IC도 DTL에서 TTL 그리고 CMOS라든가, 최근에는 특히 LSI가 비약적으로 훌륭한 상품으로서 활약하고 있다.

이렇게 보면 일렉트로닉스의 전문가도 일렉트로닉스 기술의 각종 모든 것을 실용할 수 있게 배우는 것은 쉬운 일이 아니다.

하물며 기계기술자가 일렉트로닉스를 전문가처럼 깊고 광범위하게 공부하게 된다면 매우 좋은 일이다.

우리나라가 훌륭한 상품을 계속 세계에 수출하는 오늘날, 기술자에게 걸린 부담은 무겁고 이 발전을 계속하기 위해서는 아무래도 기계기술자는 일렉트로닉스를 공부하지 않을 수 없는 시대가 되었다.

이때 기계기술자가 일렉트로닉스를 공부하는 것은 곤란하다고는 하지만 결심과 공부하는 방식에 따라서는 비교적 용이하다. 그것은 일렉트로닉스는 작은 실내에서 자유로이 기름으로 오염되는 일없이 염가로 연구나 일을 하기 쉽기 때문이다.

이에 대해서 일렉트로닉스 기술자가 기계를 공부하는 것은 어려움이 많고 별로 많은 사람이 성공하지 못한다.

기계기술자가 일렉트로닉스나 마이컴을 공부해 성공하는 사람은 많다.

그리고 기계기술자가 일렉트로닉스를 공부했을 때 기계기술자는 기계에 대한 지식, 경험을 가지고 있는 것이 유리하다.

즉 메커트로닉스의 등장이다.

기계기술자가 일렉트로닉스를 공부할 때 중요한 마음 가짐이 있다. 기계에서도 대단히 복잡한 메커니즘인 기계에서는 최초, 현장에서 탄생하는 것이 많다. 즉 현장에서 생각해 실상에 맞추어서 일응 물건을 만들고 만든 결과를 보고 다시 현장에서 검토하고 생각하면서 고쳐 종합적으로 개발된다.

이러한 개발 상태의 경우, 완전한 설계도는 없고 표준을 위한 도면이 현장에 놓일 정도다.

그리고 현장에서 고치고 개량에 개량을 거듭해서 실용이 되는 것이 만들어졌을 때 설계 기술자가 그 기계를 분해 스케치해 강도라든가, 마모라든가, 사용의 간이성, 기타를 검토한 후 새로 설계도를 만드는 일이 많다.

즉 대단히 복잡한 이제까지에 없었던 기계를 개발할 때 설계자가 책상 위에서 만든 설계도만으로 그대로 만드는 계획에서는 곤란한 일이 많고 안이하게 책상위에서 생각한 도면만으로 제작을 추진하면 트러불은 연발하고 기대 대로의 것이 예정대로 종합되기는 불가능하다고 할 수 있을 정도다.

일렉트로닉스도 책을 읽거나 세미나에서 공부해 기술을 흡수하면 거기에 따라서 일렉트로닉스 메이커의 각종 상품처럼 고도한 회로나 제품을 언제라도 만들 수 있는 능력이 생긴다고 생각하는 것은 좋지 않다.

일렉트로닉스의 고도한 회로는 전문가가 개발한 때도 책상 위에서의 계산과 이치로 예측해서 그대로 완성되는 회로는 거의 없다.

서투른 계산보다 실험쪽이 일반적으로 빠르다는 것이 상식이다.

또 기계기술자가 일렉트로닉스를 공부할 때 기계의 상태를 깊이 파헤쳐서 알기 위해서 계측적인 공부를 하는 것도 중요하다.

기계라는 것은 계측이라고 해도 일반적으로 동적인 장소에서는 측정할 수 없는 측정기로 제작된다.

그래서 기계를 개량하기 위해서는 어디가 어떠한가, 운전 상태에서의 설계정보를 얻기 위해 일렉트로닉스라든가 센서의 응용을 알아야 한다.

1.4 가급적 표준 회로를 생각한다

그림 1은 기술(수준)의 진보를 연령으로 예시한 것이다. 기계 기술의 진보 향상도 대단한 것이지만 그 이상으로 일렉트로닉스 관계의 기술은 급속히 진보해 기술 혁신이 되어 있다.

기계 관계의 도서는 출판해도 20년이나 판을 거듭할 수 있었지만 일렉트로닉스 관계의 도서는 출판하고서 2년 정도로 기술의 급진보 때문에 그 가치는 점차로 떨어져 판을 거듭하기가 어렵다.

즉 일렉트로닉스 산업은 이 그림에서 이해되는 것처럼 대단히 기술 혁신이 빠르고 그 결과, 저자의 생각으로는 다음과 같이 되리라고 본다.

1) 기업 간 경쟁이 치열해진다.
2) 일렉트로닉스 상품의 매출 수명이 짧아진다.
3) 개발 경쟁은 시간과의 싸움이 되고 잔업, 철야 기타 전력을 내서 노력해 급속히 개발하지 않으면 타이밍을 놓친다.
4) 기술자는 머리뿐 아니라 체력도 함께 경쟁이 된다.
5) 기술자가 유유히 일렉트로닉스를 공부하고 있으면 따라갈 수 없다.
6) 기업은 사내 교육을 통해 통신이나 기술을 세미나 기타에서 기술을 흡수해도 늦을 때가 많고 그래서 능력있는 기술자를 타사에서 스카웃하는 일이 많아진다.

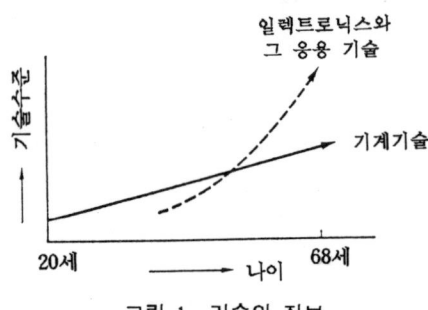

그림 1 기술의 진보

7) 기술자는 회사에 대해서 충성심과 지각하지 않고 쉬지 않고 근무해 연공서열형인 성공을 기대해도 곤란하다.

그래서 우선 일반 기계 기술자의 경우 일렉트로닉스를 기초부터 순서대로 시간을 들여서 전문가와 같은 내용을 공부하거나 일렉트로닉스의 각종 기술을 모두 전문가와 동일한 코스로 공부하지 말고 기계와 일렉트로닉스를 어떻게 종합해서 필요한 것을 만드는가를 상상하는 종합 계획적 능력을 가지도록 하는 것이 바람직하다.

다음, 일렉트로닉스를 기계기술자에 이용할 수 있는 것으로 하기 위해서는 실용적 표준 회로를 중심으로 해서 공부하고 이미 제작되어 시판되고 있는 이것도 표준 회로인 IC류를 그대로 활용하는 데 힘을 쏟는 것이 좋겠다.

그리고 그러한 IC류의 비교적 간단한 응용에서도 기계와 조합해서 효과적인 결과를 얻을 수 있게 또는 얻을 수 있는 사용 방법, 즉 소프트웨어적인 머리를 만드는 것이 중요하다.

더구나 기계를 움직여 제어하는 데에는 전동기, 전자석, 전자 밸브 등을 트랜지스터로 제어하면 대개 생각대로 움직이게 된다. 따라서 달링톤 증폭 회로를 표준화해 두면 대개 이것에 의해서 기계를 생각대로 움직일 수 있게 된다.

또 광 검출도 표준 회로적인 것을 만들어 두고 넓은 용도에 그것을 활용한다거나 연산 증폭기 기타 IC를 표준 회로로 생각해 각종 용도에 이용하는 것도 바람직하다.

또 일렉트로닉스는 기계의 계측에 대활약한다. 이 경우도 일렉트로닉스의 표준 회로적인 것을 생각해 그 조합으로 응용할 수 있게 노력하면 이제까지 불가능했던 기계 계측이 비교적 용이해지는 일이 많다.

기계 계측에 일렉트로닉스를 사용하면 단순히, 움직이지 않는 부품의 치수계측뿐 아니라 그 부품을 조합한 움직이는 기계라든가 움직이는 메커니즘의 상태로 했을 때도 그 계측이 가능해진다.

예를 들면 움직이는 기계의 진동이나 변형이나 응력 상태라든가, 타이밍상태나, 충격이나 온도나 난조 상태라든가 기타 아이디어와 함께 널리 계측된다.

1.5 실험 회로에서 체득한다.

일렉트로닉스의 공부는 스스로 회로에 손을 대어 입출력이나 신호가 어떠한가 실험해 보는 것이 최상이다. 이것에 의해서 회로의 이해, 회로의 취급방법 등이 이해된다.

일렉트로닉스에는 컷 엔드 트라이라는 말이 있어서, 예를 들면 회로 중의 저항을 약간 높여보거나 낮게 하거나 해서 이것에 의해 거기를 통하는 전류량을 변화시켜 가장 잘 동작하도록 실험적으로 회로를 정하거나 노이즈 오동작도 노이즈를 스스로 만들어서 대책해 보는 방법이 중요하다.

실험 중에 1개 몇 백원 정도의 저항기나 몇 천원 정도의 트랜지스터 등을 잘못해서 몇 개나 파손해도 대단한 일은 아니다. 몇 번이라도 생각하거나 연구하거나 다시 고쳐지는 것이 중요하다.

이러는 가운데에서 어느 새 일렉트로닉스의 이해를 얻을 수 있다.

회로 부품이 파손됐다고 해도 일반적으로 일렉트로닉스는 약전으로 기계처럼 큰손실이나 위험이 없고 트랜지스터 등 소리도 없이 파손되는 일이 많고 저항기도 연기가 나서 소용없게 되었다...는 정도로, 특별한 장소가 아닌 한 방이 폭발했다거나 감전 사상자가 나온다는 일은 없다고 해도 좋다. 단 일렉트로닉스에서 강전으로 나아간 회로 부분은 충분히 주의한 계획이 필요하다.

일렉트로닉스 부분의 회로 실험을 한 다음에는 배운 일렉트로닉스에 의해서 강전적인 전류의 제어를 주의하면서 실험하고 나아가서 그것에 의해 기계를 움직이는 실험까지 할 수 있으면 더할 나위 없다.

1.5 실험회로로 체득한다 23

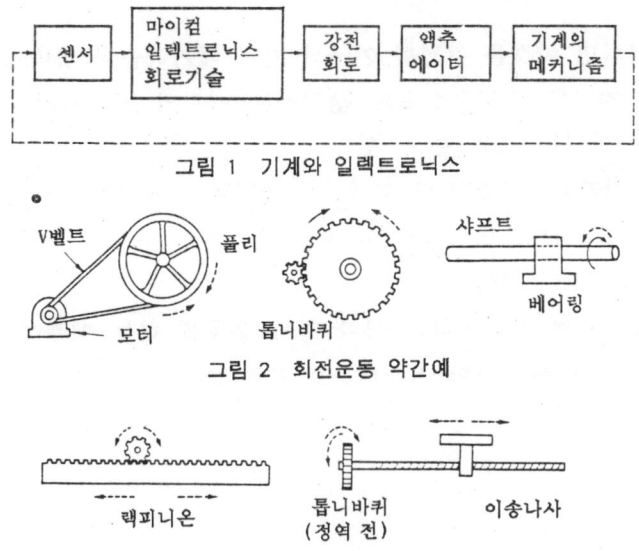

그림 1 기계와 일렉트로닉스

그림 2 회전운동 약간예

그림 3 직선적운동 약간예

일렉트로닉스에서 기계를 생각대로 움직여 제어하기 위해서는 그림 1처럼 일렉트로닉스 회로 기술에 액추에이터를 조합해서 이것으로 기계를 필요할 때 움직이게 된다.

액추에이터란 기계를 움직이기 위한 힘을 주는 기기라고 생각하면 되고 여기에는 전류를 주면 흡착력을 나타내는 전자석류라든가 전류를 주면 샤프트가 회전하는 전동기류라든가 전자 밸브에 의한 전환으로 유압이나 공기압을 이용해 강력한 힘으로 기계를 움직이는 실린더류가 있다.

유압이나 공기압은 결국 전자 밸브를 전기적으로 제어함으로써 유압이나 공기압의 흐름 방향, 기타를 바꿀 수 있으므로 이것에 의해 구동력이 큰 실린더를 얻을 수 있게 된다.

따라서 유압이나 공기압 구동은 전자 밸브의 제어가 중요한 기술이 된다.

이렇게 보면 기계를 움직이는 것은 그다지 많은 종류의 구동 기기를 배우지 않아도 (1) 전자석류, (2) 전동기류, (3) 전자 밸브류 등이 이해되면 이것을 적절한 기구의 기계 메커니즘에 접속 조합해서 그것을 자유로 움직임으로써 생각하는 대로의 자동기계나 장치를 만들 수 있다는 것을 알 수 있다.

모든 기계를 잘 보면 그 메커니즘은 가령 그림 2처럼 회전적인 운동이나 그렇지않으면 그림 3과 같은 직선적인 운동을 조합함으로써 거의 모든 것이 만들어진다.

그리고 회전 운동이나 직선적 왕복 운동을 하는 액추에이터류가 거의 모두 전류에 의한 전자력으로 움직인다.

2. 입문을 위한 기초 지식

2.1 부품, 소자의 기호

일렉트로닉스의 공부라고 하면 먼저 일렉트로닉스의 회로 기술을 공부하게 되지만 그러기 위해서는 회로를 만들기 위한 일렉트로닉스용 부품, 소자를 이해하고 그 심벌(기호)을 가지고 그림 기호로 표시된 회로도를 읽거나 이해하거나 생각해서 만드는 능력이 필요하다.

예를 들면 그림 1은 저항기의 기호지만 이러한 기호가 무엇을 의미하는가를 알아야 한다.

일렉트로닉스의 회로 기술은 부품이나 소자를 어떻게 전선으로 결합하는가의 기술이라고 할 수 있을 정도다.

더구나 최근 디지털 IC가 일렉트로닉스에 널리 사용된다. 여기에는 논리 회로소자가 사용되므로 논리 기호가 사용된다.

논리 기호의 대표적인 것에 2입력인 AND가 있다. 이것을 그림 2에 든다.

그림처럼 입력측에 A와 B의 2입력이 있고 이 입력에 높은 전압(H)이나 또는 낮은 전압(L)의 어느쪽인가가 들어온다.

표 1 AND의 설명

입력		출력
A	B	F
L	L	L
L	H	L
H	L	L
H	H	H

그림 1 저항기의 기호

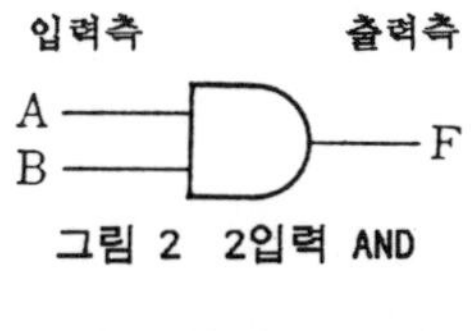

그림 2 2입력 AND

2. 입문을 위한 기초 지식

표 2 기호의 약간예

	입력	출력	
OR 기호	A B	F	입력의 A와 B의 한쪽 또는 양쪽에 +5V인 H가 주어지면 출력 F에 5V인 H가 나온다.
	L L	L	
	L H	H	
	H L	H	
	H H	H	
증폭기	인버터		증폭기의 입력은 그대로 출력되고 인버터는 NOT라고도 해 입력은 반전해서 출력된다.
H▷H 입력 출력	H▷∘L 입력 출력		
L▷L 입력 출력	L▷∘H 입력 출력		
	입력	출력	NAND는 AND의 출력을 인버터로 반전한 결과가 된다.
NAND 기호	A B	F	
	L L	H	
	L H	H	
	H L	H	
	H H	L	
플립플롭(우측 그림이라도 좋다)			입력측의 $\bar{S}$나 $\bar{R}$ 의 어느쪽에 L 신호를 일시에 주면 출력의 Q와 Q에 반대관계인 출력이 생겨, 기억된다.

이때 A와 B의 양쪽에 높은 전압 즉 H상태가 들어왔을 때 출력측의 F에 높은 전압 상태인 H가 나타난다. 이것이 AND다.

표 1에 입력의 전압 상태와 출력의 관계를 제시한다. 위와 같은 AND 외에 OR나 NOT나 NAND 기타 각종 IC에 의한 논리 소자가 만들어 진다. 표 2에 비교적 자주 사용되는 기호의 예를 약간 든다.

참고로 AND나 OR나 NAND나 인버터 등 논리 소자는 IC로서 널리 시판되고 가격도 싸서 1개의 IC 속에 예를 들면 2입력 AND가 네 개 들어 있어도 염가로 구할 수 있다.

다음, 플립플롭(표 2는 RS flip flop)은 기억 회로로 널리 사용되고 간단히 2입력 NAND의 IC를 사용해서 용이하게 만들 수 있다.

그러면 그 기억이라는 것은 어떠한 상태인가를 말하면 높은 전압 (H)이나 또는 낮은 전압(L)을 그 출력에 자유롭게 나타낼 수 있어서

2.1 부품, 소자의 기호

표 1 그림기호의 해설

기호	알기 쉬운 기호의 설명
도선의 기호	동선(단선), 나전선, 꼬인선 / 비닐 피복으로 절연했다. 각종 전선이 있다. 비닐 피복
도선의 교차	전선이 이 교차(접속)를 통해 자유로 흐른다. 납땜하다.
교차되지 않은 선	양쪽 전선사이는 절연상태
전지 또는 직류전원	이쪽이 +, 이쪽은 -, 전지 1.5, 정전압장치
교류전원	콘센트 AC100V, RST 삼상전원

그 상태를 계속 나타내는 것이 기억이다. 그리고 H나 L이라는 전압 상태라는 것은 H나 ○○를 의미한다거나 XX이라는 것처럼 미리 약속되어 있으므로 그 전압 상태에 약속의 정보가 실려 있다고 생각하면 된다.

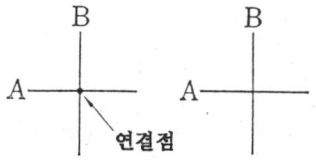

A와 B가 전기적   A와 B가 전기적
으로 연결됨   으로 연결되지 않은

그림 1. 연결되는지의 여부

기호	알기쉬운 기호의 설명
저항기	실제의 형상을 표시하면 아래 그림 각종 저항기가 시판된다. 저항 값은 명기된다.
가변저항기	샤프트 실제의 형상을 표시 각종 가변저항기가 하면아래그림. 시판된다. 이 브러시가 샤프트를 3단자 내부구조 회전한다.
코일류	동선등을 감은 것이 코일이고 코일 속에 철심이 있는 것은 우측 그림 처럼 표시하는일이 많다.
변압기	코일의 단자 트랜지스터라고 해 각종 전압으로 전류용량인 것이 시판 또는 주문제작 된다. 1차와 2차 코일 사이에서 변압된다.
콘덴서 전해 콘덴서	세라믹콘덴서 전해 콘덴서에서도 기호중의 사선을 생략할 때도 있다. 전해콘덴서에+ -의 극성을 표시하는일이많다.
계기 V A	원속에 A는 전류계 V는 전압계 기타가 있다.
퓨즈 일반 심벌	개방형 개방형 퓨즈와 포장형 포장형을 구별할 때

표 2 그림기호의 해설

2.2 그림 기호를 이해한다

우리가 실제의 전자 회로를 보면 그 속은 일반적으로 전선이 한눈에는 어떻게 되어 있는지 알 수 없을 정도로 복잡하게 왔다갔다 하고 있다.

이들 선과 선의 전기적 접속에 대해서 연결된(즉 교차된) 곳과 연결되지 않은(즉 교차되지 않은) 상태를 표시하는 데에는 그림 1처럼 쓰인다.
 이것은 표 1 중에 설명되어 있다. 계속해서 표 2를 참조하기 바란다.

2.3 전기 회로의 입문

 전기 회로란 그림 1처럼 전기를 발생시키는 전원과 그것을 유도하기 위한 도선이 우리에게 필요한 일을 하는 것(부하 등)을 말한다. 즉 전기가 전원의 양(플러스)에서 나와서 끝으로 음(마이너스)에 되돌아와야 하고 이와같이 전류의 흐름이 도선에 따라서 뱅뱅 돌아오기 때문에 회로가 된다.
 따라서 전기 회로는 모두가 가는 것과 되돌아오는 선이 필요하고 실제의 회로나 회로도를 보았을 때 가는 것뿐인 전선인 것처럼 보이지만 반드시 되돌아오는 길이 있다.
 그림 1은 그림 기호로 이것을 가리키면 그림 2처럼 된다. 이 그림의 우단에 표시되는 부하란 무엇인가 하면 전원에게는 전기를 소비하는 하물과 같은 것으로 일반적으로 전기를 소비하는 것은 모두 부하라고 한다.
 기계라는 것은 구체적인 형태를 가진 기계 부품의 조합으로 구성된다.
 이때 부품의 치수가 가령 0.3mm라도 오차가 있으면 들어가야 할 곳에 들어가지 않거나 들어가도 덜거덕거려서 양호한 상태로 조립

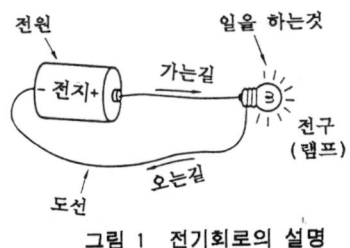

그림 1 전기회로의 설명

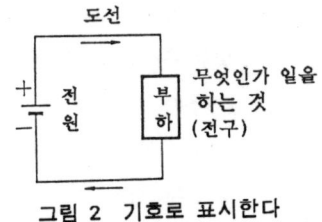

그림 2 기호로 표시한다

2. 입문을 위한 지식

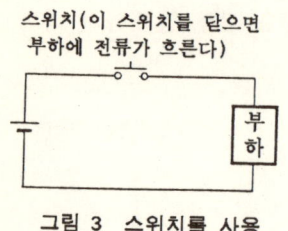

그림 3 스위치를 사용

표 1 그림기호에 대해서

기호	기호의 설명
램프	색을 표시할 때 빨강색은RL 흰색은WL 초록색은GL 노랑색은YL
전동기 (M)	회전기는원 속에M(이것은 전동기) 원속에 G는 발전기 (IM) 이것은 유도전동기

되지 않는다.

그러나 전기의 경우 그림 2와 같은 회로도에서 도선이 길이가 약간 길거나 짧아도 기본적으로 문제되지 않는다. 즉 회로도에 표시된 도선의 길이는 10cm나 100m라도 동일하게 회로도에 표시되고 회로도는 요컨대(특히 표시하지 않는 한) 어떻게 부품을 연결하는가를 가리키게 된다.

그런데 그림 1의 회로에서는 불필요할 때도 램프는 계속 켜져서 전지는 소모된다. 그래서 스위치를 넣어서 필요할 때만 점등시키기 위해서는 그림 3의 회로가 된다. 이 회로에서는 가령 사람이 이 스위치를 누르면 점등하고 놓으면 소등한다.

더구나 상기 회로 중에 램프 등의 부하가 표시 되었지만 램프라든가 전동기(모터) 등의 부호를 기호로 표시한 것이 표 1이다.

그림 3의 회로에서 스위치를 사용했기에 참고로 스위치류의 기호를 여기서 표시하면 표 2와 표 3처럼 된다.

또한 참고로 나이프 스위치는 두 개의 전기 회로를 동시에 끊거나 넣거나 할 수 있는 데 이것을 더블 스위치라고 한다.

그러나 스위치에는 싱글 스위치도 있다. 예를 들면 그림 4의 전등용 키소켓등은 싱글 스위치다.

싱글일 때는 끊지 않은 다른 선에는 전기가 통하고 있으므로 주의한다. 따라서 싱글 스위치는 비접지측에 넣는 것이 원칙이다.

전기 회로는 옛날부터 사용되는 부품으로서 중요한 것에 회로의

2.3 전기 회로의 입문 31

표 2 스위치의 그림기호

기호	기호의 설명
접점(일반) 또는 수동접점 a접점 b접점	나이프 스위치, 코드 스위치, 기타 일반적으로 접점의 조작을 개로도 폐로도 수동으로 하는 접점 아래는 나이프 스위치
수동조작 자동복귀접점 a접점 b접점	손의 힘으로 개로나 폐로를 해도 손을 놓으면 스프링 등때문에 원래의 상태로 자동으로 복귀하는 접점. 예를 들면 누름 버튼 스위치 ON —이곳을 누른다.
기계적접점 a접점 b접점	리밋 스위치처럼 접점의 개폐가 전기적 이외의 방법으로 행해지는 것. 여기에 캠 혹은 도그가 기계적으로 닿으면 전환할 수 있다.
조작스위치 잔유접점 a접점 b접점	한번 수동으로 전환하면 다시 전환하기까지 그대로의 상태로 있는 스위치의 접점 이것을 돌려서 전환한다.

표 3 스위치류의 그림기호

기호	기호의 설명
전자릴레이접점 또는 보조스위치 접점 a접점 b접점	전자 릴레이의 코일에 전류를 보내어 동작했을 때 닫히는 것이 a접점, 열리는 것은 b접점. 전자 릴레이의 코일 전류를 끊으면 스스로 복귀하는 일반 전자 릴레이의 접점.
한시동작접점 a접점 b접점	한시 동작 즉 타이머인 데 이(타이머) 릴레이의 코일에 입력해 두면 어떤 시간 후 접점이 동작한다.
한시복귀접점 a접점 b접점	이(타이머) 릴레이가 복귀할 때 시간 지연을 하는 접점인 데 타이머 접점이다.
전자 접촉기 접점 a접점 b접점	전자 접촉기는 전자 릴레이의 대형이라고 생각하면 되고 일반적으로 3상인 전동기를 ON, OFF 제어하는 데 자주 사용되며 그 접점은 수 100A 이상을 개폐하는 것도 있다.
플로트스위치 압력스위치 동작시 동작시 동작시 ON OFF 양극전환	탱크 속 액면의 상하라든가 공기라든가, 기타 압력의 고저가 있는 곳에서 개폐하는 스위치

2. 입문을 위한 지식

표 4 스위치의 종류

그림 4 키소켓등

조작용 스위치	누름 버튼 스위치 토글 스위치 레버 스위치 슬라이드 스위치 페달 스위치 시소스위치 셀렉터 스위치 캠 스위치 로터리 스위치 드럼 스위치 기타
검출용 스위치	마이크로 스위치 리밋 스위치 근접 스위치 광전 스위치 압력 스위치 액면스위치 온도 스위치 기타

개폐기(스위치)류가 있다. 그래서 스위치에 대해서 약간 해설한다.

스위치를 조작용 스위치와 검출용 스위치로 나누면 표 4처럼 된다.

검출 스위치란 무엇인가 하면 예를 들어 마이크로 스위치를 어떤 정위치에 설치함으로써 거기에 사람이나 물건이나 기계가 움직여 와서 닿는다고 하자

이때 마이크로 스위치는 밀려서 접점이 닫히고 전류가 거기서 흐르게 된다.

이 전류라는 것은 단지 단순한 전류의 흐름이 아니라 사람이나 물건이나 기계의 동작이 정위치에 왔다는 정보를 실은 전류가 흐르고 있는 것이다.

즉 검출기로서 마이크로 스위치를 사용하는 것이 이해된다.

마이크로 스위치는 이 스위치에 기계적인 입력을 주어서 내부 접점이 스냅 액션 기구로 개폐하는 것으로 전기 회로를 개폐하는 메커니컬한 스위치다. 마이크로 스위치는 정밀도가 높고 검출용에 우수

표 5 접점간격

표시문자	접점간격	선정방법의 참고
H	0.25 mm	고정밀도, 장수명이지만 진동충격에 약하다.
G	0.50 mm	일반용도에 적합
F	1.00 mm	G와 E의 중간적인 용도에 좋다.
E	1.80 mm	진동충격에도 견딘다.직류차단에도 좋다.정밀도.수명은약하다.

하기 때문에 넓은 응용이 가능하다.

 마이크로 스위치의 종류는 많아서 그 선정은 중요하지만 여기서는 접점 간격을 설명하겠다.

 마이크로 스위치의 접점 간격 대소는 표 5와 같다.

3. 기계기술자의 저항기

3.1 시판하는 일반 저항기

먼저, 저항이란 무엇인가 하면 전압을 가했을 때 전류가 흐르기 쉬운 것과 흐르기 어려운 것이 있어서 흐르기 쉬운 것은 도체, 흐르기 어려운 것을 절연물이나 부도체라고 한다.

그리고 도체와 절연물 중간 성질의 것도 반도체로서 널리 이용된다. 그리고 전압을 가했을 때 전류의 흐름이 용이한 것과 그렇지 못한 것은 결국 전기 저항이 있기 때문이라고 생각된다.

이 저항의 크기를 표현하는 단위로는 옴(ohm, 기호는 Ω)을 사용한다. 저항의 크기는 재료가 같고 길이가 같을 때 그림 1에서처럼 단면적이 2배로 되면 저항의 크기는 1/2이 된다.

즉 저항의 크기는 재료가 같을 때 그 길이를 2배로 하면 2배가 되고 그 단면적을 2배로 하면 1/2이 된다. 따라서 저항의 크기는 길이에 비례하고 단면적에 반비례하게 된다.

더구나 저항은 같은 재료라도 온도가 변하면 변화한다. 그리고 이 때 도체의 온도가 1°C 상승할 때 마다 저항값이 변화하는 비율을 저항의 온도 계수라고 한다.

일반적으로 금속에서는 온도가 1°C 상승할 때 마다 약 0.4% 정도 저항이 증가한다. 그러나 탄소나 전해액에서는 온도가 상승하면 저

36 3. 기계기술자의 저항기

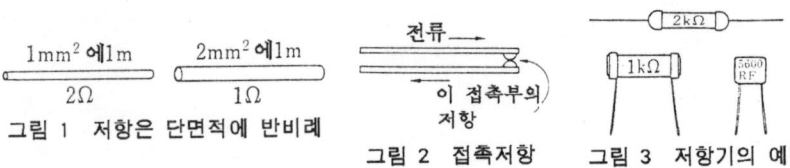

그림 1 저항은 단면적에 반비례   그림 2 접촉저항   그림 3 저항기의 예

항이 작아진다.

또 저항에는 여러 종류가 있어서 상술한 것과 같은 도체 저항 외에 전해액 저항, 접촉 저항, 절연 저항, 접지 저항 등이 있다.

접촉 저항은 그림 2처럼 스위치나 전자 릴레이 등의 접점에서의 접촉부 저항인데 이것은 접점 재료로서 대단히 중요한 것이다.

저항기의 예를 3에 든다. 이들은 고정 저항이라고 해서 일정한 저항값으로 만들 수 있다. 저항기는 자유로 그 저항값을 바꾸어서 사용할 수 있는 가변 저항기도 용도에 따라서 널리 사용된다.

시판하는 일반 저항기는 각종 저항값이 표준화되어 있으므로 그 중에서 필요한 저항값의 것을 자유로이 입수할 수 있다.

그러나 저항기는 저항값 외에 그 용량(예를 들면 1/8와트, 1/4와트, 1/2와트, 1와트....등)이나 저항값의 정밀도(예를 들면 0.5%나 1%, 2%, 5%, 10%등), 저항기의 종류(탄소 피막 저항기 외에 금속 피막 저항기, 기타 고체(솔리드) 저항기, 권선 저항기)가 있으므로 그것들을 검토해 적절한 것을 사용하게 된다.

최근에는 IC에 의한 디지털 회로가 많고 그것 때문에 풀업 저항으로서 IC에 순응한 패키지의 저항 어레이가 사용되는 일도 많다.

더구나 일반적으로 저항 재료로는 용도에 따라서 정밀 저항, 전류 조절용 저항, 전열용 저항, 측온용 저항, 전기 저항, 기타 있다.

정밀 저항 재료로는 표준 저항이나 계측기용인 정밀 저항으로서 바람직한 것으로서 온도에 대해 저항이 안정되어 있을 것, 즉 저항의 온도 계수가 작고, 저항값이 장기 안정되어 있을 것, 즉 경연 변화가 작을 것, 또 동선에 대해서 열기전력이 작을 것 등이 필요하다. 정밀 저항의 대표적인 재료는 망가닌인데 화학성분은 Mn 10~15%, Ni 1~5%, Mn+Ni+Cu=98% 이상으로 저항률은 44±3으로 적용온도 범위는 5~45 ℃다. 더구나 망가닌에도 등급이 있어서 AA급, A급, B급, C급 등이 있다. 그리고 AA급이 표준 저항이나 정밀 전기 계측기의 중요 저항기에 적합하다.

3.2 옴의 법칙과 그 실제 회로를 이해한다.

전류가 흐르는 통로를 전기회로 또는 단순회로라하고 이 회로의 도처에 옴의 법칙은 나타나 전기 회로 해명의 기본이 되는 법칙이다.

옴의 법칙이란 도체에 흐르는 전류는 도체의 양단에 가한 전압에 비례하고 도체의 저항에 반비례한다는 것으로, 결국 이것은 다음 식이 된다.

전압(볼트)=전류(암페어)×저항(옴)
또는

$$전류(암페어) = \frac{전압(볼트)}{저항(옴)}$$

따라서 전압을 E볼트, 전류를 I암페어, 저항을 R옴이라고 하면

$$E = IR \quad \text{또는} \quad I = \frac{E}{R} \text{ 가 된다.}$$

예를 들면 그림 1처럼 R=10옴의 저항에 전압 E=10볼트인 전압을 가하면 거기에 흐르는 점선 화살표의 전류 I는

$$전류 = \frac{10볼트}{10옴} = 1 \text{ 암페어가 된다.}$$

즉 같은 저항일 때 전압이 높을수록 전류가 많이 흐르는 것을 알 수 있다.

그래서 전압이란 전류를 흘리려는 힘으로, 그림 2처럼 수압과 물

3. 기계기술자의 저항기

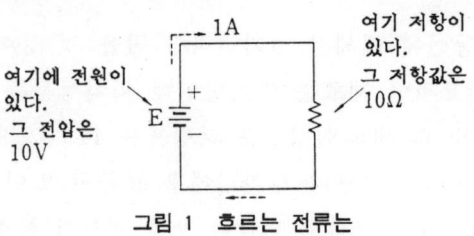

그림 1 흐르는 전류는

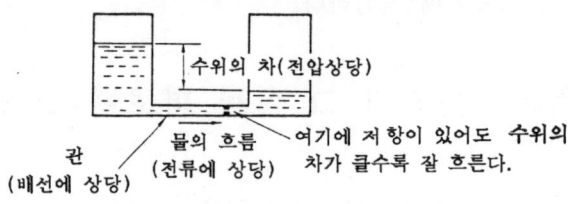

그림 2 수압과 물의 흐름

의 흐름으로 이해하는 것도 한 방법이다.

전압과 닮은 말에 전위차라는 것이 있지만 이것은 수위의 차이라고 생각하면 좋고 전위차는 거의 전압과 동일하게 생각해도 좋을 것이다.

일반적으로 전압의 단위는 V(volt)가 사용된다.

그림 2를 좀더 해설하면 전류라는 물의 유량이 상당하고 양 수조를 연결하는관 즉 파이프는 전기 회로의 배선(도선)이 되고 파이프 도중에서 흐름을 방해하는 것은 저항이라고 생각할 수 있다. 흐름을 완전히 막는 것은 저항이라고 생각할 수 있다.

흐름을 완전히 막으면 유량은 0이 되고 이때의 저항은 무한대의 값인 저항이라고 생각된다.

즉 $I=E/R$에서 R이 ∞(무한대)로 생각하면 이 식에서 전압이 있어도 전류 I는 0이 되고 또 저항 R이 작아도 전압 E가 작고 즉 무전압(제로)이 되면 전류는 0이 된다.

또 흐름의 방해를 작게(저항을 작게) 하면 유량(즉 전류)은 증가한다.

3.2 옴의 법칙과 실제 회로를 이해한다   39

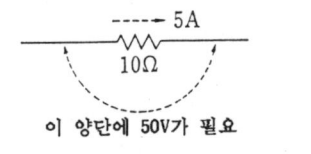

그림 3 10Ω에 5A 흘리는 데에는

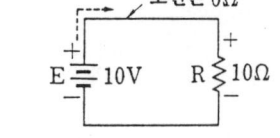

그림 4 흐르는 전류는

그림 1의 회로에서 만약 저항을 0옴으로 가정하면 그 상태는 쇼트 (Short 또는 단락)가 되고 무한대의 전류가 일응 흐르게 되며 이것은 대단히 주의해야 할 일로 이러한 경우 전원을 파손하거나 전원을 소손하거나 해서 위험하다고 생각해야 한다.

더구나 그림 3처럼 10옴의 저항에 5암페어의 전류를 흘리기 위해 전압은 몇볼트를 가하면 좋은가 하면 동일하게 옴의 법칙에서

$E = I \times R$가 되고

$= 5 \times 10 = 50$볼트가 된다.

따라서 그림 4의 회로에서 해설하면 E의 10볼트인 전원의 +에서 점선 화살표처럼 흐르는 전류는 도선이 0옴이 된다면(도선에 등선을 사용해도 약간의 저항은 존재하지만 저항없이 0Ω으로 하면) 이 도선만의 범위에서는 전압은 불필요하고 그 부분을 흘려서 저항 R의 바로 상단인 +의 곳까지 도달한다고 생각할수 있다.

즉 전원의 +는 그대로 전압을 도선의 회로 중에서 상실하는 일없이 저항 R의 위에 그대로 걸리게 된다.

동일하게 전원의 -측은 그대로 저항 R의 아래인 -에 도달하고 있다. 따라서 전원 E의 10볼트는 완전히 저항 R의 양단에만 걸리게 된다.

그리고 앞의 계산처럼 $I = E/R$에서 I암페어가 저항에 흐르게 된다.

이 저항 R의 양단은 그림 5처럼 $E = IR$라는 전압이 전지처럼 그 저항의 양단에 나타난다고 생각할 수도 있다. 즉 10옴의 저항 R에 1암페어의 전류가 흐르면 그것에 의해서 그 저항 양단에 $E = IR$인 10볼트가 발생한다.

3. 기계기술자의 저항기

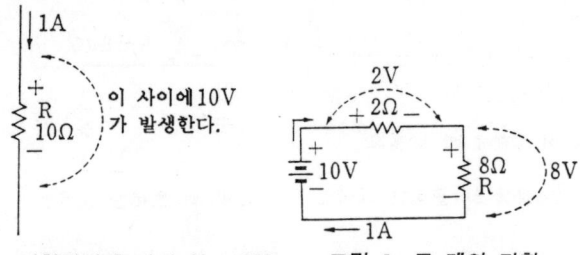

그림 5 저항양단에 나타나는 전압   그림 6 두 개의 저항

이와같이 저항에 전류가 흐르면 반드시 그 저항의 양단에 전압이 나타난다.

다시 그림 4에 되돌아가서 이 그림의 견해에 따라서는 전원 10볼트라는 전압과 저항 10옴인 R의 양단에 나타난 전압의 관계는 같은 10볼트로 서로가 +와 +로 정면 충돌해 양쪽이 같은 전압으로 균형된 상태로 볼 수도 있다.

균형되었을 때 전원쪽에만 가령 12볼트로 상승한다고 하면 저항 R를 $I=E/R$로 그만큼 전류가 증가해서 흐르고 그 증가 전류에 의해서 저항 양단에 더욱 높은 전압이 나타나(이때 12볼트가 발생해) 다시 양쪽 전압은 균형한다는 생각이다.

따라서 그림 6처럼 도선의 도중에 예를 들어 2옴의 저항이 있고 R의 우단에 저항 8옴이 접속되었다고 하면 양쪽 저항의 합계는 10옴이 된다. 그리고 이 10옴의 저항에 의해 역시 1암페어의 전류가 그림처럼 회로를 흐르게 된다.

그러나 이때의 상태를 생각하면 도선 중의 2옴인 저항 부분에 1암페어가 흐르므로 그 저항 양단에는 $E=IR$로 1×2=2볼트가 발생하고 우측 저항 R인 8옴의 양단에는 1×8=8볼트가 발생해, 이와같이 발생한 2볼트와 8볼트의 양쪽 전압의 합계 10볼트의 전압이 직렬상이 되고 이 전압의 +라는전원과 +의 충돌이라는 형태로 균형한다고 생각할 수 있다.

더구나 암페어는 A라는 기호로 표시하므로 10암페어는 10A로 표시하게 된다. 또 볼트는 V로 표시하므로 2볼트는 2V로 표현한다. 옴

3.3 옴의 법칙과 미터

표 1 각종전선의 저항

종 별	성 분	도전율(%)	저항율($\mu\Omega$m)
만국표준연동	Cu>99.97	100	약 1.7
연동선	〃	약 100	약 1.7
경동선	〃	약 96	약 1.8
경알루미선	Al>99.95	61	약 2.8
철선	C 0.05~0.15의 철	15	약 12
코르슨합금선	Si 0.65 Ni 3 나머지 Cu	약 35 위	약 4~7 쯤
베릴륨 동선	Be 1.9~2.5 Co 0.25 나머지 Cu	약 28 위	약 5~8 쯤
카드뮴동선	Cd 0.5~1.7 나머지 Cu	약 86	약 2

은 Ω으로 표시하므로 8옴은 8Ω이 된다.

또 참고로 일반의 동선에도 약간의 저항이 있다. 전선용 도선 재료로는 저항을 가지지 않는 것이 바람직하지만 경제성 등 때문에 Cu, Al가 주체로 되어 있다.

Cu선(동선)는 경동성과 연동선이 있어서 용도가 다르다.

각종 전선의 저항은 표 1에 참고로 제시한다.

3.3 옴의 법칙과 미터

그림 1처럼 0.1V의 전압을 가하면 0.001A(0.001A는 1밀리암페어라고 해 1mA로 표시한다)가 흘러서 지침이 풀 스케일(눈금 가득이 흔들린다) 즉 0.1V까지 측정하는 미터가 있다고 하자.

이러한 조건에 만들어진 전압계 자신(내부)의 저항은 어떠한가 하면 상술한 것처럼 0.1볼트를 가하면 0.001A가 미터 속으로 흐르므로

$$R = \frac{0.1 \text{볼트}}{0.001 \text{옴}} = 100 \text{ 암페어}$$

이 되고 이 미터의 내부 저항은 100Ω이 된다.

더구나 이 미터를 사용해서 10V까지의 전압을 측정할 수 있게도 할 수 있어서 그러기 위해서는 그림 2처럼 10V가 들어왔을 때(주어

3. 기계기술자의 저항기

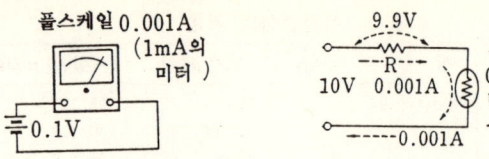

그림 1 미터자신의 저항   그림 2 10V를 측정

졌을 때) 미터에 0.1V가 걸리고 그 결과 미터에 0.001A가 흐르도록 하면 된다.

그러기 위해서는 그림처럼 저항 R를 이 미터 회로에 넣어서 그 저항을 0.01A가 흐름으로써 9.9V를 그 저항 사이에 만들게 한다. 이것에 의해서 미터의 0.1V와 저항양단의 9.9V가 합계되어 10V의 입력 전압과 균형한다.

따라서 이때의 저항 R는

$$R = \frac{E}{I} = \frac{9.9}{0.001} = 990 \ (\Omega)$$

저항에는 전압과 흐르는 전류가 비례 관계, 즉 옴의 법칙에 따른 저항을 직선 저항이나 리니어한 저항이나 오믹한 저항이라고 한다. 그런데 전압을 높이면 저항이 작아지는 배리스터(2개의 다이오드를 서로 반대로 병렬 접속한 것과 동일한 성질)와 같은 것이다. 저항이 전압이나 전류에 의해서 변하는 이른바 비직선 저항(논리니어한 저항)이 있다.

그림 3은 유도 부하의 서지 전압 대책에 비직선인 배리스터를 사용한 예인 데 높은 서지 전압에는 대단히 저항이 내리고 배리스터에 전류가 흐른다. 그러나 일반의 전압에서는 높은 저항을 가진 무익한 소비 전류를 방지한다.

다음에 텅스텐 램프의 필라멘트는 고온이 되면 일반 금속처럼 저항이 증가한다. 따라서 빛을 내어서 3,000°C가 되면 상온 시와 비교가 되지 않는 고저항이 되고 이것에 의해서 최초 돌입 전류는 크지만 순간에 약간의 전류가 흐르게 된다. 다이오드의 전압 전류도 비직선이다.

3.3 옴의 법칙과 미터 43

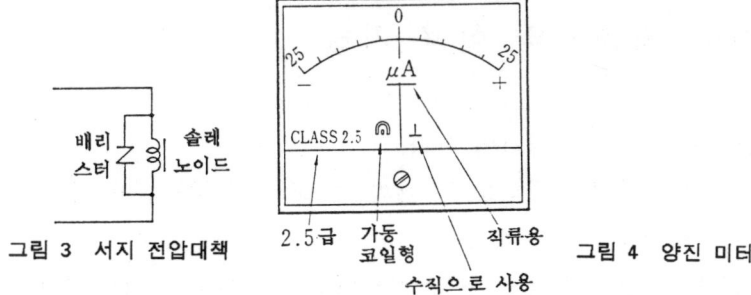

그림 3 서지 전압대책   그림 4 양진 미터

참고로 미터의 예를 들면 그림 4는 25μA의 양진(兩振) 미터인데 좌우 눈금판에 +와 -가 표시되어 있다. 이것은 뒷면의 +와 -의 단자에 맞추어 전류를 주었을 때 눈금판의 +, -방향에 지침이 흔들리는 것을 가리킨다.

또 가동 코일형 미터에서 수식으로 해서 사용하는 것을 가리킨다.

더구나 확도(確度)의 계급은 2.5급이라는 것도 알 수 있다. 2.5급이라고 하면 허용 오차 ±2.5%가 되고 준보통급에서 이 위의 계급에는 1.5급, 1.0급, 0.5급, 0.2급 등이 있어서 0.2급이라고 하면 특별 정밀급이나 표준용이 된다.

지시 전기 계기(미터)에서는 오차의 허용 한도를 허용차라고 해 상술한 계급이 있지만 이것은 다음의 원인이 되리라고 생각해도 좋다.

오차의 원인은 눈금 오차, 판독 오차 등 외에 다음 요인이 있다.

먼저 지침을 움직이는 베어링에 상당하는 피벗과 받는돌(end stone)사이에 마찰이 있어서 무저항으로 가볍게 움직일 수 없고 때로는 미터를 가볍게 두드려야 지침이 움직이는 일이 많다.

미터에 진동 충격을 반복해서 주면 이 마찰은 증가하는 것 같다.

이와 같은 마찰을 없애기 위해 피벗과 받는돌이 아닌 토트 밴드(taut band)형 미터도 있다.

다음 지침등의 가동부의 기계적 불평등(밸런스가 되지 않은) 때문에 지정된 이외의 자세로 사용하면 오차가 생긴다.

3.4 저항기의 실용 기술

저항기의 예를 그림 1에 든다.

그림처럼 형태는 변해도 두 개의 리드선이라든가 단자 사이가 명기한 저항값을 가지고 있다.

더구나 그림 1과 같은 저항기는 저항값이 미리 정해져 만들어진 고정 저항기인 데 이런 종류의 저항기로는 카본 피막 저항기가 옛날부터 많이 사용되고 일반 용도에서는 5Ω 정도에서 500kΩ 정도까지의 사이가 많이 사용된다. 이 카본 피막 저항기는 온도가 상승하면 그 저항이 약간 내리는 경향이 있다.

또 신품인 저항기는 장시간 후 그 저항값을 약간 변화시키는 경년 변화(약간의 불안정성)가 있다.

다음, 솔리드 저항이 제작되었지만 이것은 온도나 습도로 저항값이 어느 정도 변하기 쉽고 정밀한 용도에는 안정성이 높은 금속 피막 저항기가 자주 사용된다. 이 저항기는 정밀도가 높고 온도에 대해서도 안전하지만 약간의 온도 상승으로 저항이 증대한다고 볼 수 있다.

이밖의 저항기에서 권선형이라고 해 저항선을 감아서 만든 저항기가 예를 들어 0.5Ω이나 1Ω처럼 낮은 값에서 각종의 것이 제작되고 있다.

그림 2는 저항기의 기호와 실제의 물건을 대응시킨 그림이다. 저

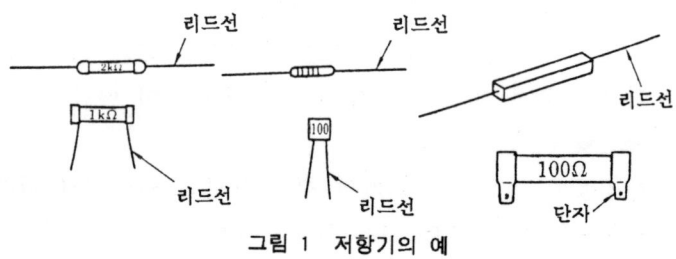

그림 1 저항기의 예

3.4 저항기의 실용기술

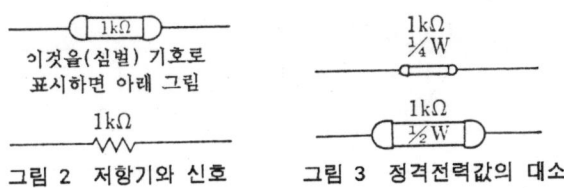

그림 2 저항기와 신호 그림 3 정격전력값의 대소

항기는 일반적으로 +나 -의 극성은 없으므로 리드선의 어느쪽이나 타부품을 향해서 사용해도 된다.

저항기를 선정할 때 저항값에 정격 전류가 표시된다. 즉 동일 저항값의 저항기에서도 그림 3처럼 정격 전력이 큰 것은 일반적으로 발열 때문에 형태도 크다.

정격 전력값은 ⅛W, ¼W, ½W, 1W, 2W ...로 각종의 것이 제작되었다. 특히 대형 대용량인 저항기는 전력용으로 권선형인 홀로 저항기가 있다.

정격 전력은 예를 들어 ½ 와트의 저항이 필요한 곳에 ⅛W(와트)의 저항기를 사용하면 같은 값인 저항으로 보통 사용된다고 생각해도 형태가 작은 ⅛W 저항기는 발열해서 연기를 내며 소손될 우려가 있다. 따라서 저항값만이 적절한것을 선정해도 그 정격 전력 즉 용량이 너무 작으면 트러블의 원인이 된다.

더구나 반대로 ⅛W면 좋은 곳에 1W인 대형 저항기를 사용하는 것은 그냥 사용할 수 있다. 그러나 형태가 커져서 장소의 문제도 있고 콤팩트한 회로를 작성하기 곤란한 것외에 가격에도 영향을 준다.

저항기의 정격 전력값의 선정방법은 후술한다. 고정 저항기의 표준 저항값을 참고로 들면 1과 같다.

예를 들면 이 표 중 왼쪽에서 두번째인 1.2라는 수에 대해서는

표 1 표준저항값(E12조)

| 1.0 | 1.2 | 1.5 | 1.8 | 2.2 | 2.7 | 3.3 | 3.9 | 4.7 | 5.6 | 6.8 | 8.2 |

3. 기계기술자의 저항기

표 2 표준저항값(E24조)

1.0	1.1	1.2	1.3	1.5	1.6	1.8	2.0	2.2	2.4	2.7
3.0	3.3	3.6	3.9	4.3	4.7	5.1	5.6	6.2	6.8	7.5
8.2	9.1									

표 3 색상코드 참고표

색	제1색대	제2색대	제3색대	제4색대
흑	0	0	10^0	
갈	1	1	10^1	±1%
적	2	2	10^2	±2%
주황	3	3	10^3	
황	4	4	10^4	
녹	5	5	10^5	
청	6	6	10^6	
자	7	7	10^7	
여	8	8	10^8	
백	9	9	10^9	
금	—	—	—	±5%
은	—	—	—	±10%
무색	—	—	—	±20%

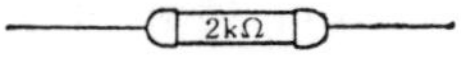

그림 4 2kΩ의 저항기

1.2Ω이나 12Ω이나 12kΩ이나 1.2MΩ, 기타의 것이 있고 동일하게 4.7일 때는 470Ω, 4.7kΩ나 470kΩ, 기타의 것이 표준값이 된다.

특별 제작하지 않고 가급적 이 속에 있는 저항값의 것을 선택해서 사용하는 것이 구입하기 좋고, 가격이 싸서 바람직하다.

KS에는 이것 외에 표 2, 기타의 것이 규정되어 있다.

저항기의 저항값은 그림 4처럼 각각의 저항기에 명시한 것이 많지만 색상 코드로 그 저항값을 표시한 것이 많다. 그림 5와 표 3에 이 표시의 저항 판독방법을 든다. 예를 들면 그림 6의 예에서 좌측부터 순서 대로 적녹갈은(赤綠褐銀)이라는 색이 되어 있다. 그래서 그림처럼 적색은 2이고 녹색은 5이기 때문에 25가 되고 이 25에 곱하는 수가 갈색은 1이어서 10의 1제곱은 10^1이 된다.

10의 1제곱이란 즉 10배한다는 것이므로 결국 250(Ω)이 된다. 그리고 은색의 값은 ±10%의 허용값(오차)이 있다는 것이다. 만

3.4 저항기의 실용기술 47

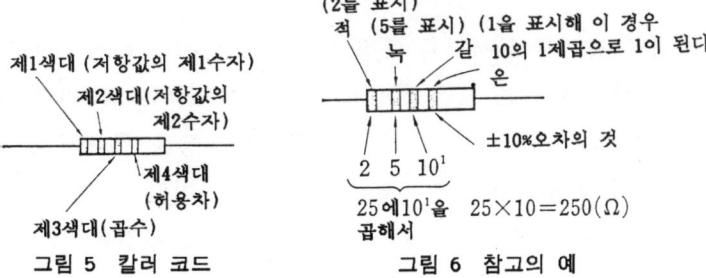

그림 5 칼러 코드   그림 6 참고의 예

표 4 절연저항계

정격전압(직류)V	100		250		500		1,000		2,000	
유효최대 눈금값 MΩ	10	20	20	50	50	100	1,000	200	2,000	1,000	5,000

표 5 절연물의 내열구분

절연의 종류	허용최고 온도(℃)	주요재료의 참고례
Y	90	함침하지 않는 목면, 견, 종이, 기타
A	105	적당히 함침, 도시, 유침된 목면, 견, 종이, 기타
E	120	애폭시 수지, 메라민 수지, 기타
B	130	유리섬유, 석면, 합성수지와 조합한 것
F	155	유리섬유, 석면, 운모을 내열성이 좋은 합성수지와 조합
H	180	유리섬유, 석면, 운모를 실리콘 수지와 조합한 것
C	180을 넘는것	운모, 유리, 석영, 도자기등을 그대로 시멘트와 조합한 것

약 그림 6의 색이 적녹적은이면 갈색이 적색이 되어서 적색은 2줄 가리키므로 10에 2를 붙여서 10^2이 되고 10^2은 10×10으로 100이기 때문에 25에 100을 곱해서 2500Ω, 즉 이 저항기는 2.5kΩ이다.

또 참고로 저항 재료로는 니크롬선이 알려져 있지만 이것은 전열기, 납땜 인두, 기타에 널리 사용되고 동, 망간, 니켈의 합금 망가닌은 표준 저항이나 정밀 저항에 사용된다.

다음 절연 저항계가 있다. 절연물처럼 수 1,000MΩ이 되면 테스터에서는 보통 3정도의 전지를 가지고 측정하므로 절연물의 계측은 곤란하다. 그래서 메거라는 측정기를 사용한다.

메거로 절연물의 저항을 측정하는 데에는 예를 들어 20MΩ 정도면 100V로 되지만 높은 절연 저항을 측정하는 데에는 2,000V나 되는 전압을 사용하는 것도 있다. 더구나 절연 저항을 통해서 흐르는 전류를 누설 전류라고 한다. 절연저항계에는 발전기식이나 전지식이 있다. 절연저항계의 종류와 그 유효 최대 눈금값을 들면 표 4와 같다. 절연물에는 공기, 고무, 도자기, 유리, 에보나이트, 종이, 목면, 비단, 기름, 비닐, 폴리에틸렌 등이 있는 데 표 5를 참고로 든다.

3.5 저항의 직렬과 병렬 접속을 이해한다.

저항을 몇 개 직렬(직렬 접속 또는 시리즈 접속이라고 한다)로 접속하면 그 합성 저항값은 직렬로 한 저항의 합이 된다.

예를 들면 R_1과 R_2의 두 저항을 직렬로 접속하면 합성 저항 R는

$$R = R_1 + R_2$$

가 된다.

그림 1은 그 설명인 데 50Ω과 150Ω인 저항을 직렬로 했으므로 그 양단의 저항을 테스터로 측정해 보면 그 지침은 200Ω을 가리킨다. 동일하게 1kΩ과 200Ω과 5Ω의 저항기를 직렬로 접속하면 1,205Ω의 저항이 된다.

따라서 표준의 저항값이라도 둘 이상을 조합해서 표준 중에는 없는 특수한 값의 저항으로 사용할 수 있다. 저항을 병렬로 접속(패럴렌 접속)하면 그 합성 저항 R은 각각의 저항을 R_1과 R_2라 하면

$$R = \frac{1}{\frac{1}{R_1} + \frac{1}{R_2}} \quad \text{가 된다.}$$

예를 들면 100[Ω]과 1[KΩ]을 병렬로 하면

$$R = \frac{1}{\frac{1}{100} + \frac{1}{1,000}} = 90.91 \, (\Omega)$$

60Ω과 40Ω의 저항을 병렬로 하면 합성 저항은

3.5 저항의 직렬과 병렬 접속을 이해한다 49

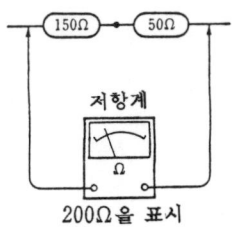

그림 1 저항의 직렬접속의 측정

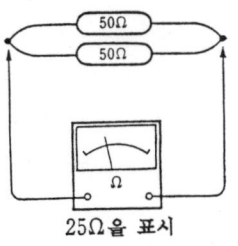

그림 2 저항의 병렬측정

$$R = \frac{1}{\frac{1}{60}+\frac{1}{40}} = \frac{60 \times 40}{60+40} = 24(\Omega)$$

이 된다.

그림 2는 50Ω과 50Ω의 저항을 병렬로 해서 그 합성 저항을 테스터로 측정하는 것이다.

$$R = \frac{1}{\frac{1}{50}+\frac{1}{50}} = \frac{1}{\frac{2}{50}} = \frac{50}{2} = 25$$

가 되므로 그림처럼 25Ω이 된다.

즉 상등하는 두 개의 저항을 병렬로 하면 그 절반 저항이 된다.

이러한 저항의 병렬은 실제의 회로를 시작(試作)할 때도 자주 행해진다. 예를 들면 그림 3은 트랜지스터의 베이스에 접속된 저항 R_1의 값이 아무래도 바람직하지 못하다는 예다.

이러한 회로에서 트랜지스터의 전류 증폭률이 작다거나 R_2의 값이 높으면 트랜지스터에 흘러 들어가는 베이스 전류가 작아져서 이것 때문에 콜렉터 전류도 작아지고 전자 릴레이가 충분히 동작하지 않는다는 예다.

이때 전선을 끊거나 납땜을 수정하지 않고 다른 저항 R_2를 점선처럼 그대로 손으로 할 때 병렬이 되도록 대어보면 이때 R_1과 R_2의 합성 저항이 되고 저항은 내려 베이스 전류를 실험적으로 용이하게 증대시킬 수 있다.

참고로 탄소 피막 저항기의 크기는 일반적으로 1/8, 1/4, 1/2, 1W

3. 기계기술자의 저항기

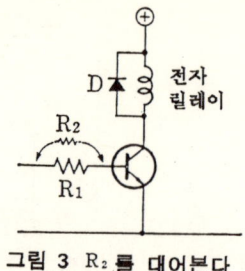

그림 3 R₂를 대어본다

가 많고 그 저항기의 지름은 1.6, 2.4, 3.5, 5.0mm로 그 길이는 3.7, 6.5, 8.5, 15mm 정도다.

권선 저항기는 주로 낮은 값의 저항기가 제작되어 그 크기는 보통, 5, 10, 20, 30W가 많고 그 저항기의 지름은 15, 15, 22, 22mm로 그 길이는 30, 45, 50, 75mm 정도다.

3.6 가변 저항기란

전술한 것처럼 고정된 일정한 값인 저항기가 아니라 자유로이 가변되는 저항기가 있다.

그림 1에 가변 저항기의 외형을 들고, 그림 2에 그 내부를 설명한다. 그림의 샤프트를 손으로 쥐고 천천히 회전하면 브러시가 저항체에 접촉하면서 미끄러져 저항값은 가변이 된다.

이 가변 저항기의 용도는 샤프트를 돌려 저항을 변화시켜서 전류를 변화시키는 전류 제어로서의 사용방법(레오스태트)과 또 하나의 사용방법은 퍼텐쇼미터라고해 이 단자에 일정 전류를 흘려서 샤프트를 돌림으로써 변화하는 전압을 가동편 즉 브러시로부터 꺼내어 사용하는 방법이다.

그림 3은 전자, 즉 레오스태트로서 사용하는 설명으로 1과 2의 단자를 사용해서 샤프트를 돌리면 0Ω에서부터 그 가변 저항기의 칭호 저항값까지 자유로이 저항을 변화시킬 수 있다.

3.6 가변 저항기란

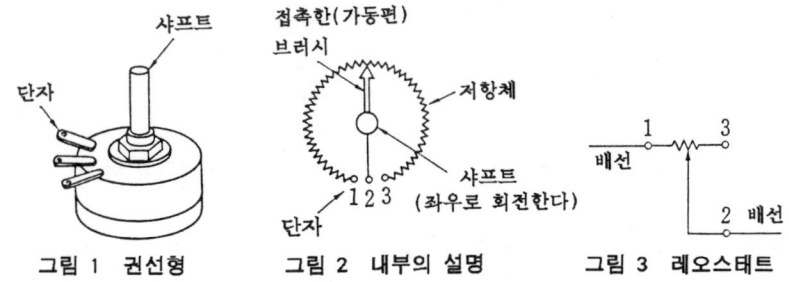

그림 1 권선형   그림 2 내부의 설명   그림 3 레오스태트

게다가 이 2와 3, 또는 1과 2의 단자를 상시 연결해서 가변 저항기로서 사용하는 일도 많다.

그림 4는 가변 저항기를 퍼텐쇼미터로 사용하는 설명이다. 그림처럼 일정 전압 E를 1과 3의 중간 사이에 부여하면 $I=E/R$의 전류가 가변 저항기 속을 흐르게 된다.

그래서 브러시를 움직이면 2와 3의 단자 간(또는 2와 1의 단자간)에서, 0볼트부터 E볼트까지의 전압을 브러시의 위치에 의해서 자유로 꺼낼 수 있다.

가변 저항기는 각종 칭호 저항값인 것이 대소 몇 가지 정격 전력값으로 제작되어 있다. 정격 전력이 큰 것은 같은 칭호 저항값인 것이라도 형태가 일반적으로 대형이다.

또 샤프트를 돌렸을 때 그 회전 각도에 비례하도록 저항이 직선적으로 변하는 B형과 회전에 수반하는 저항 변화가 특수한 변화를 하는 A나 C형이 있다.

다음에 가변할 수 있는 저항기에 반고정 저항기라고 하는 그림 5와 같은 샤프트(축)가 없는 것이 있다. 이것은 회로 소형화를 위해 약 6mm 정도의 것도 있고 아날로그 회로에 널리 사용된다.

아날로그 회로는 디지털 회로와 달리, 델리킷한 조정을 하지 않으면 성능이 충분히 나타나지 않는 일이 많아서 이 반고정 저항기(트리머라고도 한다)로 조정한다.

가변 저항기를 선정할 때의 주의 사항으로는 몇 회나 움직여 조정

3. 기계기술자의 저항기

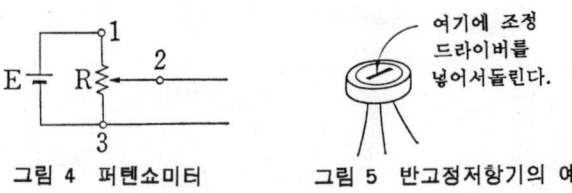

그림 4 퍼텐쇼미터   그림 5 반고정저항기의 예

하거나 전류를 너무 흘리는 중에 저항체가 벗어나거나 마모해서 잡음의 원인이 되기 쉽다. 그래서 통신용이라는 상등품을 선정하는 것이 바람직하다.

더구나 가변 저항기에는 권선형이 있다. 이것은 저항체가 탄소 피막인 것보다 안전하지만 미세한 조정을 할 때 변화가 원만하지 않고 단계적이 되는 일이 많다.

3.7 기계기술자와 가변 저항기

가변 저항기는 전술한 것처럼 샤프트를 회전시킴으로써 전기 저항이 변하는 부품(소자)이어서 이것을 아이디어적으로 활용하면 기계는 우수한 것이 되고 그 응용은 무한하다고 할 수 있다.

응용의 기본은 센서로서의 응용으로, 그림 1처럼 기계는 어떤 형태로 움직이지만 그 움직이는 곳에 가변 저항기의 샤프트를 직결하거나 톱니바퀴 등으로 접속한다. 그러면 가변 저항기의 샤프트는 "기계"의 움직임에 따라서 샤프트가 움직인다는 입력을 주게 되고 이것에 의해서 전기적인 전류나 전압을 (그 입력에 의해서) 출력할 수 있다.

즉 가변 저항기는 기계적인 동작을 (어느 정도 움직였는가) 전기적인 출력으로 변환해 검출하는 센서라고 할 수 있다. 가변 저항기는 그림 2처럼 소형인 것도 염가로 시판되므로 이것을 사용해서 고정밀도는 기대되지 않지만 용도에 따라서는 기계적인 동작을 전기적으로 알고 소용될 수도 있다.

3.7 기계기술자와 가변 저항기   53

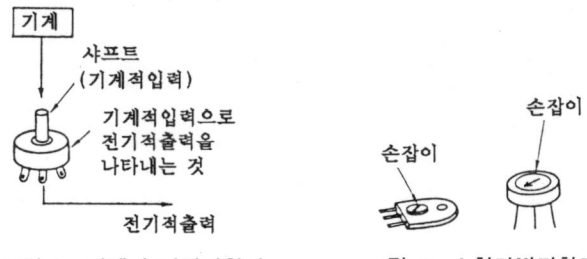

그림 1 기계와 가변저항기   그림 2 소형가변저항기

  그러기 위해서는 이 가변 저항기의 샤프트나 손잡이를 아이디어 적인방법을 기계적으로 동작하는 것에 접속해야 한다. 이때 가변 저항기의 샤프트의 허용 회전 범위(일반적으로 1회전 이하)를 고려해야 한다.

  그림 3은 핸들이나 손잡이에 가변 저항기를 접속한 일례인 데 예를 들면 밸브의 경우, 핸들을 돌리면 가변 저항기에서 그 돌린 양은 전압이 되어 나타난다. 이것은 그림 4처럼 회로를 만들고 정전압 E 를 준비해 두어 손잡이와 핸들이 돌려지면 그 돌린 양은 전압이 되어 나타난다.

  이러할 때 돌리는 각도를 0볼트의 위치(0볼트가 되어 있지 않을 때는 접속 시 0이 되도록 가변 저항기의 샤프트나 기계의 샤프트를 서로 돌려서 접속한다)에서부터 점차로 손잡이나 샤프트를 돌리면 출력에 0볼트부터 어떠한 출력이 나오는가, 실험적으로 데이터를 취해둔다.

  따라서 그 후는 출력의 전압만 보고 있으면 앞에서 얻은 데이터에서 어느 정도 돌렸는가를 알 수 있다.

  출력하는 곳의 전압계는 그러한 눈금을 특별히 만들어 놓을 수도 있다. 가변저항기를 이렇게 센서로서 사용할 때는 고정밀도 퍼텐쇼미터가 센서로서 시판되고 있으므로 가격은 비싸지만 그것을 사용하는 것이 일반적이다.

  검출용인 퍼텐쇼미터는 1회전 외에 2회전, 3회전, ..., 10회전, 기타의 것도 있다.

54   3. 기계기술자의 저항기

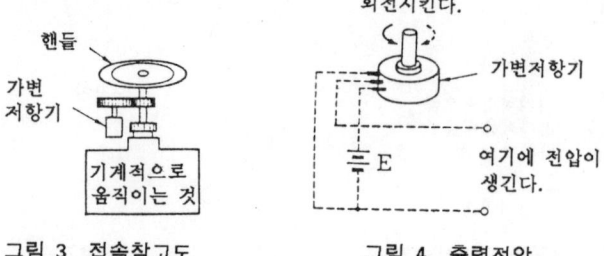

그림 3 접속참고도   그림 4 출력전압

가변 저항기를 선정할 때 그 저항값과 커브 즉 샤프트를 회전시켰을 때 어떠한 상태로 저항이 변화하는가(A, B, C 커브 등이 있다)하는 것과 정격 전력에 주의한다. 정격 전력은 24φ로 250mV 정도지만 온도(접촉부)가 오르면 이 정격 전력은 낮아진다. 따라서 정격 전력에 충분한 안전을 두지 않으면 사용중 파괴되는 일도 있다.

3.8 저항 분할과 그 응용

공급되는 전압을 저항기로 분할함으로써 공급 전압보다 낮은 임의의 전압을 만들 수 있다. 이 전압의 분할 방법은 사용하는 전체의 저항과 필요한 전압을 꺼내는 곳의 분할 저항과의 비로 정해진다.

예를 들면 그림 1은 공급되는 18V의 전압을 470Ω과 130Ω의 두 가지 저항기를 사용해서 분할한 예인 데 130Ω의 저항 양단에 나타나는 전압을 출력으로 얻으려는 것이다. 이때 얻는 전압은 전체의 저항이 470Ω+130Ω이므로 계산하면 다음과 같다.

$$18V \times \frac{130\,\Omega}{470\,\Omega + 130\,\Omega} = 3.9\,(V)$$

즉 이것은 다음과 같은 형태로 계산된다.

$$공급되는\ 전압 \times \frac{분할해서\ 꺼내는\ 곳의\ 저항값}{전체의\ 저항값}$$

이것에 의해 분할로 자유로이 원래의 전압 이하인 전압을 만들 수 있으므로 편리하다. 그러나 이 방법은 전체의 저항에 항상 전류가

3.8 저항 분할과 그 응용

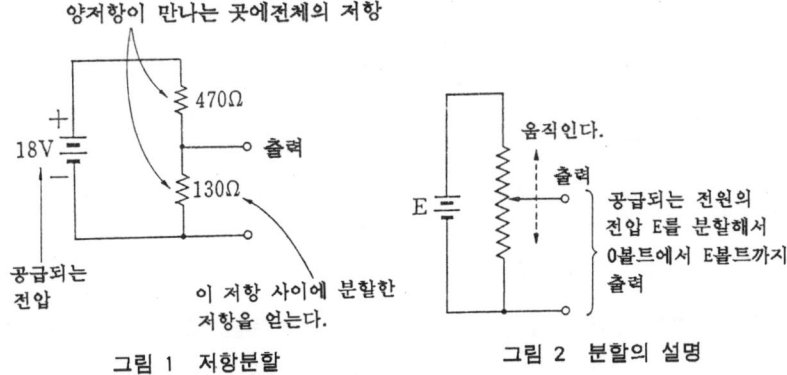

그림 1 저항분할   그림 2 분할의 설명

흐르기 때문에 전력 소비가 크고 그것 때문에 소전류의 용도인 곳에만 일반적으로 사용된다.

또 이러한 저항 분할은 그림 2처럼 가변 저항기를 사용하고서도 쉽게 할 수 있다.

그림 2를 알기 쉽게 그림으로 표시하면 그림 3이 된다. 이것에 의해 출력에서 공급되는 전원의 전압 이하 0볼트까지 자유로운 전압을 만들 수 있다. 즉 공급되는 전압보다 높은 전압은 만들 수 없다.

그림 4는 고전압을 분할하는 예인 데 몇 가지 저항을 사용하고 있다. 고저항을 사용할 때 저항 표면에 습기나 먼지가 부착되어 본래의 저항기 자신의 저항보다 표면의 저항이 낮아지기 때문에 결국 저항기의 저항값이 낮아지는 일이 있다.

그래서 땀이 난 손으로 잡아서 표면 저항을 낮추지 않도록 고저항의 취급에도 주의한다.

즉 낮은, 저항 예를 들면 10Ω이나 100Ω 등의 저항은 그 표면을 손으로 잡아도 대단한 저항의 변화는 없다.

그러나 500kΩ이나 1MΩ 이상등의 고저항은 취급을 잘못하면 그 저항값이 낮아진다.

저항기를 선정할 때 몇 Ω의 저항기라는 것처럼 저항값을 지정하는 외에 전원을 넣은 곳의 저항기로부터 연기가 나거나 발열하는 일도 있으므로 저항기의 와트수에 주의를 요한다. 또한 저항기에서 말

56   3. 기계기술자의 저항기

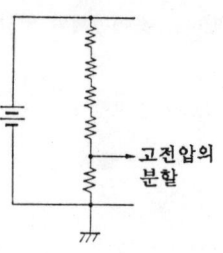

그림 3 분할의 설명   그림 4 고저항의 분할

하는 와트수는 공칭값이고 또 주위 온도가 오르면 그 능력은 낮아지므로(예를 들면 배 이상) 충분한 안전을 보아서 저항기를 선정하지 않으면 저항기의 수명이 짧아지는 일이 있다.

3.9 저항기의 소비 전력

전류에는 발열 작용과 화학 작용과 자기 작용의 세 가지 작용이 있는 것을 잘 알려져 있다.

발열 작용이라는 것은 니크롬선 등처럼 저항이 큰 도체에 전류가 흐르면 열을 내는 것으로 당연히 저항기에 전류가 흐를 때도 열을 내어 저항기의 온도 상승이 나타난다.

전기가 하는 일의 양은 전력량이라고 해 전력량(단위는 Wh)은 전압(단위는 V)과 전류(단위는 A)와 그 흐름이 몇 시간 행해지고 있는가의 시간(단위는 H)을 상승한 것이다.

따라서 어떤 전열기를 100V의 콘센트에 접속해 6A의 전류가 흘렀다면 이것을 2시간 사용하면 전력량 100V와 6A와 2시간을 곱해서 결국 1200Wh 즉 1.2kWh의 일을 한 것이다. 1kWh는 860kcal의 열량이 되므로 이 1.2kWh의 발열량은

$1.2 \times 860 = 1,032$ kcal 된다.

다음에 전력이라는 것이 있다.

예를 들면 위에서 설명한 것처럼 1.2kWh인 일량으로서의 전력량도 강력한 전력의 전열기를 사용하는가, 약한 전력의 전열기를 사용

3.9 저항기의 소비 전력

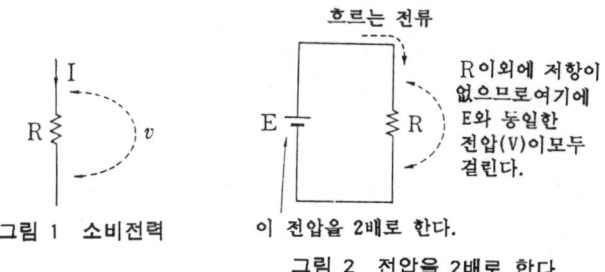

그림 1 소비전력

그림 2 전압을 2배로 한다

하는가에 따라서 강력한 쪽은 단시간에 1.2kWh의 일량 즉 전력량이 되지만 약한 쪽은 장시간이 아니면 같은 일량(전력량)에 도달하지 않는다.

따라서 전력이란 전력량을 시간으로 나눈 것이며 또 전력이란 전압과 전류의 곱이 된다.

저항기의 소비 전력의 설명을 그림 1에 든다. 그림처럼 저항 R에 I암페어의 전류가 흘러 저항 양단 V볼트의 전압을 나타내고 있는 상태일 때 이 저항의 소비 전력 P의 단위를 W라고 하면

$$P = I \times v$$

가 된다.

그리고 저항기의 소비 전력은 대부분 열이 되어 저항기를 가열한다. 앞의 $P = I \cdot v$는 형태를 바꾸면 $P = \dfrac{v^2}{R}$ 또는 $P = I^2 \cdot R$ 또는 $I^2 = \dfrac{P}{R}$ 된다.

일렉트로닉스 회로에서도 발열에 의한 온도 상승은 회로의 안정성이나 열화, 기타 트러블이 되므로 중요한 문제다. 따라서 저항기를 선정할 때 저항의 값만으로 단지 저항기를 선택할 것이 아니라 그 저항기의 전기 용량이 어느 정도인 것을 선택하면 좋은가 하는 것도 검토해 온도 상승이 별로 높아지지 않는 적당한 와트(W)수의 저항기를 사용한다.

단 이때 안전에 위한 계산으로 구한 소비 전력값의 2~4배 정도인 와트수의 저항기를 선택하는 것이 일반적이라고 생각하면 좋을 것이다.

그림 2처럼 어떤 저항이 R에 인가하는 전압을 2배로 하면 $I = E/R$

때문에 흐르는 전류 I는 2배로 증가한다. 이 경우 전압이 2배가 되었으므로 전력 P는 어떠한가 하면 2배의 전압과 2배의 전류의 곱이 되므로 4배가 된다.

위의 것에서 20Ω의 저항기에 10V의 전압을 작용하면 전류는

$$I = \frac{E}{R} = \frac{10}{20} = 0.5 \text{A}$$

전력 P는 $P=0.5\text{A} \times 10\text{V} = 5\text{W}$

이것은 $P=I^2R$에서

$P=0.5 \times 0.5 \times 20 = 5\text{W}$로 계산해도 된다.

3.10 휘트스톤 브리지를 실용하는 지식

그림 1에 P, X, Q, R의 네 개 저항을 조합한 휘트스톤 브리지를 든다.

이러한 휘트스톤 브리지에 E볼트의 전원을 주어도 네 개의 저항값이

$$\frac{P}{X} = \frac{Q}{R}$$

또는 $P \cdot R = Q \cdot X$

의 관계일 때 브리지는 평형(Balance)상태가 된다.

평형 시에는 브리지의 a점과 b점 사이의 출력 전압은 0볼트가 되며 전류계에 전류는 흐르지 않는다.

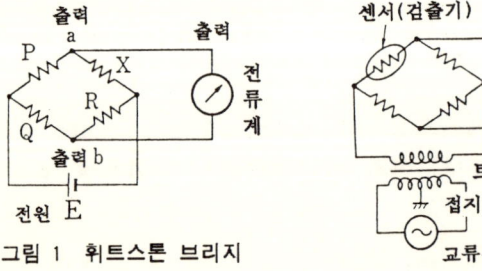

그림 1 휘트스톤 브리지

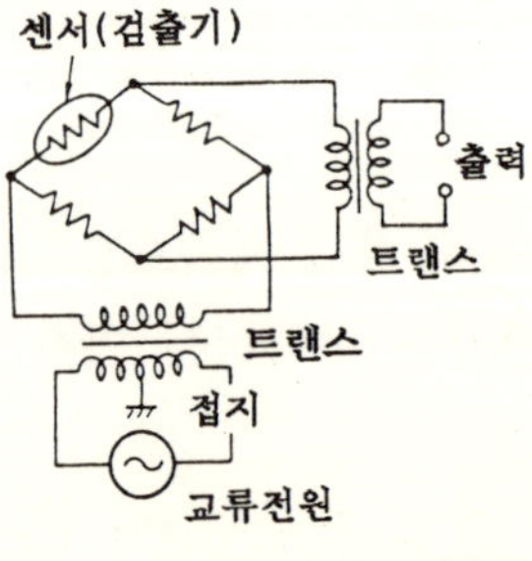

그림 2 트랜스에 의한 평형회로

예를 들면 $P=2k\Omega$, $X=1k\Omega$, $Q=4k\Omega$, $R=2k$ 일 때 $P\cdot R$는 $2k\Omega \times 2k\Omega$으로 4가 되고 $Q\cdot X$는 $4k\Omega \times 1k\Omega$으로 4가 되어 모두 4로 평형한다.

물론 P와 X와 Q와 R를 모두 $2k\Omega$으로 해도 모두 4가 되어 평형한다. 그림의 휘트스톤 브리지에서 평형이 되었을 때 세 개의 저항값이 $P=100\Omega$, $Q=10\Omega$, $R=12\Omega$였다고 하면 이때 나머지 저항 X의 값은 위 설명에 의해서

$$X = \frac{P}{Q} \times R$$

$$= \frac{100}{10} \times 12 = 120\Omega$$

이 된다.

휘트스톤 브리지는 기계의 계측 제어 등에 저항형 센서를 내장시킴으로써 크게 소용되고 대단히 중요하다.

그것은 온도로 저항이 변하는 센서나 빛으로 저항이 변하는 센서, 위치로 저항이 변하는 센서, 자기적으로 저항이 변하는 센서 등이 있어서 이것들을 휘트스톤 브리지중의 저항으로서 내장시켜 두면 각종 센서는 각각의 검출에 의해서 그 저항값을 변화시키므로 그에 상당하는 전압이 출력에 나타나기 때문이다.

그림 1은 전원에 직류를 사용했지만 교류 전원을 사용하는 일도 많다. 교류 전원일 때는 주파수가 그다지 높지 않는 교류를 사용해서 리액턴스분을 무시하고 사용하는 것이 일반적으로 가능하다.

직류 전류일 때는 회로의 온도 상태에 따라서는 열기전력이 생기거나 전해질일 때는 전해가 일어나 이것이 신호에 들어가므로 부정확한 드리프트 출력이 생기므로 주의해야 한다.

교류 전원일 때 전원 단자나 검출 단자의 양쪽을 접지할 수는 없다. 그래서 트랜지스터를 사용한 평형 회로를 그림 2에 든다.

또 직류 전원일 때 트랜스를 사용하지 않고 연산 증폭기를 사용해 어스에 대해서 절연에 주의한 회로가 만들어진다.

60 3. 기계기술자의 저항기

휘트스톤 브리지의 저항기는 정밀용에는 동선에 대해서 열기전력이 작은 망가닌선 등의 권선 저항이 사용된다. 그리고 대단히 미세한 저항 변화를 시키기 위해서는 저저항에 병렬로 저항을 넣어서 조정하는 것이 좋다.

3.11 휘트스톤 브리지의 극성과 상

휘트스톤 브리지가 평형되었을 때 그 브리지 중의 어딘가의 저항에 저항 변화가 있으면 그 출력이 전압을 나타내지만 이때 그 출력 전압의 극성은 어떻게 되느가하면 그림 1의 상태에서 저항 Q의 값이 낮아지면 출력에는 Z방향에 전압이 나타나 즉, 출력의 위측이 +이고 아래가 -로 되어 그림의 Z화살표처럼 전류가 흐른다.

동일하게 다른 저항이 변화하면 다음과 같이 된다.

P의 저항이 낮아지면 Y방향에 흐른다.

X의 저항이 낮아지면 Z방향에 흐른다.

R의 저항이 낮아지면 Y방향에 흐른다.

Q의 저항이 낮아지면 Z방향에 흐른다.

더구나 평형되어 있을 때 P, X, R, Q 등의 저항 중 어느 하나가 그 저항값이 낮아지는 것이 아니라 올라가도록 변화하면 위 역방향의 출력이 생긴다. 그리고 Y방향의 출력인가, Z방향의 출력인가를 음이나 양의 출력이라고 말할 때도 있다. 또 휘트스톤 브리지의 전원

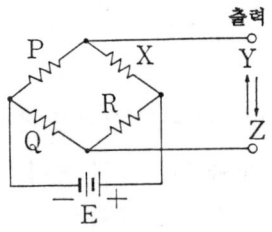 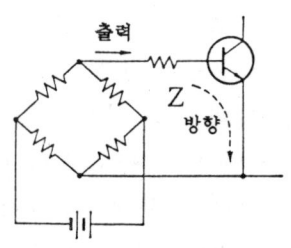

그림 1 출력의 상태   그림 2 극성의 참고례

3.11 휘트스톤 브리지의 극성과 상 61

E의 +와 -를 반대로 하면 위의 이것 또는 역방향 출력을 나타내게 된다.
따라서 예를 들어 전원 E의 극성을 반대로 접속하고 그리고 밸런스 시 각 저항의 어느 하나가 그 저항값을 감소시키는 것이 아니라 증대한다고 하면 반대의 반대가 되어 결국 위에서처럼 출력이 계속 나타난다.
더구나 (Q와 R에 같은 저항을 사용해서) 평형된 휘트스톤 브리지의 경우 다른 저항 P와 X가 모두 동일하게 증대하거나 감소하면 출력은 서로가 상쇄해서 결국 평형해서 0볼트 그대로다.
따라서 예를 들어 그림 2처럼 휘트스톤 브리지의 출력을 트랜지스터로 만약 증폭한다면 그 출력에서 화살표처럼 트랜지스터의 베이스에 전류가 흐르도록 그림의 Z방향에 전압을 나타내도록 휘트스톤 브리지의 상태가 되어 있지 않으면 트랜지스터는 움직이지 않는다.
더구나 휘트스톤 브리지 중의 저항이 그 값을 크게 바꿀수록 큰 출력전압을 나타내게 된다.
이제까지 휘트스톤 브리지의 전원 E는 직류를 사용해서 했다. 그러나 이 전원에 그림 3과 같은 교류를 사용하면 그 출력은 그림 4와 같은 교류 출력으로 나타난다.
교류는 직류와 달라서 플러스, 마이너스의 상태가 항상 사인파적으로 변하는 전압 상태이므로 휘트스톤 브리지에 교류 전원을 사용

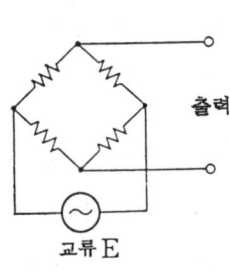

그림 3 교류전원

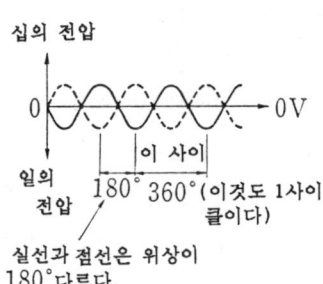

그림 4 두 개의 교류출력

3. 기계기술자의 저항기

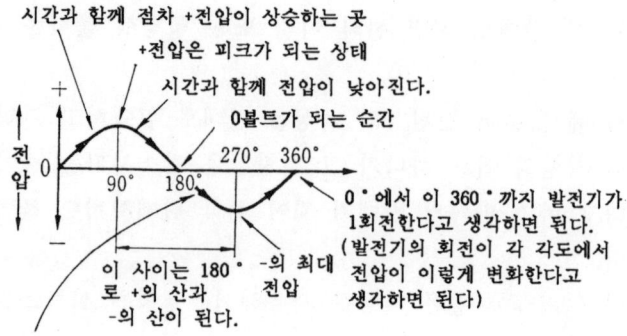

그림 5 교류전압

했을 때의 출력 상태는 +와 -가 일정 상태로 나타나는 것이 아니라 교류로 나타난다. 따라서 직류 전원의 휘트스톤 브리지가 저항의 변화 상태로 출력에 +나 -의 알기 쉬운 전압을 나타냈지만 이러한 + - 의 상태는 교류 전원일 때 위상으로 나타난다.

교류 1사이클의 기본적 전압 상태를 그림 5에 들어 이것에 의해 교류를 해설하겠다. 교류의 상태는 0°에서 360°까지 발전기의 코일이 1회전하면 그림처럼 사인파상으로 전압이 나타나 이때 +-와 극성도 변화하면서 1사이클로 원래의 0°일 때의 상태로 되돌아 간다. 발전기가 계속 회전하면 이 사이클을 반복하게 된다.

따라서 교류의 전압은 항상 변화하고 그림에서는 0°나 180°나 360°의 시점에서 그 순간 0볼트가 된 것을 알 수 있다.

이러한 교류 전압을 전원으로 해서 그림 3처럼 브리지를 부여해도 휘트스톤 브리지가 평형되었을 때의 출력은 0볼트가 되므로 이 상태로 그림 4를 가리킨다면 상하 방향의 전압은 없으므로 중심의 0볼트의 직선으로 표시된다.

그러나 브리지 중의 어느 한 저항만이 그 값을 증가하면 그림의 실선처럼 상하에 시간과 함께 변화하는 교류 출력이 생긴다. 만약 이때 그 저항값이 반대로 증가 아닌 감소를 하면 그림의 점선과 같은 교류 출력이 생긴다. 그리고 이러한 실선과 점선의 양출력의 파

3.11 휘트스톤 브리지의 극성과 상 63

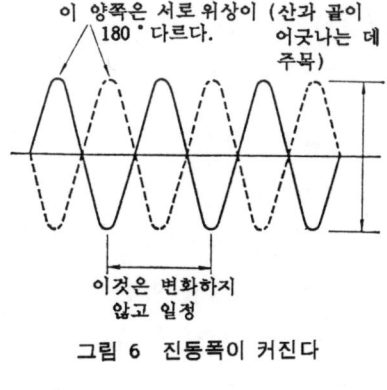

그림 6 진동폭이 커진다

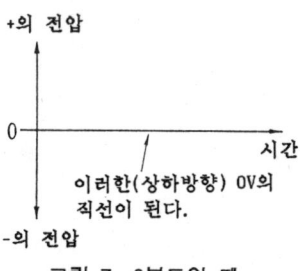

그림 7 0볼트일 때

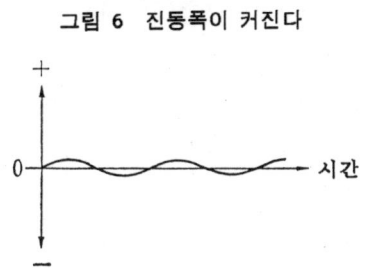

그림 8 약간의 출력전압

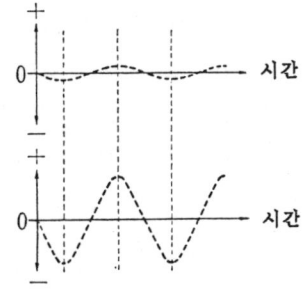

그림 9 동상으로 전압이 다른 그림

형은 위상이 180° 차가 있게 된다.

　180°라고 하면 그림처럼 실선측이 가장 높은 +의 전압에 달했을 때 점선측은 이때 가장 낮은 -측 전압이 되어 있고 완전하게 위측과 아래측의 정반대 관계에 있다.

　그리고 브리지 중의 어느 저항이 평형 상태에서 그 저항값을 가장 크게 가하거나 더욱 크게 감소하게 되면 이때의 출력 상태는 사인파의 파동이 상하방향으로 진동하는 것만이 그림 6처럼 커져서 출력된다.

　교류에서는 이 진동폭이 전압이 된다. 이것을 더 해설하면 교류 전원을 휘트스톤브리지에 주어도 브리지가 평형(밸런스)되어 있으면 그림 7처럼 아무리 시간이 지나도 휘트스톤 브리지 출력의 상태는 0볼트 라인 그대로의 상태다.

　그런데 브리지 중의 어느 저항(예를 들면 그림 3의 왼쪽 위의 저

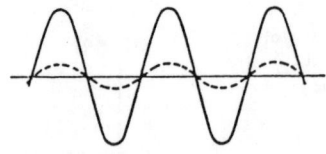

그림 10 동상인 두 개의 교류

항만)이 약간 저항값을 바꾸면 그 브리지에서 약간의 전압이 그림 8처럼 나타난다. 만약 이때 브리지 중의 어느 저항(예를 들면 그림 3의 왼쪽 위의 저항만)값을 앞과 반대로 (앞에서 저항을 약간 증대한 경우는 반대로 이번에는 그 만큼 감소시킨다)값을 바꾸면 예를 들어 그림 9의 위측처럼 점선 상태인 교류 출력이 나타난다.

그리고 그림 8과 그림 9의 양쪽은 동일하게 +가 되거나 -가 되는 교류 출력이지만 상세하게 말하면 이 양자는 위상이 180° 달라진다. 위상이 180° 다르다는 것은 그림 4의 실선과 점선의 관계이며 동상일 때를 참고로 양쪽을 겹쳐서 표시하면 그림 10처럼 된다.

3.12 휘트스톤 브리지와 서보 모터

먼저 서보 모터에 대해서 간단히 해설하면 그림 1은 직류(DC) 서보 모터의 설명인 데 전기가 입력에 직류 전압을 주면 브러시를 지나서 전기자 내 권선에 전류가 흐른다.

이것에 의해서 전기자는 N, S극의 자속을 발생한다. 전기자는 회전 샤프트와 함께 회전한다. 계자는 회전하는 전기자의 외주에 약간의 틈을 가지고 코일을 형성한다.

따라서 전기자와 계자 입력에 직류 전압을 주면 N, S극의 강한 자속을 만들어 이것에 의해서 회전하게 된다.

직류 서보 모터는 세 가지 사용법이 있다. 그 하나는 전기자 제어로 이것은 그림 2처럼 계자에 일정 전류를 흘려서 전기자에 직류 전압을 대소로 바꾸거나 극성도 바꾸는 등 제어에 의해 회전 속도를 변화하거나 정역(正逆) 회전등을 자유로 시킬 수 있다.

3.12 휘트스톤 브리지와 서보 모터 65

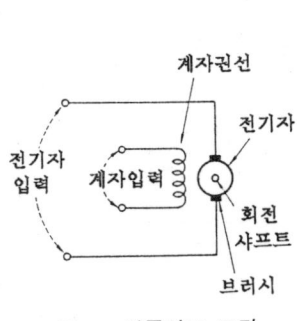

그림 1 직류서보 모터

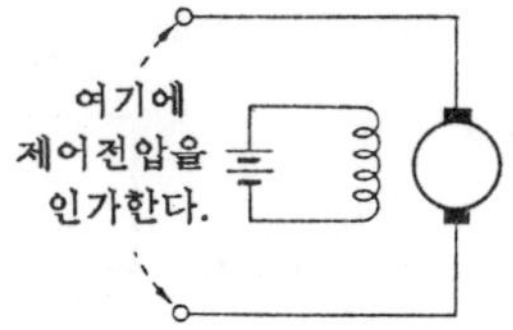

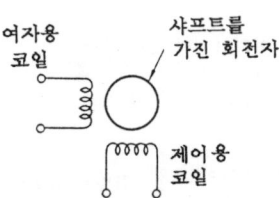

그림 2 전기자 제어

그림 3 2상 서보 모터

 또한 최근에는 계자의 코일에 전류를 인가하는 것이 아니라 영구 자석을 사용한 것이 환영받고 있다.
 교류 서보 모터로는 잘 알려진 것에 2상 서보 모터가 있다. 이것은 샤프트를 가진 농형 회전자의 외주에 여자용 코일과 제어용 코일을 서로 전기각 90° 위상 어긋난 상태로 설치한 것이다.
 회전자에는 전류를 외부에서 주지 않고 따라서 브러시가 없어서 견고하고 보수도 간단하다.
 그림 3은 그 설명이다. 2상 서보 모터는 여자용 코일에 콘덴서를 통해서 진상(進相)한 교류 전류를 공급해서 제어용 코일에 전압과 위상을 바꾼 교류의 제어 입력을 부여하면 그것에 의해서 고속 저속 정역선을 시킬 수 있다.
 휘트스톤 브리지의 직류 출력에 의해 DC 서보 모터를 구동하는 참고도를 그림 4에 든다. 휘트스톤 브리지의 출력에는 검출 저항의 변화에 따라서 전압의 대소와 함께 +-의 극성도 변화하는 출력이 나타난다.
 이것이 직류 증폭되어서 그대로 트랜지스터로 다시 증폭되어 DC

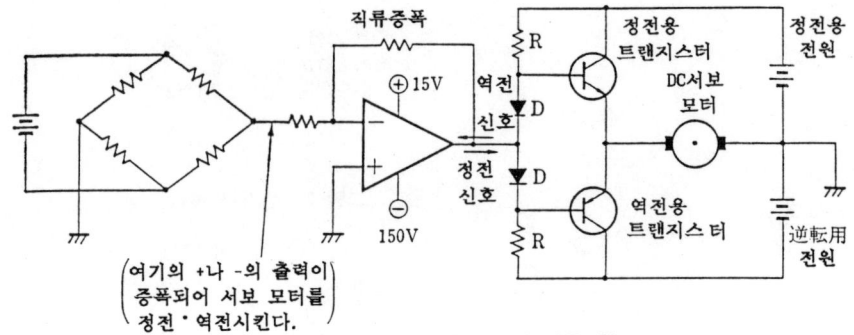

그림 4 DC 서보 모터 사용 참고도

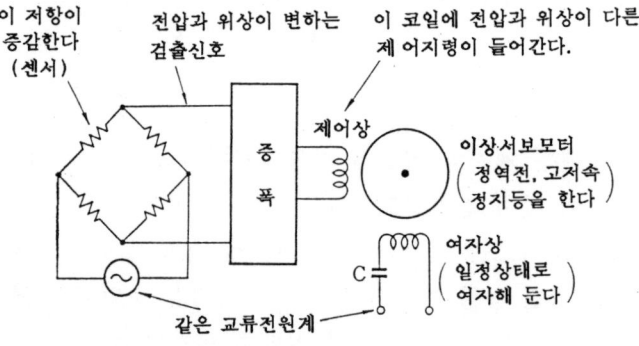

그림 5 2상 서보모터 구동 참고도

서보 모터가 움직인다.

 교류 전류를 사용한 휘트스톤 브리지의 출력으로 교류의 2상 서보 모터를 그림 5의 회로에서 일응 구동할 수 있다. 휘트스톤 브리지의 센서 저항이 평형되면 서보 모터는 멈추고 그 저항이 증가하거나 감소하거나에 따라서 정전·역전하고 그 저항이 커질수록 고속으로 회전한다.

3.13 저항(임피던스) 매칭

저항을 널리 임피던스라 하고 이 저항을 가진 것이 조합이나 접속에서 임피던스를 주의해야 한다.

이것에 대해서는 먼저 저항을 가진 전압이라는 것을 이해하자. 예를 들면 그림 1은 전원의 전압 E를 저항 R로 분할하는 예다. 두 개 저항기의 저항값이 모두 R로 같을 때 이 출력에는 $E/2$의 전압이 나타난다.

여기서 저항 R를 예를 들어 10Ω이라 하고 그림 2처럼 저항 분할하고 테스터로 그 출력 전압을 측정해 보면 전원의 10V는 2분할되어 5V로 되어 있는 것을 알 수 있다. 이것은 이론 대로지만 다음에 저항값을 10MΩ으로 해서(동일하게 10MΩ과 10MΩ으로) 저항 분할하면 역시 출력에 5V가 동일하게 나타난다.

그러나 이것을 일반 테스터로 측정하면 5V가 아니라 예를 들면 0.8라든가 0.2V등의 예상 외로 낮은 전압이 측정된다.

그래서 이야기를 좀 바꾸어서 그림 3은 전원의 전압 E를 테스터로 직접 측정하는 것이다. 이때 모든 테스터에는 그림처럼 자기자신의 내부에 저항 r이 있다.

계측 시 일반 테스터의 지침을 진동시키기 위한 에너지는 측정하려는 전원 E로부터 테스터에 흘러 들어가는 전류가 테스터의 코일에 흘러 이것에 의해서 나타나는 자기적인 힘으로 지침을 움직인다고 보아도 좋다.

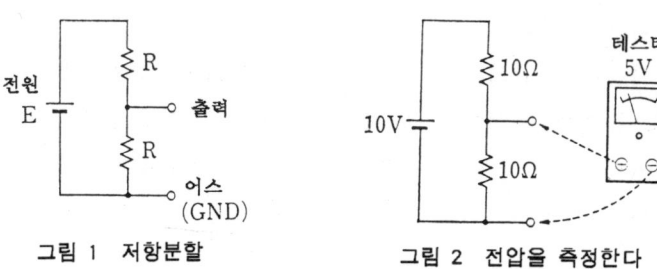

그림 1 저항분할   그림 2 전압을 측정한다

68 3. 기계기술자의 저항기

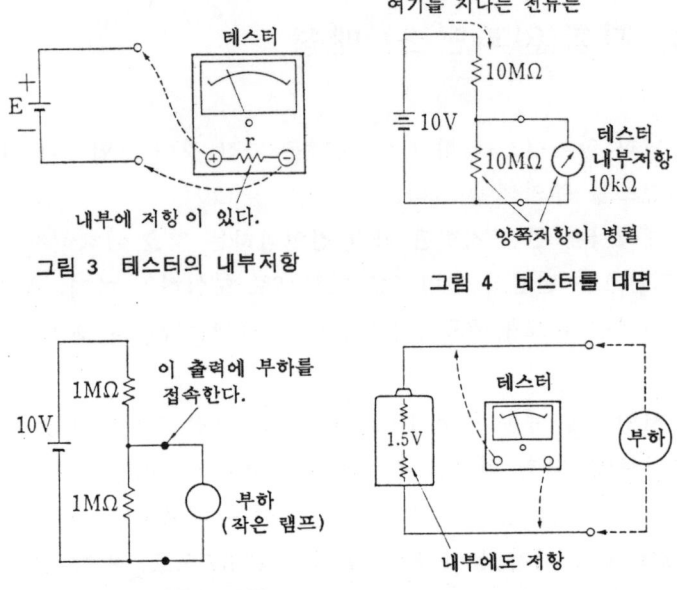

그림 3 테스터의 내부저항   그림 4 테스터를 대면

그림 5 저항의 조합   그림 6 전지의 내부저항

그러면 그림 3의 경우 전원 E로부터 얼마나 되는 전류가 테스터 속에 흘러 들어가는가 하면 테스터의 내부 저항 r과 E의 전압에 의해서(옴의 법칙에서)결정되는 전류가 된다.

따라서 테스터의 내부 저항 r가 높은 것은 전원 E에 테스터를 대어도 전원으로부터 전류가 테스터에 거의 흐르지 않게 된다. 그래도 테스터의 지침은 움직여 측정할 수 있게 제작되었다.

이와같이 높은 입력 저항인(별로 전류를 필요로 하지 않는) 테스터는 옛날부터 고급품으로 취급되었다.

그림 4의 예에서 저항이 $10\text{M}\Omega$이라는 대단히 높은 저항으로 분할되어 있어서 테스터의 내부 저항이 가령 $10\text{k}\Omega$이라고 하면 두 개의 저항을 사용한 분할의 아래측 저항은 결국 $10\text{M}\Omega$ 외에 테스터의 저항 $10\text{k}\Omega$이 병렬로 되어 그것 때문에 $10\text{k}\Omega$ 이하로 분할할 수도 있고 출력에 5V가 나아야 할 전압은 테스터를 대었을 때 곧 낮아진다고 생각하는 것도 한 방법이다.

3.13 저항(임피던스) 매칭 69

 또 전원 10V로부터의 전류가 10MΩ이라는 고저항을 지나서 나오는 경우 간단하게 전압을 전류로 나누어서 10/10,000,000로 해도 얼마 안되고 이렇게 얼마안 되는 전류가 테스터에 흘러 들어가도 테스터의 지침을 움직이는 힘이 나오지 않는다고 생각할 수도 있다.
 따라서 테스터는 예상 외로 낮은 측정 결과를 나타내게 된다.
 그림 5는 동일하게 1MΩ의 저항 두 개를 사용해서 10V를 분할해서 5V로 만드는 예지만 이 5V 나타난 곳에 3V용 정도의 작은 램프를 접속하면 전압은 충분히 나타나 있으므로 작은 램프는 끊길 정도로 밝게 빛나리라고 생각하지만 실은 전혀 빛을 내지 않는다.
 이것은 작은 램프를 접속했을 때의 이야기뿐 아니라 5V용 마이크로 모터에서도 5V용 소형 솔레노이드에서도 동일하게 접속해서 전혀 가동시킬 수가 없다.
 그러나 저항 분할을 가령 5Ω 정도로 낮은 저항을 두 개 사용해서 10V의 전원을 분할했다고 하면 그림의 작은 램프는 점등한다. 따라서 앞에서처럼 전압이 몇 볼트 나타나더라도 그 전압이 어떠한 저항을 지나서 나타났는가 하는 것이 문제된다는 것을 알 수 있다.
 그림 6은 1.5V인 전지의 전압을 테스터로 측정한 것인 데 이 경우 테스터는 1.5V를 가리킨다. 그러나 이 경우 우단에 점선처럼 부하를 거기에 접속하기로 한다.
 그러면 그때 부하(램프나 히터나 모터처럼 뭣인가 전기를 소비하는 것을 부하라고 한다)에 전류가 흐르기 시작한다.
 그러면 1.5V인 건전지에도 내부에 저항이 있으므로 전압 강하가 생긴다.
 전지라고 해도 내부가 저항 0인 재료로 모두 제작된 것이 아니고 염화암모니아라든가 이산화망간이나 탄소 막대를 통해서 나오게 된다. 즉 전지 자신의 저항을 지나서 외부에 전류가 나와서 부하에도 흐르게 된다.
 그러면 전류가 전지 자신의 내부 저항을 지날 때 그 내부 저항에

70 3. 기계기술자의 저항기

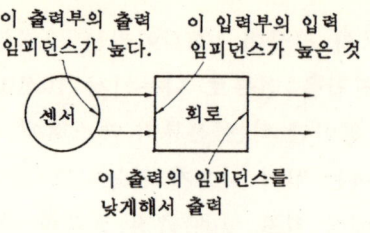

그림 7 임피던스를 맞춘다

전압을 발생해 그 전압이 전원의 1.5V에 정면 충돌한 만큼 강해서 테스터에 나타나기 때문에 이때 테스터의 지시는 1.5V보다 낮아진다. 낮아지는 양은 부하의 저항이 낮은 만큼(즉 전류를 전지에서 대량으로 요구하는 정도) 낮아지고 또 전지의 내부저항이 클수록 크게 낮아진다.

그래서 결국 센서를 사용할 때도 출력 전압을 알고 있어도 그 센서의 출력저항(임피던스)이 높을 때는 부주의로 미터나 기타를 거기에 접속하면 센서의 출력전압은 낮아져 버리므로 바람직하지 않다는 것을 알 수 있다.

따라서 그림 7처럼 출력 임피던스가 높은 센서에는 입력 임피던스가 높은, 예를 들면 FET 등을 거기에 접속해 그 출력에 적합한 것을 잘 연결시키는 회로 기술도 필요하다.

요컨대 어떤 회로와 어떤 회로를 접속할 때도 일반적으로 앞의 신호원이 되는 쪽의 출력 임피던스는 거기에 접속하는 것의 입력 임피던스가 가령 1/10 이하라는 식으로 낮은 것이 바람직하고 또 어떤 출력 임피던스 회로에 접속하는 것의(부하의) 입력 임피던스는 부하쪽 입력 임피던스가 앞단의 회로의 출력 임피던스보다 10배 이상 높은 것이 바람직하다.

이들 임피던스 관계의 조건이 잘 맞지 않을 때는 이미터 폴로어나 볼테이지 폴로어등을 넣어서 임피던스 변환을 함으로써 잘 맞추는 (매칭) 일도 많다.

또한 트랜지스터를 사용할 때 트랜지스터에 작은 전력을 넣어서 큰 전력을 내는 것과 같은 전력 증폭 작용이 있다. 이때도 트랜지스터의 입력측과 출력측에 각각 임피던스가 있다.

트랜지스터는 이미터 접지로 사용하는 일이 많지만 이때 입력 임피던스는 예를 들어 500Ω에서 1kΩ, 출력 임피던스는 30kΩ에서 100kΩ이 된다. 따라서 여기에 접속하는 신호원의 임피던스도 부하 임피던스도 위의 값에 맞는 것이 바람직하다.

3.14 도선의 저항

전류를 흘리는 데 사용하는 전선이나 금속 일반에는 전류의 흐름을 방지하는 저항(Resistance)이 있다.

저항은 전선뿐 아니라 모든 물질에 있다. 저항의 크기를 나타내는 단위에는 옴(기호는 Ω)을 사용한다. 저항은 재료의 종류에 따라서 다르기 때문에 각종 재료의 저항을 비교하는 데 한변이 1cm의 입방체에 그림 1의 전류가 흐를 때의 저항을 기준으로 한다. 그리고 이 저항을 저항률이라고 해 단위는 $\Omega \cdot$cm로 표시한다.

그러나 일반 도체에서는 대단히 작은 수가 되므로 $\mu\Omega \cdot$cm로 저항률을 표시하면 표 1처럼 된다.

즉 철선에 대해서 동선은 수 분의 1의 저항이라는 것을 알 수 있다. 금속 속을 전류가 흐른다는 것은 전자가 흐른다는 것이다. 예컨대 전류가 흐른다는 것은 금속의 결정 격자를 전자가 달려 통과해야 한다. 따라서 금속의 온도가 올라서 격자의 진동이 커지기 시작하면

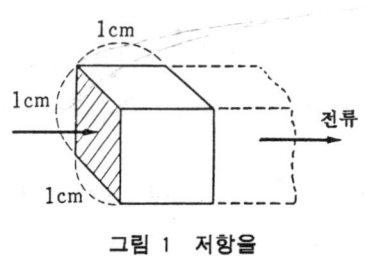

그림 1 저항율

표 1 저항율

은	1.6
동	1.7
금	2.4
알루미늄	2.6
철	10.0
백금	10.5
납	21.9
수은	95.8

3. 기계기술자의 저항기

표 2 전기용 연동선

지름 mm	지름의 허용차 mm	도전율 %	참고 단면적 mm²	참고 전기저항 Ω/km
0.10	±0.008	98.0이상	0.007854	2240.0
0.16	±0.008	98.0 〃	0.02011	874.9
0.20	±0.008	98.0 〃	0.03142	559.9
0.26	±0.01	98.0 〃	0.05309	331.4
0.32	±0.01	99.3 〃	0.08042	215.9
0.35	±0.01	99.3 〃	0.09621	180.5
0.40	±0.01	99.3 〃	0.1257	138.1
0.50	±0.01	100.0 〃	0.1964	87.79
0.60	±0.02	100.0 〃	0.2827	60.99
0.70	±0.02	100.0 〃	0.3848	44.81
1.0	±0.03	100.0 〃	0.7854	21.95
1.6	±0.03	100.0 〃	2.011	8.573
2.0	±0.03	100.0 〃	3.142	5.487

표 3 전기용 경동선

지름 mm	지름의 허용차 mm	도전율 %	참고 단면적 mm²	참고 전기저항 Ω/km
0.40	±0.01	96.0이상	0.1257	142.9
0.45	±0.01	96.0 〃	0.1590	113.0
0.50	±0.01	96.0 〃	0.1964	91.44
0.60	±0.02	96.0 〃	0.2827	63.53
0.70	±0.02	96.0 〃	0.3848	46.67
0.80	±0.02	96.0 〃	0.5027	35.73
1.0	±0.03	96.0 〃	0.7854	22.87
1.6	±0.03	96.0 〃	2.011	8.931
2.0	±0.03	97.0 〃	3.142	5.657
2.6	±0.03	97.0 〃	5.309	3.348
3.2	±0.04	97.0 〃	8.042	2.210
3.5	±0.04	97.0 〃	9.621	1.847
4.0	±0.04	97.0 〃	12.57	1.414

그 통과에 저항이 생긴다.

즉 금속에서는 온도가 오르면 저항이 증대한다. 예를 들어 온도가 100°C 상승하면 동선 등의 경우 약 43%의 저항 증가가 나타난다.

전선으로는 여러 종류가 있지만 600V 비닐 절연 전선이 잘 알려져 있다. 이 규격(KSC3302)은 600V 이하인 주로 일반 전기 공작물이나 전기 기기의 배선에 사용하는 절연 전선으로 염화 비닐 수지를 주체로 한 콤파운드로 절연된 것이다.

이 전선의 중심부 도체는 KS에 의하면 연동선 또는 경동선을 사용한 단선 또는 꼬인선으로 한다....고 되어 있다.

따라서 도체의 전기용 연동선(KSC 3101)의 일부를 표 2, 또 전기용 경동선(KSC 3202)의 일부를 표 3에 참고로 든다.

표의 우측을 보면 길이 km에 대해서 전기 저항이 표시되었다.

전압을 걸어도 전류가 필요없는 것에 흐르지 않게 하기 위해 플라스틱 기타 절연 재료로 절연하고 있다.

절연물을 사용해도 대단히 적은 전류는 이 재료 속을 새어서 흐른

3.15 유도 리액턴스와 한 개 전선의 대저항

표 4 절연물의 저항율

자 기	$10^{12} \sim 10^{14}$
유리	10^7 정도
염화비닐	10^{16}

다. 그래서 절연물의 사소한 저항률은 단위 $\Omega \cdot cm$로 표시하면 표 4 와 같다.

 전기를 통하는 전선은 동이 많지만 그 동은 전기 정련으로 만든 전기동을 사용하고 전기동에서 전선을 가늘고 길에 뽑는 것을 경동선이라고 해 단단해서 옥외 송전선 등에 사용된다.

 또한 경동선을 500°C 정도로 설담금질 한 것을 연동선이라고 해 연질로 굽히기 쉬워서 모터용 코일이나 전기 기기 전반 또는 옥내 배선 등에 널리 사용된다.

3.15 유도 리액턴스와 한 개 전선의 대저항

 일반적으로 전선을 감는 것을 코일이라 하고 그 코일에 전류를 그림 1처럼 흘리면 자속이 그림의 점선처럼 나타난다.

 이렇게 권수가 많은 코일에 그림 2처럼 램프를 접속해서 전원에 어떤 전압을 가하면 직류 전원의 경우는 램프가 점등한다. 그러나 동일한 전압의 교류를 여기에 가하면 주파수에도 영향받지만 램프는 점등하지 않거나 약간 밖에 빛나지 않는다.

 이것은 코일이 교류일 때 코일의 도선으로서의 고유의 저항이 아니라 특별한 저항을 나타내기 때문이다. 이때 코일의 인덕턴스를 L 헨리(H)라 하고 교류의 주파수를 f헬르츠(Hz)라고 하면 이때 특별히 나타나는 저항(이 저항을 유도 리액턴스라고 한다)은 $2\pi fL$옴이 된다.

 여기서 코일의 성질을 좀 공부하자.

 그림 3은 코일의 성질을 가리키는 실험으로 그림처럼 자속을 발생

3. 기계기술자의 저항기

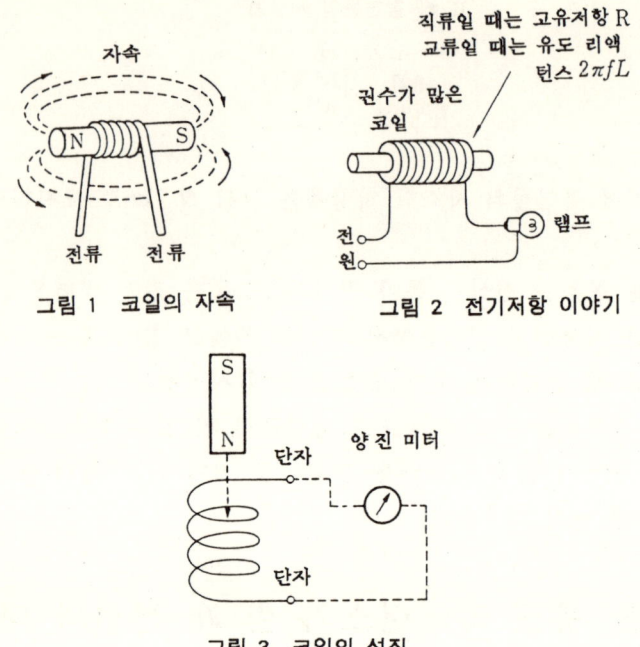

그림 1 코일의 자속

그림 2 전기저항 이야기

그림 3 코일의 성질

하는 영구 자속을 코일 중에 넣으면 그림처럼 어떤 방향의 전압을 발생(유도)해 양진 미터는 한쪽에 일시 진동해서 영구 자석을 코일 중에 넣어 그대로 하면 전압은 지워져서 미터는 중앙으로 되돌아간다.

다음, 코일 중에 넣었던 영구 자석을 코일에서 꺼내면 이때 전술한 역방향의 전압을 일시 발생해 양진 미터는 다른 쪽에 일시 진동한다. 코일 중에 앞에서처럼 영구 자석을 넣거나 꺼내거나 해서 자속의 변화를 주지 않아도 코일에 전류를 흘리거나 흐르고 있는 전류를 차단하는 등 전류의 변화(증감)을 줌으로써 자속 변화를 만들어주어도 그 코일에 동일하게 전압을 발생시킨다.

그리고 이러한 코일의 작용이나 성질을 어떻게 표현(정의)할까 하고 생각할 때 인덕턴스라는 것이 등장한다.

3.15 유도 리액턴스와 한 개 전선의 대저항

그러면 인덕턴스 L이란 무엇인가 하면 코일에 전류를 변화시켜 가할 때 그 코일 자신의 속에 기전력을 유도하지만 그 양의 대소를 나타내는 것이라고 할 수 있다.

인덕턴스는 기호 L로 표시하고 헨리(H)라는 단위로 측정된다.

그리고 이것은 코일의 권수, 형상, 자로의 투자율에 관계하고 식으로는

$$E = L\frac{\Delta I}{\Delta t}$$

가 되고 이 식에서

$$L = \frac{\text{코일유도전압}\,[V]}{\text{코일전류변화율}\,[A/s]}\,[H]$$

이 되는데 요컨대 1헨리라고 하면 어느 정도인가 하면 회로의 전류가 1초 간에 1[A]의 비율로 변화하고 있을 때 1[V]의 전압이 코일에 유도될 때의 인덕턴스 상태라고 할 수 있다.

예를 들면 인덕턴스가 1헨리인 코일이 있어 그 코일에 전류가 0.01초 간에 1[A]가 변화하도록 흐르면 그 코일에 유도하는 전압은 얼마인가 하면

$$E = L\frac{\Delta I}{\Delta t} = 1 \times \frac{1}{0.01} = 1 \times 100 = 100\,[V]$$

가 된다.

그런데 코일에 교류 전압을 가하면 인덕턴스에 의해서 코일에 저항을 나타내고 그 저항이란 것은 $2\pi fL$옴(Ω)이라는 것은 앞에서 말했다.

이 저항이라는 것은 결국 코일에 전류가 흐르면 그 코일에 자속이 발생해 그 자속에 의해 자기 유도 작용으로 그 코일 중에 기전력이 나타나 그 기전력이 코일에 흘러 들어가는 전류에 마주 보아(반대

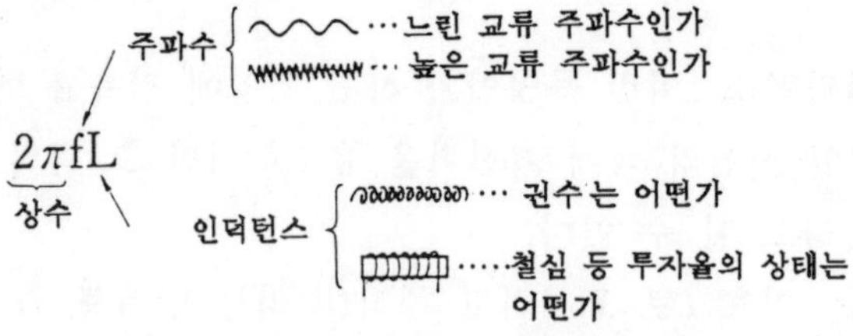

3. 기계기술자의 저항기

$$\frac{2\pi fL}{상수} \begin{cases} 주파수 \begin{cases} \text{…느린 교류 주파수인가} \\ \text{…높은 교류 주파수인가} \end{cases} \\ 인덕턴스 \begin{cases} \text{…권수는 어떤가} \\ \text{…철심 등 투자율의 상태는 어떤가} \end{cases} \end{cases}$$

그림 4 $2\pi fL$ 의 이야기

로)서 그것을 방해하기 때문이다.

이와 같이 코일에 가한 교류 전압과 코일에 유기되는 교류 기전력은 크기가 같고 반대 방향이 된다. 이와같이 방해하기 위한 저항은 코일에 사용한 동선 그 자체의 고유한 저항이 아니라 교류의 주파수 f가 클수록 커지고 또 인덕턴스 L이 클수록 커지는 저항이다.

즉 그림 2의 실험에서 동선 그 자신의 저항이라면 가는 전선을 많이 감을수록 동선으로서의 저항은 증대된다.

그러나 이러한 동선 고유의 저항 외에 전류를 흘림으로써 코일에 자속이 발생하기 때문에 다른 자속에 의한 저항이 나타난다.

이러한 자속에 관계하는 저항은 그림 4처럼 된다. 여기서 2π 라는 것은 상수이기 때문에 이것은 제쳐 놓고 주파수 f의 값은 어떠한가 하는 것과 코일의 인덕턴스 L이 어느 정도의 것인가 하는 것이 저항에게는 문제된다.

우리 가정, 공장에서 사용하는 교류의 주파수 f는 60Hz가 주파수지만 이 주파수보다 큰 주파수인 교류를 일렉트로닉스에서는 취급하는 일이 대단히 많고 그저할 때는 f의 값이 특히 크기 때문에 결국 $2\pi fL$로 결산되는 유도 리액턴스가 커지고 그것 때문에 거기에 흘러 들어가려는 전류는 큰 저항을 받아 쉽게 흘러 들어갈 수 없게 된다.

또 인덕턴스 L은 코일의 권수가 많아지면 커지지만 권수가 별로 크지 않아도 코일에 아주 큰 철심을 넣거나 또 철심이라고 해도 단순한 철이 아닌 투자율을 고려해서 아주 큰 퍼멀로이의 철심으로

3.15 유도 리액턴스와 한 개 전선의 대저항

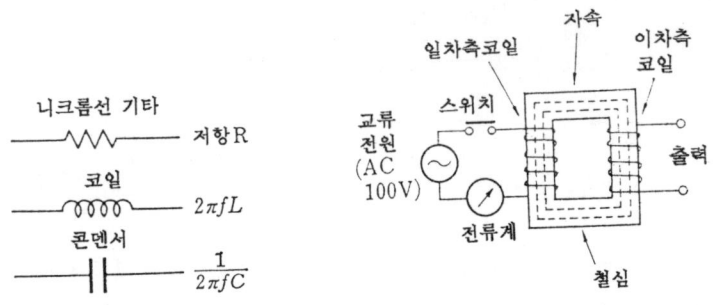

그림 5 전기의 흐름을 제한하는 세가지   그림 6 트랜스의 참고 이야기

하거나 하면 인덕턴스 L은 크게 할 수 있다.

요컨대 이러한 주파수 f나 인덕턴스 L의 값으로 결정되는 $2\pi fL$의 값이 교류에서의 독특한 저항으로서 전기의 흐름을 제한하게 된다.

또 참고로 전기의 흐름을 제한하는 것에는 어떠한 것이 있는가 하면 그림 5처럼 니크롬선 등 고유의 저항 R과 코일에 의한 $2\pi fL$와 다음에 콘덴서에 의한 $\dfrac{1}{2\pi fC}$ 등이 있다.

그림 6은 트랜지스터 이야기인 데 이 경우 인덕턴스적으로 트랜스를 생각해 보자. 그림의 스위치를 닫고 전원의 AC 100V를 트랜스의 1차측 코일에 접속하면 AC100V는 동선으로서의 고유한 저항은 대단히 작아서 1차측 코일에 대전류가 굉장하게 흐르려고 한다.

그러나 이 흐르기 시작한 전류가 자속을 만들고 철심 중에 점선과 같은 자속의 흐름을 발생한다. 그러면 이 자속이 전류가 흐르기 시작한 동일한 1차측 코일에 작용해서 그 흐르는 전류를 저지하려는 역방향의 전압을 나타내므로(자기가 자속을 만들어서 자기 자속에 흐르기 어렵게 한다) 결국 이 상태의 트랜스로는 교류 전원으로부터의 전류는 거의 흐르지 않고 전류는 거의 소비하지 않는다.

따라서 전원에 일반 전류계를 그림처럼 넣어도 미터의 지침은 거의 0을 가리킨다.

그러나 이때 트랜스의 출력측에 부하를 접속해서 거기서 소비 전

78 3. 기계기술자의 저항기

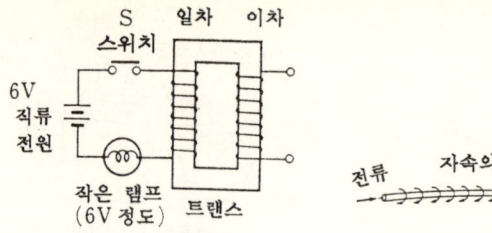

그림 7 트랜스 실험   그림 8 전선 한개일때의 자속

원을 꺼내면 철심 중에 흐르던 점선의 자속은 그 소비 에너지쪽에 소비되므로 트랜스에 흐르는 전류를 저지하는 역전압도 감소하고 그것 때문에 트랜스에 교류 전원에서 흘러 들어가는 전류는 증대한다.

이것들을 실제로 이해하기 위해 예를 들어 그림 7은 트랜스의 실험으로 트랜스의 1차 코일에 6V 정도의 직류 전원과 6V 정도의 작은 램프를 그림처럼 접속한다. 그리고 스위치 S를 닫으면 작은 램프는 일응 점등한다. 이 작은 램프를 직접 6V인 전원에 대면 더욱 밝게 점등한다.

즉 그림 7의 예는 트랜스의 1차 코일로서 감는 동선의 고유 저항을 직류인 6V가 지나서 작은 램프를 점등하므로 그 저항의 영향 만큼 흐르는 전류가 감소하고 있기 때문이다.

만약 이 상태에서 전원을 6V에서 8V, 10V등으로 높여가면 6V용 작은 램프는 대단히 밝게 빛나 드디어는 끊겨버린다. 그런데 동일한 이 트랜스에 전원을 DC 6V가 아닌 굉장히 높은 전압인 AC 100V(50~60Hz)를 가해 본다.

그러면 전압이 대단히 높아서 굉장하게 전류가 트랜스의 1차 코일에 흐르리라고 생각하지만 실은 그렇지 않고 6V용 작은 램프는 점등하지 않거나 또는 조건에 따라서 약간 점등하는 정도가 된다.

즉 이 경우 트랜스의 1차 코일이 직류적인 동선으로서의 고유 저항 외에 강한 다른 저항을 나타내고 있으므로 작은 램프에 아주 적은 전류 밖에 흐르지 않는다는 것을 알 수 있다.

3.15 유도 리액턴스와 한 개 전선의 대저항

표 1 허용전류의 참고표

굵기(mm)	1.0	1.2	1.6	2.0	2.6	3.2	4.0
허용전류 (A)	11	13	19	24	33	43	—

고주파일때는 가는 선을 집합한 쪽이 유리

중심부는 소용없는 면적

그림 9 표피효과

그림 8은 한 개의 전선에 전류가 흐르는 것인 데 이와같이 한 개의 전선에서도 그림처럼 전류가 흐르면 자속이 그 주위에 발생한다는 설명이다.

따라서 코일이 아니라도 한 개의 전선에서도 인덕턴스 L은 약간 존재한다.

약간의 인덕턴스라도 일렉트로닉스에서는 주파수가 전원으로서 알 수 있는 일반의 60Hz에 비해 예를 들어 1만배나 10만배라는 주파수를 취급하는 것은 자주 나타나므로 이와같이 월등하게 큰 주파수 일 때 $2\pi fL$로 계산하면 예상 외로 큰 저항이 생기는 일이 많다.

다음 그림 9는 한 개의 전선이지만 이것은 표피 효과의 설명이다.

일반적으로 전기 저항은 도체의 길이에 비례하고 단면적에 역비례한다고 해 지름이 굵을수록 저항은 낮아진다.

그러나 거기를 통하는 전류가 직류가 아니라 주파수가 높은 교류가 되면 전류는 점차 그 도선의 표면에만 흐르게 되고 예를 들면 표면에서 0.1mm의 깊이에서 주파수가 250kHz나 되면 흐르는 전류는 반감하는 것 같고 고주파가 10MHz나 되면 약간 굵은 동선의 저항은 직류일 때의 저항의 10배가 더 굵을 때는 20배 가까이도 되는 것 같다.

이상에서 고주파를 취급할 때는 $2\pi fL$이나 표피 효과도 존재하므로 예를 들면 길이 3cm인 전선을 사용하는 곳에 조금쯤 전선이 길어져도 괜찮겠지하고 생각해서 10cm로 늘렸기 때문에 그 전선의 저항에서 이제는 회로가 작동하지 않거나 오동작하는 실례도 많다.

참고로 일반 600V 비닐 절연 전선의 어떤 조건에서의 허용 전류를 들면 표 1과 같다.

3.16 저항기의 실제 응용과 그 이해

흐르는 전류가 얼마인가를 측정하기 위해 그림 1은 그 배선(전선)중에 낮은 값의 저항기 R을 넣은 예다.

이 저항기에 전류가 흐르면 그 양단에 전압이 발생한다. 따라서 그 전압을 측정해서 거기를 흐르는 전류를 알게 된다. 이때의 측정용 미터는 입력 임피던스가 높은 것이 바람직하므로 직접 미터를 접속하지 않고 적당한 회로를 통과시킨 후 미터로 측정하는 것도 바람직하다.

그림 2는 전자 회로 중의 어떤 요점에 전류가 얼마가 흐르고 있는지를 알기 위한 것으로 이렇게 낮은 저항 R을 알고 싶은 도선 중에 넣어서 그 저항 양단에 점선처럼 인출선을 편리한 곳까지 꺼내서 체크용으로 측정 단자를 만든 예다.

요컨대 옴의 법칙인 $I=E/R$에 의해 저항에 흐르는 전류량을 알 수 있지만 이 저항값 R은 0.1Ω이나 1Ω 등 계산에 편리하고 낮은 저항으로 함으로써 회로 상태를 흐트러뜨리지 않는 값으로 하는 것이 바람직하다.

메커트로닉스에서 기계 중에 일렉트로닉스가 많이 채택되면 고장 진단이나 체크를 위해 이러한 배려가 회로 중에 필요하다.

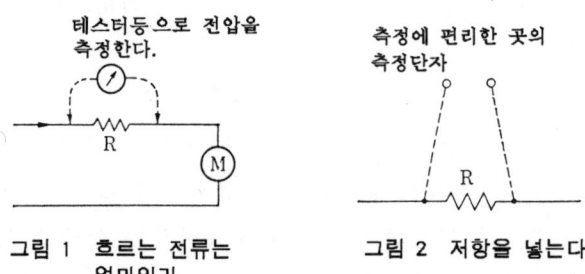

그림 1 흐르는 전류는 얼마인가

그림 2 저항을 넣는다

3.16 저항기의 실제 응용과 그 응용

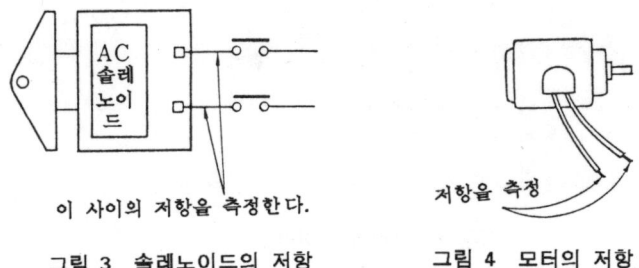

그림 3 솔레노이드의 저항   그림 4 모터의 저항

그림 3은 전자석이나 솔레노이드의 예인 데 이러한 솔레노이드 코일이 소손하는 일도 있다. 그래서 이(동선을 감은) 코일의 발열 상태를 알기 위해 코일의 저항을 측정하는 설명이다. 동일하게 그림 4는 모터(동선을 감은)의 코일의 발열 온도 상태를 알기 위해 그 코일의 저항을 측정하는 예다. 이러한 경우 권선(코일)의 온도 $t^2(°C)$는 권선의 저항 변화를 알 수 있으면 다음 식으로 계산할 수 있다.

$$t_2 = \frac{R_2 - R_1}{R_1}(234.5 + t_1) + t_1$$

t_1: 저항 측정을 하려는 최초 코일 권선의 온도[°C]
R_1: 온도 t_1일 때의 코일의 저항[Ω]
R_2: 코일에 통전해 사용한 후의 온도 상승한 t_2[°C]에서의 코일 저항[Ω]

그림 5에 저항기의 응용예를 약간 든다.

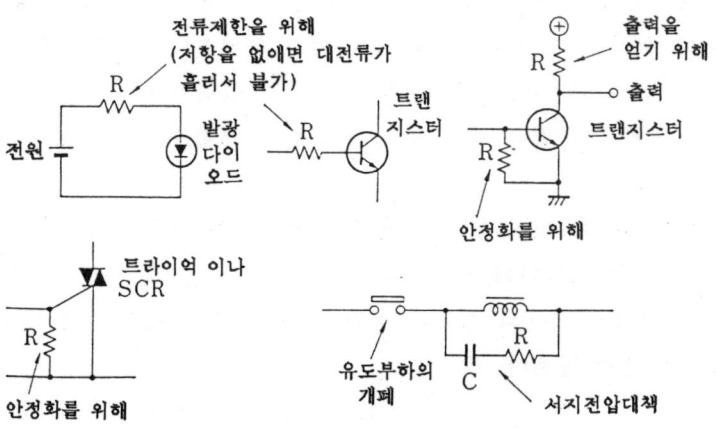

그림 5 저항기의 응용례 몇가지

82 3. 기계기술자의 저항기

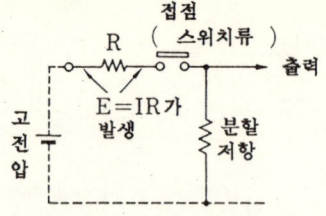

그림 6 접점의 이야기

그림 6은 접점의 참고이야기이다.

마이크로스위치나 리밋 스위치나 전자 릴레이의 접점은 모두 접점이 접촉하거나 또는 열리거나에 의해서 ON, OFF하고 있다. 이러한 개폐 동작시 이들 접점에는 접촉 저항이 있어서 이것은 공기 중의 가스나 먼지 등 때문에 접점 표면에 피막상인 것이 생기거나 기타 원인 때문에 그 접촉 저항은 변화한다.

때로는 대단히 고저항이 되어 접점이 닫혀도 거의 전류가 그곳을 통하지 않게 되는 일도 생긴다. 이러할 때의 대책으로는 그림 6의 경우를 생각하면 좌단에 고전압이 있으므로 만약 접점 트러블로 접점이 닫혀도 OFF 상태일 때 고전압은 그대로 그 접점에 걸리게 된다.

접점의 접점 저항이 낮고 정상일 때 그곳을 용이하게 전류가 흐르므로 이때는 저항으로 분할해서 저전압으로 출력한다.

이것은 접점 트러블로 전류가 흐르지 않으면 저항 R의 양단에 $E=IR$의 전압이 발생하지 않고 따라서 고전압은 그대로 접점에 걸린다고 생각해도 된다. 일반적으로 접점은 높은 전압이 걸리면 신뢰성이 높고 약전일 때는 트러블을 나타내기 쉬워진다. 그래서 5V 이하인 낮은 전압이나 mA 단위인 전류 등약전(일렉트로닉스)용어는 고전압이 인가되지 않을 때 금붙이 접점을 사용함으로써 신뢰성을 높이고도 있다.

그림 7은 부하 전류가 작고 예를 들어 1mA와 같은 약전류를 개폐하는 경우 접점의 신뢰성이 걱정되므로 저항 R를 부하와 병렬로 넣어서 이 저항에 여분의 전류를 흘림으로써 접점에 상당한 전류를 흘리도록 생각한 일례다.

3.16 저항기의 실제 응용과 그 응용   83

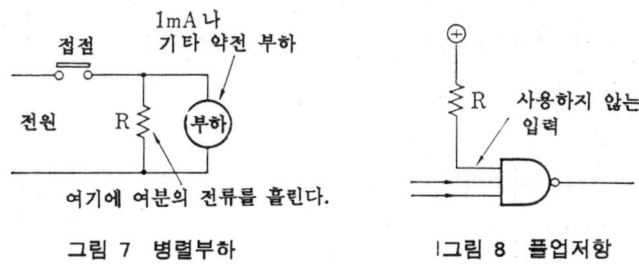

그림 7 병렬부하   그림 8 풀업저항

다음 디지털 IC를 사용할 때 TTL이나 C-MOS의 입력을 풀 업하거나 풀 다운하기 위해 저항을 사용하는 일이 많다.

그림 8은 3입력 NAND의 입력 중 하나가 놀고 있어서 이 입력을 저항 R로 +전원에 풀 업한 예다.

TTL에서는 사용하지 않아서 개방한 그대로의 입력 단자는 일응 H 레벨이 되지만 노이즈의 영향을 받기 쉬워서 풀 업이나 풀 다운한다. 단 그림 8의 경우는 NAND 때문에 미사용 입력을 풀 업하지만 이 경우 풀 다운해 접지하면 움직이지 않게 되므로 반드시 풀 업한다.

더구나 미사용인 입력 단자는 특히 C-MOS일 때 입력 임피던스가 높아서 여기에 노이즈가 들어가 역치 부근에서 휘청거려 불안정해 지고 또 대전류가 흘러 IC를 손상하는 일도 있으므로 이러한 미사용 입력 단자도 일반적으로 전원 전압 또는 그라운드에 접지한다.

단 C-MOS에서도 그 IC의 종류에 따라서, 예를 들어 NAMD 등은 그 기능에서 미사용 입력을 풀 업한다.

또 TTL이란 무엇인가 하면 Transistor Transistor Logic의 약자로 요컨대 디지털한 논리 회로의 입력부와 출력부에 모두 트랜지스터를 사용해서 만들어진 IC로, 이 TTL에는 많은 품종이 제작되어 시판되고 있다.

예를 들면 2입력 NAND라든가 인버터라든가 2입력 AND라든가 3입력 NAND라든가, 4입력 NAND라든가 각종 NOR라든가 OR 회로, 또는 풀립플롭이라든가 단안정멀티라든가 디코더라든가 카운터라든가 시프트 레지스터라든가 래치라든가 멀티플렉서라든가 등등이다. 이것들

을 사용함으로써 우리는 복잡한 회로를 만들지 않고서도 용이하게
목적하는 회로가 될 수 있다.

3.17 기계의 마찰과 효과적 저항기 회로

그림 1은 순시 과전압을 공급하는 회로의 일례다.

그림처럼 고압을 사용하므로 저항 R를 통해서 콘덴서 C에는 그림
처럼 고전압이 충전된다. 따라서 이 출력에 스위치를 누른 다음 전류
를 무엇인가에 공급하면 최초로 콘덴서에서 고전압이 나온다.

그러나 콘덴서는 그 방전 때문에 즉시 전압이 낮아지므로 그후는
고전압은 저항 R를 지나서 이때 이 $E=IR$의 전압 만큼 전압을 낮추어
서 나아간다. 이것은 기계의 작동에 이용된다.

기계의 가동부에서의 마찰 상태는 일반적으로 정지하고 있을 때
는 마찰이 크고 움직이기 시작하면 급히 마찰이 감소한다. 따라서
이렇게 모든 움직이는 기계 메커니즘에 최초 마음껏 전압을 일시 액
튜에이터 등에 인가하고 그후 전압을 낮추는 방법은 동작의 응답을
빨리 하는 데 적합하지만 기타에도 효과가 있다.

물론 직접 그림의 회로 출력을 사용하지 않고 이것을 트랜지스터
등으로 증폭해서 대전류로 활용할 수도 있다.

그림 2는 상술한 일시 과전압 회로에 스위치 S를 설치해서 달링턴
트랜지스터로 증폭해 부하에 일시 대전류를 공급하는 예다. 이 그림
은 스위치 S가 눌려서 도통하면 부하용 전원에서 부하에 대전류가
일시에 흘러 그후는 저항 R_1로 결정되는 소전류가 부하에 흘러 스위

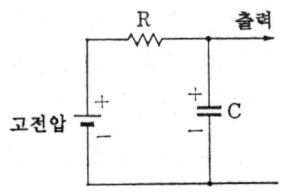

그림 1 일시 과전압회로

3.17 기계의 마찰과 효과적 저항기 회로   85

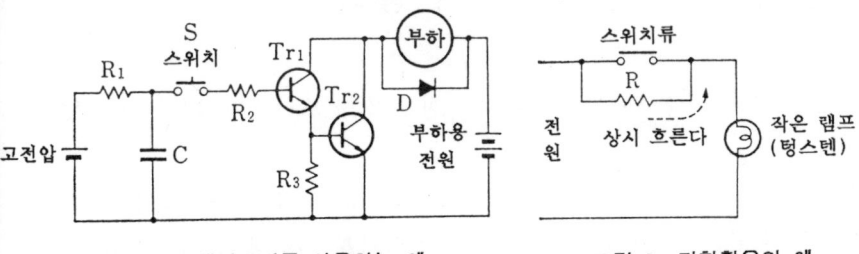

그림 2 트랜지스터를 사용하는 예   그림 3 저항활용의 예

치가 열리면 부하에의 전류가 단절된다는 것이다.

그림 3은 텅스텐 램프의 스위치에 저항을 넣은 예다. 이것에 의해서 그림의 스위치는 OFF(열림)하고 있을 때도 저항 R를 지나서 상시 어느 정도 전류가 흘러 그 흐르는 전류의 양에 따라서 예를 들면 램프는 약간 빛을 나타낸다. 이러한 상태일 때 스위치류가 닫히면 램프는 급히 아주 밝게 빛난다.

이것에 의해서 램프의 단선인가 트러블 상태인가를 램프에 희미한 빛이 나오는가, 강한 빛이 나오는가 하는 것으로 알 수 있다.

더구나 이때 텅스텐 램프는 돌입 전류가 크고 스위치를 닫았을 때 예를 들면 10배등 굉장한 전류가 일순에 흐르게 된다.

그리고 램프의 필라멘트가 빛나서 고온이 되면 그 저항이 대단히 증대해 램프에 흘러 들어가는 전류는 얼마 안된다. 이것은 램프 부하라고 해서 싫어하는 부하의 하나다. 따라서 고전압을 준비해 램프의 특성을 이용해 램프를 통해서 부하에 전류를 공급하면 일시 과전압을 공급할 수도 있다.

또 참고로 일반 램프 점등용 회로에서 램프용 스위치나 트랜지스터 등은 위에서와 같은 이유로 대형의 것을 사용할 필요가 있지만 그림 3처럼 상시 전류를 램프에 흘려서 필라멘트를 상당한 고온 상태로 해 둠으로써 소용량의 것으로도 개폐(ON, OFF)가 가능하다.

3.18 기계에의 저항기 응용 지식

일반 기계 관계의 계측 제어에 휘트스톤 브리지가 자주 사용된다.

휘트스톤 브리지를 구성해도 정밀도가 높은 용도에는 일반의 저항기는 물론, 1%나, 0.5% 정밀도의 저항기를 사용해도 저항기를 구성한 것만으로는 출력이 완전히 평형되지 않고 약간의 출력 전압이 반드시 나타난다. 그리고 이것은 제로로 해 두어도 회로 사용중, 저항의 온도 변화 기타에 의해서 출력이 제로가 아니라 불안정하게 시간과 함께 출력이 변동한다. 이것은 드리프트라고 한다.

그래서 가변 저항기를 그림 1처럼 넣어서 출력을 0으로 하기 위한 제로 조정이 필요하다.

저항기에는 가변 저항기와 고정 저항기가 있다. 그리고 고정 저항기에는 고체 저항기와 권선 저항기와 박막 저항기가 있다.

박막 저항기에는 카본계와 금속 피막계가 있다.

용도로는 통상의 회로에는 피막 저항기, 전력용에는 고체나 권선 저항기가 적합하다.

고정밀도용에는 권선이나 금속 피막 저항기가 적합하지만 고정밀도용이라는 것에는 저항값이 정확한 것과 온도에 대해서 저항값이 안정하다는 것(온도 계수), 경년 변화가 작다는 것이 중요하다. 따

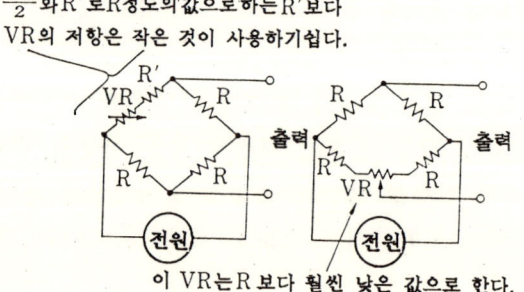

$\frac{VR}{2}$와 R'로 R정도의 값으로 하는 R'보다
VR의 저항은 작은 것이 사용하기쉽다.

이 VR은 R 보다 훨씬 낮은 값으로 한다.

그림 1 조정의 방법

라서 온도 변화를 받아서 저항기의 약간 변화해서는 곤란한 용도에 회로 상 온도 계수의 상쇄를 기대해서 저항 어레이를 사용하는 일도 있다.

예를 들면 휘트스톤 브리지의 한 변의 저항이 변해도 다른 변의 저항이 동일하게 변하면 온도의 영향을 받지 않는다는 생각이다. 이러한 저항에 그림 2와 같은 저항 어레이(네트워크)를 사용하는 것도 바람직하다.

그림 중 SIP란 싱글·인라인·패키지, DIP란 듀얼·인라인·패키지라는 뜻으로 요컨대 이 중에 몇 가지 저항기가 집중해서 들어 있다고 생각하면 된다. 이러한 저항에 의해 그림 3처럼 R_1과 R_2의 저항에 의해 분할하는 경우도 R_1의 저항이 변화해도 R_2의 저항도 그것에 상당해 변화하는 것이 기대된다.

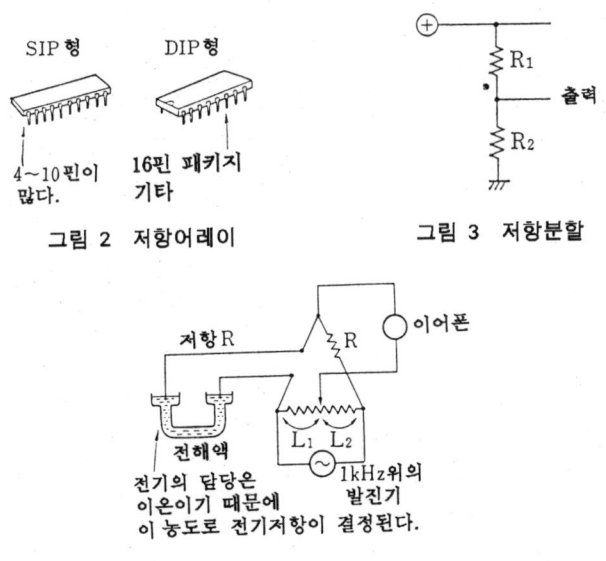

그림 2 저항어레이

그림 3 저항분할

그림 4 플라슈브리지

저항 측정에서 주의할 것이 있다.

예를 들면 전해액의 저항 측정은 테스터 등의 직류에 의한 측정으로는 분극 작용이나 전기 분해가 나타나서 측정할 수 없다. 그래서 교류 전원에 의한 콜라슈브리지로 측정이 알려져 있는 데 그림 4는 그 참고예다.

4. 기계 기술자의 콘덴서 기술

4.1 시판하는 일반 콘덴서

그림 1에 시판하는 콘덴서의 예를 몇 가지 든다.

콘덴서는 정전적으로 전하를 축적하는 능력을 가지고 있지만 전기 에너지를 축적하는 목적만으로는 도저히 축전지류 능력의 100만분의 1이라는 정도로 능력이 낮다.

참고로 콘덴서는 $1/2CV^2$라는 에너지를 축적할 수 있다. 그러나 콘덴서는 이렇게 축적한 전기 에너지를 예를 들면 1억분의 1초 등의 단시간에 동적인 전류 형태인 전기 에너지로 변화하거나 반대로 전기 에너지를 전하의 형태로 축적할 수가 있어서 이것은 크게 주목된다.

즉 콘덴서는 기본적으로 굉장한 응답으로 충방전을 집중적으로 할 수 있는 것이 큰 특징이다.

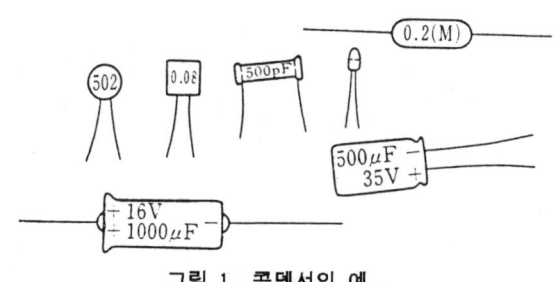

그림 1 콘덴서의 예

90 4. 기계기술자의 콘덴서 기술

　콘덴서의 선정에는 정전 용량과 정격 사용 전압의 적당한 것을 선정하는 외에 +와 -의 극성을 맞추어서 사용하는 것도 있으므로 그것을 고려한다.

　또 누설 전류, 응답 기타도 주목하자. 그림 2는 용량과 내압의 참고도다.

　그러나 이러한 정격 전압과 용량 외에 예를 들면 CE02W 등으로 명시한 것도 있다. 이 경우 CE라는 것은 콘덴서의 종류로, 알루미늄 박형 건식 전해 콘덴서를 의미하고 CA는 알루미늄 고체 전해 콘덴서를 의미하고 CC는 자기 콘덴서(종류I)를 의미하고 CF는 금속화 플라스틱 필름 콘덴서, CH는 금속화 종이 콘덴서, CM은 마이커 콘덴서, CP는 종이 콘덴서, CZ는 플라스틱 필름 콘덴서를 의미하지만 기타에 대해서는 KSC 6403을 참조하기 바란다.

　또 02란 것은 콘덴서의 형상으로 그림 3을 참조하기 바란다.

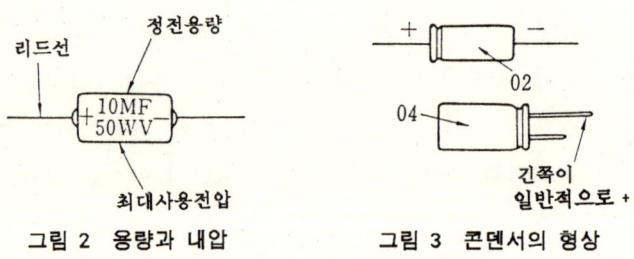

그림 2 용량과 내압　　　그림 3 콘덴서의 형상

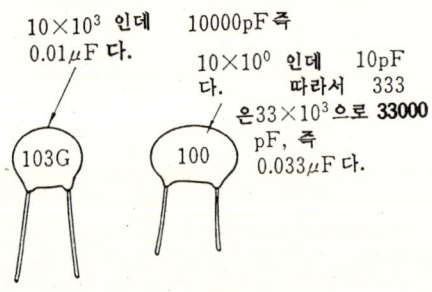

그림 4 용량의 설명

콘덴서의 종류에 따라서는 (소용량 세라믹, 필름 콘덴서) 그림 4처럼 단지 숫자만 명기된 것도 있다. 또 참고로 타이밍 회로는 콘덴서와 저항을 사용한 CR 시상수 회로인 데 타임제디라든가 펄스 발진 등 시간에 관계한 회로에 사용된다. 이 경우의 콘덴서는 리크(누설)가 적은 것과 매회 충방전을 반복해서 사용해도 장기간 용량 변화가 없는 것이 바람직하다. 가령 이러한 곳에 전해 콘덴서를 사용하면 장시간 전압을 인가하지 않으면 용량이 감소하고 리크 전류도 증가한다.

그러나 소정의 전압을 인가하면 점차 그것들은 회복한다.

따라서 이러한 콘덴서를 사용하면 시간의 난조가 큰 회로가 되므로 콘덴서를 선정할 때 0.1ms까지는 스티콘, 그 이상에서 1sec까지는 필름 콘덴서, 1sec 이상에는 탄탈 콘덴서 등이 바람직하다.

4.2 콘덴서란

절연물을 사이에 놓고 금속 등이 마주 보면 이것이 콘덴서다. 그림 1은 2배의 금속판을 마주 보고 여기에 전지를 접속한 것이다.

이때 그림처럼 전지의 +와 -의 극성에 맞추어서 콘덴서에 양전하와 음전하가 고여서 전기를 축적한 것이 된다.

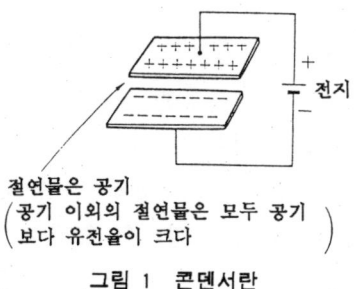

절연물은 공기
(공기 이외의 절연물은 모두 공기
보다 유전율이 크다)

그림 1 콘덴서란

4. 기계기술자의 콘덴서 기술

전기를 축적할 수 있는 이러한 것을 정전 콘덴서, 또는 콘덴서라고 한다.

그리고 축적된 전하의 양을 Q쿨롬이라고 하면

$$Q = \varepsilon \frac{A}{d} \cdot E$$

가 된다.

E: 인가된 전압[V]

A: 평행한 판자의 면적[m²]

d: 평행판의 거리[m]

ε : 절연물의 종류로 유전율

콘덴서로서 이미 제작된 것의 경우, 위 식의 $\varepsilon A/d$는 치수나 형상에 따라서 이미 결정되어 있으므로 이것을 정전 용량 C로 표시해 단위는 패럿[F]을 사용하면 다음식처럼 된다.

$$C = \frac{Q}{E}$$

$$C = \varepsilon \frac{A}{d} (\mathrm{F})$$

단 일반적으로 [F]이라는 단위는 너무 커서 μF이나 PF이 많이 사용된다.

전해 콘덴서는 대용량인 것이 제작되지만 리크(누설) 전류가 있고 사용할 때 +와 -를 합쳐서 사용해야 하고 응답도 콘덴서로서는 늦다는 결점이 있다.

탄탈 콘덴서는 일반으로 고체(솔리드)와 습식이 있어서 모두 소형으로 대용량이고 리크가 작고(습식은 고체보다 특히 리크가 작다) 우수해서 시상수 회로에 적합하다.

더구나 탄탈 콘덴서도 유극성으로 역전압이 인가되지 않도록 사용한다. 단 고체 탄탈은 정격의 10% 정도의 역전압은 견디는 것 같지만 습식 탄탈에는 역전압을 인가하지 않도록 주의한다.

또 탄탈 콘덴서는 진동 충격에 약해서 주의를 요하지만 알루미 전해 콘덴서보다 순간적인 대전류에 약하므로 주의해야 하고 급한 충방전은 좋지 않으므로 전원 회로의 평활용에는 사용하지 않는다.

전해 콘덴서는 내압 3V, 6V, 10V, 15V, 25V, 50V, 기타가 있고 같은 용량인 콘덴서에서도 내압(耐壓)이 낮은 것이 높은 것보다 소형으로 가격도 싸다.

다음 세라믹 콘덴서는 소용량(예를 들면 $0.1\mu F$ 정도)인 것뿐이지만 싸고 응답이 우수하다. 그러나 온도 변화로 용량이 약간 변화할 우려가 있다. 따라서 일반 발진 회로 등에 사용하면 온도 변화로 용량 변화를 일으켜 발진 주파수가 변화하므로 주의한다.

필름 콘덴서로는 페이퍼 콘덴서나 마일러 콘덴서나 스티롤 콘덴서 등이 있다.

페이퍼 콘덴서는 형태가 커서 용도에 따라서 주의해야 한다.

마일러 콘덴서는 소형으로 트랜지스터나 IC용에 많이 사용되고 일반 발진 회로에는 사용이 가능하다.

스티롤 콘덴서는 발진 회로에도 우수하고 용량 오차도 작아서 바람직하다.

4.3 콘덴서의 직병렬과 실험

콘덴서는 그림 1처럼 병렬 접속하면 그 합성 용량 C는
$$C = C_1 + C_2 + C_3$$
이 되어 증가한다.

다음 콘덴서를 그림 2처럼 직렬로 접속하면 용량 C는 감소해
$$C = \frac{1}{\frac{1}{C_1} + \frac{1}{C_2} + \frac{1}{C_3}}$$
이 된다.

콘덴서를 직렬로 하면 그림 3처럼 되고 저항으로 분할했을 때처럼 용량 분할한 형태가 된다.

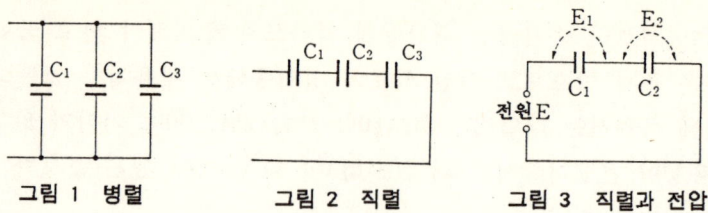

그림 1 병렬　　　그림 2 직렬　　　그림 3 직렬과 전압

이때 전원의 전압 E는

$$E = E_1 + E_2$$

가 되고 E_1과 E_2는 C_1이나 C_2인 콘덴서의 용량에 반비례해서 나타난다.

예를 들면 C_2인 콘덴서의 용량쪽이 C_1인 콘덴서의 용량보다 클 때는 E_2의 전압은 E_1보다 작아진다.

이 관계는

$$C_1 \times E_1 = C_2 \times E_2$$

가 된다.

그림 4처럼 콘덴서와 작은 램프를 접속해서 스위치 S를 닫으면 작은 램프는 일시 점등한 후 꺼진다. 이것은 콘덴서가 전하를 축적하는 능력을 가지고 있기 때문이며 콘덴서를 구성하는 절연물 속을 전류가 통하는 것이 아니다.

콘덴서에의 전류의 충전을 위해 그림 5처럼 화살표쪽으로 전류가 흐른다.

그리고 콘덴서의 용량 가득히 전하가 고이면 전류는 그 콘덴서 회로를 흐르지 않게 되고 전지의 전압과 콘덴서의 전압은 같은 전압이

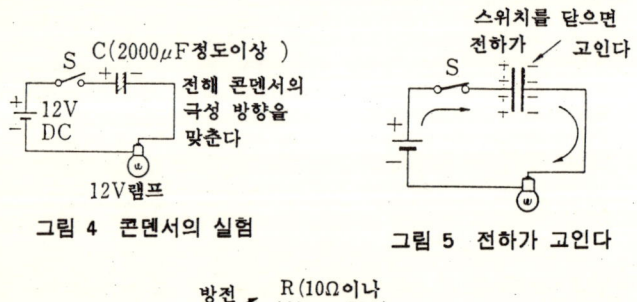

그림 4 콘덴서의 실험　　　그림 5 전하가 고인다

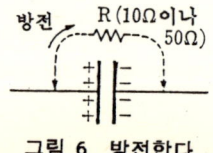

그림 6 방전한다

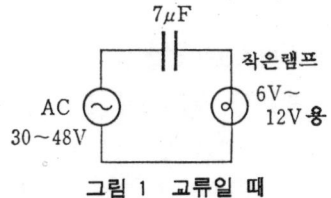

그림 1 교류일 때

된다. 이때 콘덴서와 전지의 전압은 각각의 +끼리가 마주 보고서 평형된 상태다.

위처럼 충전을 한 콘덴서를 회로에서 꺼내어 그림 6의 점선처럼 저항 R를 접촉시키면 화살표의 전류가 그림처럼 흘러 이것에 의해 콘덴서는 방전해서 전하를 상실한다. 즉 충전한 콘덴서는 전지와 같은 기능을 가진다.

따라서 그림 5의 회로에서 콘덴서에 충전된 후는 그 실험 후 스위치 S를 열고 콘덴서 양단을 그림 6처럼 방전시킴으로써 다시 스위치 S를 닫은 순간 램프를 점등시킬 수 있다.

즉 충전된 콘덴서에 그대로 스위치를 끊고 다시 스위치를 닫는 것만으로는 램프는 점등하지 않는다.

참고로 알루미 전해 콘덴서는 사용 조건이 나쁘면 특히 수명이 짧다.

열화의 원인은 온도, 습도, 진동 등 외적인 것과 전압 리플 전류, 충방전이 문제된다. 외적인 것에서는 온도 상승이 가장 수명에 영향을 준다.

4.4 콘덴서와 교류

그림 1의 회로는 앞의 경우와 달리 전원을 교류로 한 경우다.

이 실험은 교류(AC) 100V로 소용량 콘덴서를 사용해서 실험도 할 수 있지만 감전 기타에 대해 안전을 위해 트랜스를 사용해 AC30V나 48V 정도로 전압을 낮춘 전원을 사용해 콘덴서를 무극성인 페이퍼 콘덴서 등(전해 콘덴서는 불가)으로 예를 들면 $7\mu F$ 정도를 사용하면 텅스텐, 작은 램프는 연속적으로 점등할 것이다.

이때의 콘덴서는 내압이 충분한 것, 예를 들면 100V용 기타를 사용하는 것이 좋다. 이 실험에서 작은 램프에 흐르는 전류는 콘덴서가 저항의 작용을 해서 대량의 전류를 흘리지 않도록 콘덴서의 충방전 범위인 전류에 머물고 있다.

따라서 이 회로의 콘덴서를 그대로 제거한 회로로 하면 작은 램프의 정격 전압보다 전원쪽 전압이 훨씬 높고 램프는 과대 전류 때문에 단선한다.

그림 1의 회로에서 콘덴서를 흐르는 교류 전류는 저항[용량 리액스턴스라는 저항]이 아래 식처럼 되어 나타난다.

$$용량리액턴스 = \frac{1}{2\pi fC} \quad (옴)$$

즉 콘덴서가 교류인 저항으로서 작용할 때 그 교류의 주파수 f가 클수록 저항은 내리고 또 콘덴서 용량 C가 클수록 저항이 낮아진다. 그리고 이와같이 저항이 낮아지면 대전류가 작은 램프를 통하게 된다. 따라서 그림의 콘덴서 용량을 작게 하면 저항은 커지고 작은 램프는 어두워지고 전원이 같은 전압에서도 그 주파수를 높게 하면 작은 램프는 강하게 빛나고 주파수를 특히 높이면 텅스텐 램프는 단선도한다.

전술한 것처럼 전류의 흐름을 제한하는, 즉 저항의 작용을 하는 것으로 전술한 고유의 저항이 있었다. 이것은 전기가 전도되기 어려운 금속 기타를 사용해서 얻을 수 있는 고유의 저항으로서, 예를 들면 니크롬선이나 탄소처럼 전류가 흐르기 어려운 재료 고유의 저항에서 나타나는 저항이다.

그러나 앞에서처럼 콘덴서를 교류가 지나서 흐른다고 할 때 거기에도 역시 일종의 저항이 있어서 그 저항이라는 것이 용량 리액턴스여서 그 크기는 주파수나 콘덴서의 용량으로 결정된다는 저항이다.

전술한 유도 리액턴스의 $2\pi fL$도 주파수가 변하면 그 저항이 변하

표 1 각종 콘덴서

	스티롤콘덴서	필름 콘덴서	탄탈콘덴서	마이커콘덴서
용 량	10pF~0.01μF	0.001μF~47μF	0.1μF~470μF	1pF~0.4μF
내 압	50~125V DC	100~800V DC	6.3~50V DC	100~500V DC
정밀도	±2, ±5, ±10%	±5, ±10, ±20%	±10, ±20%	±0.25~±5%
사용온도	−40~+70°C	−40~+85°C	−55~+85°C	−55~+125°C

는 저항이다.

그리고 코일에 의한 유도 리액턴스는 주파수가 높아지면 저항은 증대하지만 콘덴서에 의한 용량 리액턴스는 주파수가 높아지면 반대로 저항은 감소한다.

예를 들면 $10\mu F$의 콘덴서에 100V, 50Hz의 교류 전압을 인가하면 그때의 콘덴서 저항(리액턴스)은 몇 Ω인가, 또 그 콘덴서를 몇 A의 전류가 흐르는가 하면

$$리액턴스 = \frac{1}{2\pi fC} = \frac{1}{2\pi \times 50 \times 10 \times 10^{-6}} \fallingdotseq 318(\Omega)$$

다음에 흐르는 전류는

$$I = \frac{100\,(볼트)}{318\,(옴)} \fallingdotseq 0.314(A)$$

가 된다.

참고로 콘덴서의 일반을 표 1에 든다.

4.5 콘덴서를 이해하는 실험

그림 1처럼 저항 R에 $2k\Omega$이나 $8k\Omega$등을 넣어서 점선처럼 테스터로 전압을 측정하도록 한다. 이때 전원이 5V이기 때문에 테스터에는(R의 저항이 들어 있어도 그 값이 테스터에게는 낮아서 거의 영향이 없다) 전원의 5V가 그대로 비교적 정확하게 지시된다.

이 상태에서 콘덴서 C를 $(5~10\mu F$ 정도를) 그림처럼 수단 A, B에

98 4. 기계기술자의 콘덴서 기술

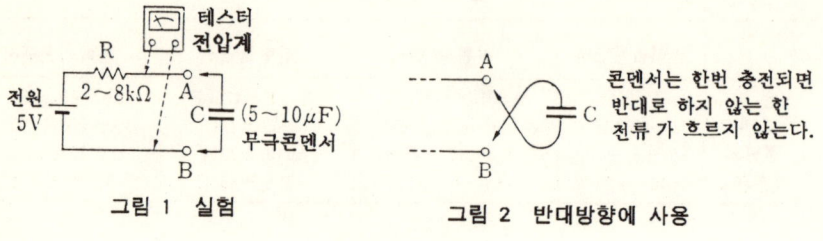

그림 1 실험   그림 2 반대방향에 사용

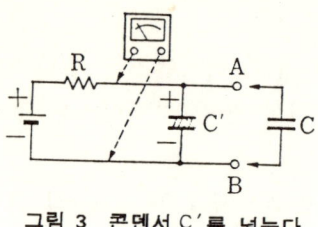

그림 3 콘덴서 C'를 넣는다

댄다. 그러면 그 순간 테스터의 지침은 꿈틀하고 일시 낮아진다. 이것을 반복 실험하기 위해서는 콘덴서의 리드선을 그림 2처럼 반대로 해서 A, B단에 댄다.

이 실험에 테스터는 응답이 대단히 나쁘고 지침이 꿈틀하는 것만으로 0V 정도로 크게 지침이 낮아지지 않지만 그러나 일순 약간 낮아지는 것은 이해된다.

더구나 이들의 응답을 완전히 보기 위해서는 오실로스코프를 보면 잘 알 수 있다.

그래서 그림 3처럼 A, B사이에 대용량인 콘덴서 C'를, 예를 들어 1,000μF 정도로 해서 넣는다. 이 정도의 대용량이 되면 전해 콘덴서가 되므로 극성을 맞추어서 넣는다.

또 참고로 C'를 그림처럼 A, B사이에 넣으면 이것은 시상수 회로가 되며 넣은 순간 테스터의 지침은 일시적으로 크게 낮아졌다가 다시 상승한다. 그리고 결국 C'의 콘덴서를 넣기전의 전압과 같은 정도의 전압을 가리키게 된다.

만약 C'의 전해 콘덴서가 내부 리크가 큰 것이면 그럴수록 앞과

4.5 콘덴서를 이해하는 실험

동일한 전압을 가리키지 않게 된다.

이것은 콘덴서 C'가 (자기의) 내부를 통해서 리크 전류를 허용하기 때문에 저항 R를 약간의 전류가 흐르게 되고 그 전류와 R에 의한 옴의 법칙, $E=IR$의 전압이 저항 R의 양단에 나타나 그 전압 만큼 낮아져서 테스터에 나타나기 때문이다.

따라서 R를 가령 20kΩ이나 기타 고저항으로 하면 콘덴서 C'의 리크는 작아도 현저한 전압 강하가 되어 나타난다. 반대로 R의 값이 100Ω이나 기타 낮은 저항일 때 콘덴서의 리크 전류의 영향은 거의 나타나지 않는다.

그런데 그림 3의 상태에서 다른 콘덴서 C를 A, B단에 대어 보면 이번에는 테스터의 지침은 거의 내리지 않는다.

그것을 반복 실험하는 데에는 C의 콘덴서를 그림 2처럼 반대 방향에 댄다.

어째서 이 경우 콘덴서 C를 A, B단에 대어도 전압이 낮아지지 않는가 하면 그림 3의 경우는 전원의 전압이 콘덴서 C'에 충전되어 그 C'가 새롭게 전원의 형태로 되어 있기 때문이다.

즉 콘덴서 C를 A, B단에 대면 그 콘덴서에 전류가 흘러 그 콘덴서를 충전하기 시작해 저항 R의 존재로 전압 강하가 나타나려고 하면 대용량 콘덴서 C'에서 급속히 전류를 방전하기 시작해서 A, B단의 전압은 거의 낮아지지 않는다.

이상의 실험에서 순간의 전압 상태는 테스터에 응답해 나타나지 않으므로 특히 큰 저항 R를 사용해 테스터로도 알기 쉽게 한 실험이다.

전해 콘덴서는 전원 회로 등 비교적 고온도가 되는 곳에는 최고 사용 온도가 105°C나 115°C라는 고온형도 수명이라는 점에서 사용하는 것이 좋다.

더구나 콘덴서에 과전압을 연속적으로 인가하면 수명이 짧아진다. 또 알루미 전해 콘덴서는 손실이 커서 리플 전류로 발열하기 쉽다.

4.6 패스콘의 효용과 콘덴서의 응답

그림 1은 정전압 전원에서 급히 전류를 ON, OFF하는 디지털한 소자나 부하에 전류를 공급하는 경우다.

즉 이 부하는 급히 정전압 전원에서 전류를 소비하거나 급히 전류 소비를 스톱하는 것과 같은 부하다. 이와같이 급히 ON이나 OFF가 되는 전류의 흐름은 굉장히 주파수가 높은 고주파와 같다. 따라서 전원에서의 전선에는 유도 리액턴스 형태인 저항이 존재하므로 그 저항 때문에 급히 부하가 전류를 소비하면 부하가 있는 곳의 전압은 전원의 전압보다 일순 낮아진다. 그래서 그림처럼 부하 가까이에 패스콘이라는 콘덴서 C를 넣는 것을 일단 생각할 수 있다.

이러한 콘덴서는 급속한 충방전에 응답하는 것이 좋다. 따라서 패스콘용에는 알루미 전해 콘덴서는 효과가 적고 세라믹 콘덴서나 마이커 콘덴서, 필름 콘덴서가 적합하다.

일반적으로 가격이 싸고 응답이 좋은 세라믹 콘덴서가 자주 사용된다.

일반적으로 세라믹 콘덴서 등은 응답은 좋아도 용량이 큰 것이 없어서 용량도 필요한 경우에는 용량이 큰 콘덴서와 응답이 좋은 세라믹 콘덴서를 병렬로 해서 사용하는 일도 많다. 그림 2는 그 설명인데 급속한 응답(주파수 특성이 좋은)에는 세라믹 콘덴서를 사용하

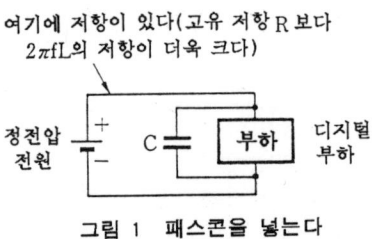

그림 1 패스콘을 넣는다

4.6 패스콘의 효용과 콘덴서의 응답 101

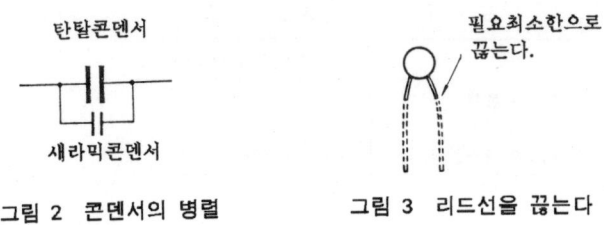

그림 2 콘덴서의 병렬   그림 3 리드선을 끊는다

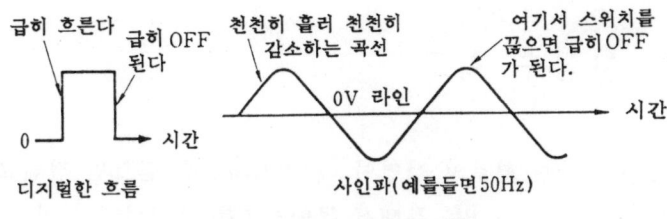

그림 4 급한 변화와 사인파

고 그 용량 부족은 탄탈 콘덴서를 병렬로 해서 사용하는 예다.

응답이 문제되는 콘덴서는 그 리드선을 그림 3처럼 극력 짧게 해서 배선하는 것이 바람직하고 리드선도 길게 늘이면 특히 그 전선이 인덕턴스를 가지므로 급한 전류 변화에 대해 큰 저항을 나타내게 된다.

그림 4는 전압 전류 변화를 그림으로 표시한 것인 데 그림의 좌측은 일반의 디지털 회로로서 항상 나타나는 대표적인 형태다.

디지털한 신호는 이와같이 어떤 시점에서 일순에 ON이 되고 일순에 OFF가 된다고 생각해도 된다.

그림의 우측은 60Hz 등의 낮은 주파수로 천천히 시간을 두고서 파도를 치는 것처럼 증가하거나 감소하는 상태다. 그러나 이러한 사인파 상태에서도 이 흐름을 스위치로 ON하거나 OFF하거나 할 때 중앙의 0볼트 라인 위에서 ON, OFF하지 않으면 역시 어떻든 급한 ON, OFF의 영향이 있다.

더구나 콘덴서의 용량은 표시 용량과 실제의 값을 측정해 보면 크

표 1 콘덴서의 용량 오차참고

종류	용량오차(일반참고값)
알루미전해	±20%
솔리드탄탈	±10%~±20%
세라믹페스콘용	-50%~+100%

게 편차가 난다. 콘덴서의 용량 오차를 참고로 표 1에 든다.

4.7 시상수 회로

그림 1은 시상수 회로의 설명인 데 스위치 3을 닫으면 전원 E볼트로부터의 전류는 저항 R를 통해서 콘덴서 C를 충전하면서 어스로 내려가서 어스로부터 전원의 -측에 되돌아 간다.

이 충전 전류에 의해서 콘덴서 C의 단자 전압은 그림 2처럼 지수함수적으로(처음은 급히 충전이 진전되어 단자 전압이 상승하는 데 따라서 완만하게) 전압 상승이 행해지고 최후에는 결국 전원과 같은 전압이 된다. 이때 콘덴서의 용량을 C, 단위는 (F)로 표시하고 또 저항 R를 단위 [Ω]으로 표시했을 때 그 양쪽의 곱 $C \times R$는 시간의 단위를 가져 시상수(일시상수)라고 한다.

시상수 회로에서는 충전을 개시해서 일시 상수[단위는 초(s)] 후 콘덴서의 단자 전압은 전원 E의 약 63(63.2)%에 달하게 된다. 시상수($C \times R$의 값)의 대소는 그림 3처럼 충전할 때 단자 전압의 상승의 방식에 그대로 영향한다.

더구나 그림 4의 회로에서 콘덴서에 충전된 것을 방전시킬 때도

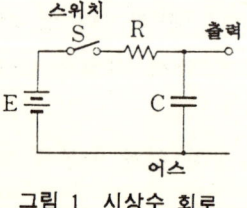

그림 1 시상수 회로

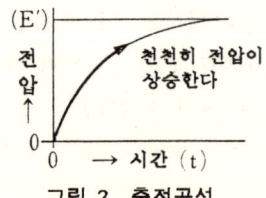

그림 2 충전곡선

4.7 시상수 회로

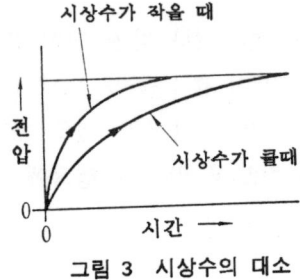

그림 3 시상수의 대소

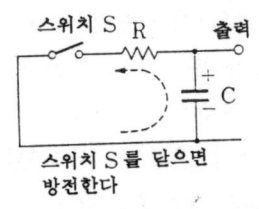

그림 4 방전시킬때의 시상수

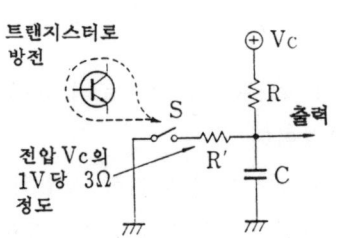

그림 5 급방전은 좋지 않다

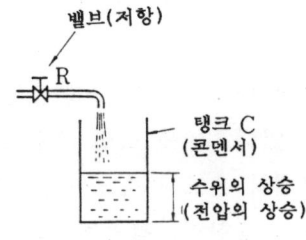

그림 6 시상수의 이해

그림 3의 곡선을 되접어 꺾은 것 같은 형태가 되고 시상수가 큰 것은 천천히 콘덴서의 단자 전압이 낮아진다.

긴 시간의 시상수 회로를 만들 때 콘덴서의 용량을 크게 하고 싶어서 전해 콘덴서를 사용하고 싶을 때가 있다. 이때 알루미 전해 콘덴서보다 리크 전류가 대단히 작은 탄탈 콘덴서가 바람직하다. 그리고 탄탈 콘덴서는 수지 몰드형보다 허메틱 실형이 좋다.

또 탄탈 콘덴서를 빈번하게 충방전을 반복하는 타이머 등의 용도에 사용할 때 저항을 콘덴서가 있는 곳에 넣어서 너무 과대 전류가 급히 방전하지 않도록 주의할 필요가 있다.

예를 들면 그림 5는 그 설명인 데 스위치 3으로 방전시키게 된다 (트랜지스터로 방전시키는 것도 좋다). 이때 R'의 저항이 필요하고 이것에 의해서 과대 전류로 한번에 방전하지 않도록 한다. 더구나 그림의 R과 C는 시상수 회로다.

그림 6은 시상수 회로를 이해하는 참고도다. 밸브라는 저항 R로 물이 흘러 들어가는 것을 제한하지만 이 저항이 클수록 또 탱크 C의 용량이 클수록 그 곱($C \times R$)의 시상수는 커지고 천천히 탱크(콘덴서)의 수위(전압)가 상승한다. 또 시상수 회로의 방전은 탱크에 구멍을 뚫어 방수를 생각하는 것도 한 방법이다.

4.8 콘덴서와 아날로그 기억

콘덴서는 아날로그 전압을 기억하기 때문에 메모리로서 사용할 수도 있다. 예를 들면 그림 1은 그 설명이다.

기계의 온도나 속도나 위치나 기타 상태를 센서에 의해 전압의 형태로 검출한다. 검출된 그 전압이란 (아날로그적인 전압은) 기계가 어떠한 상태인가 하는 상태, 즉 정보를 전기의 전압이라는 형태로 표현하는 것이다. 따라서 그 전압을 스위치 S를 닫고서 콘덴서 C에 충전하면 콘덴서는 그 전압을 방전시키지 않으면 유지하는 것이다.

그것은 그 정보를 전압의 형태로 기억하는 것이다. 그림 2는 스위치 A, B, C등에 의해서 각종 센서로부터의 검출 전압을 콘덴서에 충전 기억하는 안이다.

이러할 때의 콘덴서는 리크해서 어느 사이에 상당한 자연 방전을 하는 것이 아니면 소용되지 않고 용도에 따라서 특히 고절연 콘덴서가 적합하다.

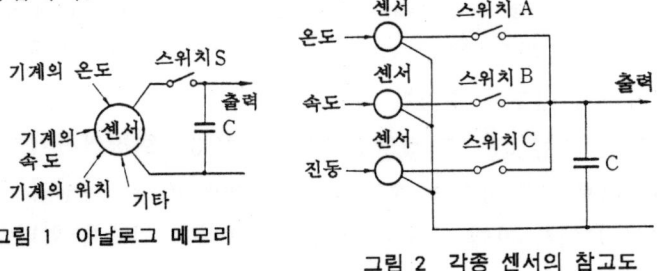

그림 1 아날로그 메모리   그림 2 각종 센서의 참고도

고절연 저항 콘덴서로는 예를 들면 폴리프로필렌 콘덴서가 적합하지만 용량이 큰 것이 곤란하고 $0.1\mu F$ 정도면 입수가 가능할 것이다.

더구나 메타라이즈드 ˙폴리카보네이트 필름 콘덴서는 $10\mu F$ 등의 큰 용량이 제작되고 있으므로 이것을 사용할 수도 있다.

기억이라는 것을 아날로그적 기술과 디지털적 기술로 생각하면 아날로그는 위에서처럼 콘덴서에 의해 간단한 방법으로 기억이 가능하지만 기억된 콘덴서의 전압은 시간과 함께 자연히 방전해서 낮아지거나 낮아지지 않아도 이 콘덴서의 출력에 무엇인가를 접속하면 그 접속하는 것의 입력 임피던스가 굉장히 높지 않으면 접속하자마자 방전해서 전압이 낮아지게 된다.

따라서 이러한 아날로그 기억은 특히 단시간의 용도에 한정된다. 이에 대해 디지털한 형태로 기억하는 방법은 전압이라는 상태를 2진수의 형태로 해서 많은 비트(일단 기억하는 소자라고 생각하면 좋을 것이다)가 1인가 0인가(높은 전압인가 낮은 전압인가 하는 형태로 각각의 비트가 기억한다) 하는 것으로 기억한다. 이 디지털한 방법은 앞의 아날로그적 기억보다 확실하고 장시간(몇 개월) 기억이 가능하다.

또한 아날로그 방법의 경우 약간 귀찮지만 아날로그 전압에 상당하는 곳까지 소형 서보 기구를 사용해 그것으로 기계를 움직여(지침 등을 움직여) 아날로그 전압에 상당하는 곳에서 멈추는 것은 가능하다. 이 경우 지침의 눈금 등으로 장기간 아날로그 전압을 기계가 멈춘 위치 등에서 계속 지시할 수 있다.

그림 3은 참고로 아날로그 메모리의 기본적 회로를 가리켰지만 이것은 연산 증폭기를 사용했다.

연산 증폭기는 아날로그 기술로서 많이 사용되는 IC지만 여기서는 언급하지 않기로 한다.

더구나 참고로 콘덴서를 예를 들어 플래시 라이트용이나 용접기용이나 솔레노이드식 전기 해머용 등 급속히 방전이 요구되는 곳에

106 4. 기계기술자의 콘덴서 기슬

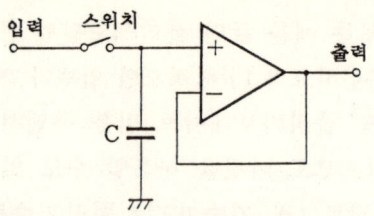

그림 3 아날로그 메모리의 기본회로 참고도

사용할 때는 적용으로 제작된 콘덴서가 아니면 사용할 수 없다.
 이것들은 쇼트에 가까운 상태에서 순간적으로 대전류가 흐르므로 리드선이나 전극 등이 특별히 제작되고 있다.

4.9 적분 회로를 이해한다.

저항과 콘덴서를 이해했으므로 여기서는 적분 회로를 이해하자.
 여기서는 가장 간단한 적분 회로로서 그림 1을 해설한다. 그림은 C와 R에 의한 적분 회로인 데 이것은 CR의 시상수 회로이기도 하기 때문에 입력에 있는 일정 전압을 인가하면 지수 함수적인 곡선상으로 콘덴서의 출력 전압이 상승한다. 참고로 입력을 중지하고 동일한 저항을 통해서 출력을 방전시키면 입력일 때와 동일한 막대의 곡선을 그려서 전압이 강하한다.
 적분 회로는 로패스 필터로서도 사용된다. 이것은 어떤 주파수 이하인 파동을 통과하는 필터로 다른 파동의 통과를 저지하는 것이다.

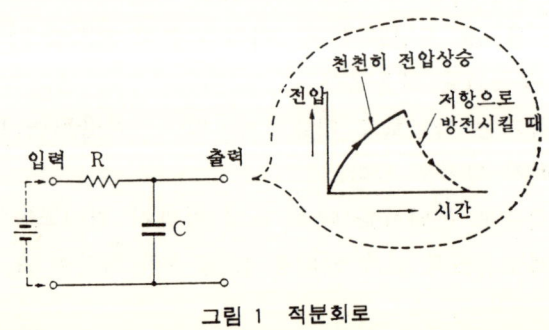

그림 1 적분회로

또 신호의 교류 성분을 시간에 관해서 적분하는 데 사용된다. 지연 펄스를 만들기 위해 슈밋 회로와 조합해서도 사용된다. 적분 회로에 들어 오는 신호원의 임피던스는 적분 회로의 저항 R보다 특히 낮은 것이 바람직하고(반대로 적분 회로의 저항 R는 신호원 임피던스의 10배 이상 높은 것이 좋다) 또 적분 회로에 접속하는 부하의 임피던스는 적분 회로의 R보다 특히 높은 것이(10배 이상) 바람직하다. 그렇지 않으면 출력의 진폭은 저하하고 적분 특성은 나빠진다.

이것들의 임피던스 관계가 잘 조건에 맞지 않을 때는 이미터 플로어나 볼테이지 폴로어 등 임피던스 변환에 따라서 전후의 접속 관계는 서로 잘 맞도록 해야 한다.

적분 회로의 실험은 그림 2처럼 적분 회로의 입력측에 스위치 S에 의해 전압 E를 인가한다(이 실험은 테스터 등 응답이 늦은 것에서도 알기 쉽게 하기 위해 C나 R는 특히 큰 값이 되어 있다).

그런데 콘덴서 C의 양단을 낮은 저항으로 쇼트해서 완전히 방전시킨 후 스위치 S를 일순에 닫고 즉시 열어 출력의 전압을 보고 있어도 거의 전압은 상승하지 않는다.

스위치를 오래 닫고 있으면 출력의 전압계는 천천히 상승한다.

적분 회로를 사용한 네온관 발진 회로의 실험법을 그림 3에 든다. 이 실험은 AC 100V를 다이오드 D로 반파 정류해서 예를 들면 141V 라는 전압이 되어(교류는 실효값으로 전압을 나타내는 사인파의 피크 시는 높아서 그것이 콘덴서에 충전되기 때문에 √2배 정도가 된다) 이것을 적분 회로에 보내기 때문에 콘덴서 C의 단자 전압은 점

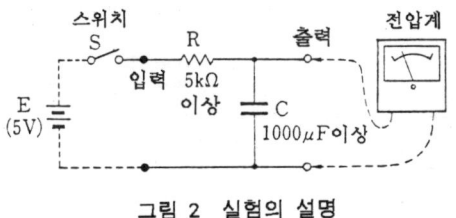

그림 2 실험의 설명

108 4. 기계기술자의 콘덴서 기술

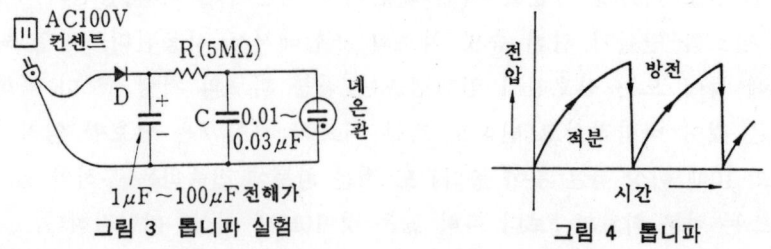

그림 3 톱니파 실험   그림 4 톱니파

차 상승하고 어떤 전압에 달하면 네온관은 콘덴서로부터의 전류로 방전해서 빛나고 이것 때문에 콘덴서는 전압이 내리고 다시 위의 것을 반복해 전압이 올라 가서는 방전한다.

따라서 그림 4처럼 톱니파가 네온관의 양단에 나타난다.

4.10 적분 회로와 노이즈 대책

그림 1은 노이즈 대책의 예를 가리킨 것인데 그림의 좌측에 가리킨 것처럼 입력에 일순 트러블을 일으키는 높은 전압이 인가되었다고 하자.

그러나 100분의 1초나 1,000분의 1초와 같은 일순의 높은 전압은 입력에 인가되어도 그림처럼 적분 회로를 지나서 출력에 나타날 때는 거의 전압이 나오지 않는 것을 알 수 있다.

여기서 일순의 높은 전압이란 어떤 것인가 하면 그림 2가 그 일례인 데 이것은 AC100V나 AC200V인 교류 전류의 완만한 사인파 중에

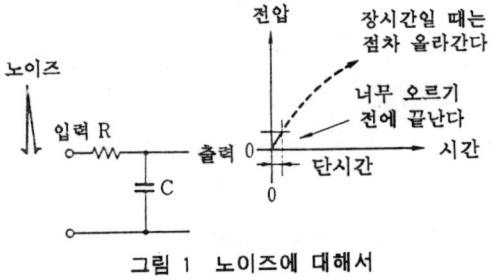

그림 1 노이즈에 대해서

4.10 적분 회로와 노이즈 대책

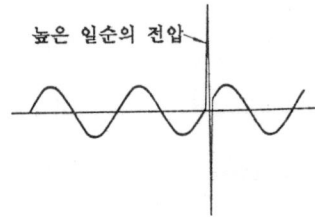

그림 2 일순의 고전압(노이즈)

급히 변화하는 높은 전압의 노이즈가 들어 있는 예다. 이러한 노이즈는 어째서 나타나는가 하면 이 사인파의 교류 전압에 접속된 유도 부하(코일을 가진 부하)를 개폐했을 때 그 서지 전압때문에 그림과 같은 노이즈가 나타난다.

교류의 사인파가 아닌 직류 전원에서도 유도 부하를 개폐하면 그 직류 전압중에 노이즈가 일순 들어가게 된다.

따라서 유도 전하의 개폐는 주의를 해야 한다.

그림 1에서 좌측도의 좌단 입력에 서지성인 노이즈가 그림처럼 들어가도 동 그림의 우측도처럼(잠깐 전압을 인가하고 있으면 점차 출력의 전압이 나가지만) 일순의 전압만으로는 적분 회로의 출력에는 거의 전압을 나타내지 않게 된다.

그림 2처럼 서지성인 노이즈가 생기는 유도 부하란 AC 솔레노이드(DC 솔레노이드), 전자 클러치, 전동기, 전자 개폐기, 기타다. 그리고 이들 부하의 개폐에 의해 그 전원 중에 들어간 노이즈는 그림 3처럼 그 전원을 동시에 사용한 다른 전자 회로 중에 전원을 통한다고 생각해도 좋다.

그러므로 적분 회로를 사용할 수 있지만 이것만으로는 불충분해서 노이즈 대책은 기타 상당한 주의를 하지 않으면 트러블이 생긴다.

적분 회로는 지연이 생기는 회로이기도 하다.

더구나 그림 4처럼 이 적분 회로의 뒤에 슈밋 회로를 접속하면 슈밋 회로는 입력에 어떤 전압 이상이 들어가지 않으면 전혀 0을 출력하고 어떤 전압 이상이 들어가면 그 순간 전압을 나타낸다는 식으로

110 4. 기계기술자의 콘덴서 기술

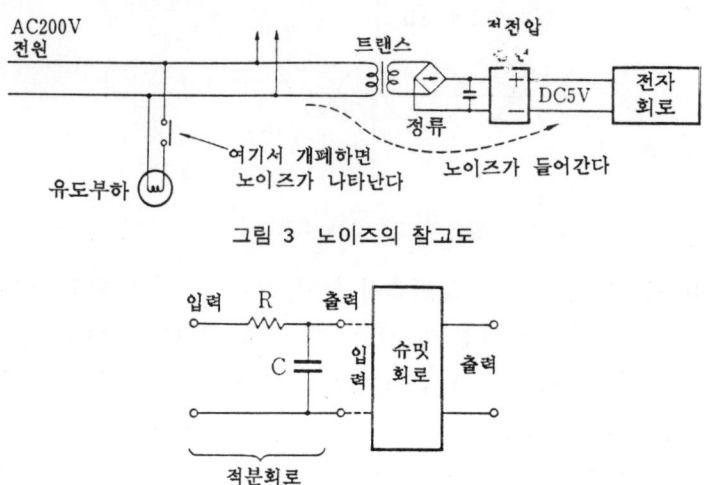

그림 3 노이즈의 참고도

그림 4 슈밋 회로

시원시원하고 무전압이거나 그렇지 않으면 전압이 나온다는 두 개 중 어느 한 가지 동작을 하므로 적분 회로에서 굽어져 변형한 파형을 디지털한 파형으로 바꿀 수도 있다.

4.11 미 분 회 로 입 문

미분 회로의 해석에 들어가기 전에 그림 1의 콘덴서 간이 실험을 해 보기로 한다.
이 실험에서 양진 미터에 정·역의 전류가 흐르는 것을 알 수 있다. 양진미터는 전류가 흐르지 않을 때 즉 전류 0일 때 지침은 중앙을 가리

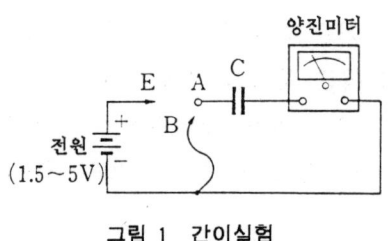

그림 1 간이실험

4.11 미분 회로 입문   111

키고 전류가 미터의 입력 단자에 정·역 어느쪽에서 들어오는가에 따라서 우측이나 좌측에 전류량에 상당하는 만큼 흔들리는 미터다.

그림 1을 해설한다. 그림의 전원은 1.4V나 5V 등으로 콘덴서 C는 보통 $2\mu F$나 $7\mu F$를 접속해 먼저 전원측 E화살표의 선단을 콘덴서의 A단에 손으로 대면 미터는 한쪽으로 흔들린후 중앙에 되돌아 간다. 그래서 전원의 -측에서 나와 있는 B화살표의 선단을 동일하게 콘덴서의 A단을 손으로 대면 미터는 중앙에서 전과는 반대로 흔들려서 다시 중앙으로 되돌아온다.

이것은 그림 2처럼 먼저 콘덴서에 +전원이 연결되고 그 결과 점선처럼 충전 전류가 콘덴서를 그림처럼 충전하면서 미터를 통해서 전원의 -측에 되돌아가므로 이 전류에 의해 미터는 한쪽에 흔들린다. 그러나 충전이 끝나면 벌써 콘덴서 회로를 전원에서 전류는 흐르지 않고 그것 때문에 미터는 중앙에 되돌아 간다.

다음 그림 3처럼 콘덴서의 A단에 B단 화살표를 대면 이제까지 콘덴서는 충전되고 있으므로 이 경우 전지와 같은 상태가 되어 있는 콘덴서의 +에서 -에 향해서 점선의 방전 전류가 미터를 그림 2에 대해 반대로 흐르므로 미터의 지침을 전과는 반대로 진동해 방전하고 방전이 끝나면 전류가 흐르지 않고 미터는 다시 중앙에 되돌아 간다.

양진 미터 대신에 테스터를 사용하면 테스터는 한쪽에는 충분히 지침이 흔들리지만 반대 방향에는 거의 진동하지 않으므로 주의해서 보고 있으면 0에서 좌측의 스토퍼 위치까지 지침을 약간 움직이

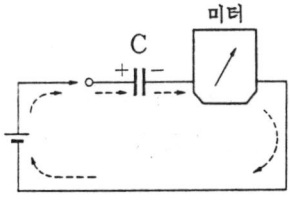 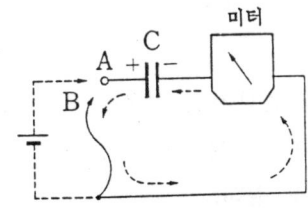

그림 2 충전전류의 흐름   그림 3 방전전류의 흐름

표 1 단위에 대해서

배수	명칭	기호
10^6	메가	M
10^3	킬로	k
10^2	헥토	h
10	데카	da
10^{-1}	데시	d
10^{-2}	센티	c
10^{-3}	밀리	m
10^{-6}	마이크로	μ
10^{-9}	나노	n
10^{-12}	피코	p

려는 것을 알 수 있다.

따라서 테스터에서도 일응의 실험은 가능할 것이다.

참고로 단위에 대해서 생각하면 기계 기술에서 취급하는 단위의 범위에 비해 일렉트로닉스는 대단히 넓은 범위의 단위를 사용하는 일이 많다.

표 1처럼 P(피코)의 단위를 사용하거나 M(메가)의 단위를 사용하는 일도 많고 이와같은 넓은 범위의 단위가 항상 사용된다.

참고로 예를 들어보면 다음과 같다.

mA (미리암페어) $=10^{-3}$ 암페어 $=0.001$ 암페어
μV (마이크로볼트) $=10^{-6}$ 볼트 $=0.000001$ 볼트
MΩ (메가 옴) $=10^6$ 옴 $=1,000,000$ 옴
pF (피코패럿) $=10^{-12}$ 패럿 $=0.000000000001$ 패럿

4.12 미분 회로의 이해

저항과 콘덴서를 사용한 가장 간단한 미분 회로를 그림 1에 든다. 잘 보면 이 회로는 적분 회로와 C와 R의 위치가 변화한 것만으로 동일한 것 같다.

이 미분 회로라는 것은 어떤 전압이 이 입력단 A, B에 A가 +로, B

4.12 미분 회로의 이해

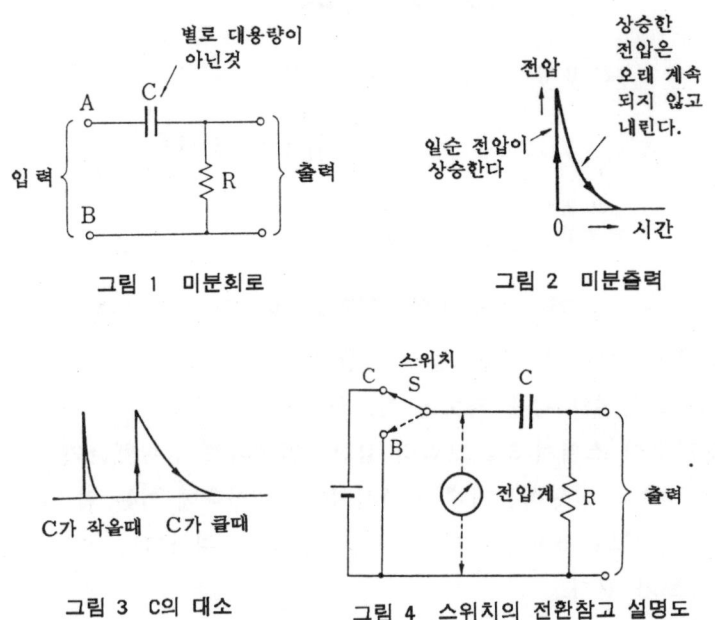

그림 1 미분회로

그림 2 미분출력

그림 3 C의 대소

그림 4 스위치의 전환참고 설명도

가 -로라는 형태로 인가되면 A단에서 콘덴서 C를 통하고 저항 R를 통해서 좌측의 입력인 전원측에 전류가 흐른다. 이때 저항 R를 전류가 흐르므로 그 저항의 양단에 위측이 +가 되는 상태에서 전압을 발생하고 이 전압이 출력에 나타난다. 이때 콘덴서의 용량은 별로 크지 않아서 최초의 일순은 콘덴서를 쇼트하는 것처럼 무저항 상태에서 전류가 통하고(콘덴서는 굉장히 급한 변화의 응답은 능숙하므로) 저항 R의 위에 일순 재빨리 높은 전압을 나타낸다. 그러나 콘덴서는 곧 충전되므로 그후(예를 들면 1/100초나 1/10,000초 후)"의 전류는 콘덴서를 통할 수 없고 그래서 출력에는 원상태인 0볼트가 나타나게 된다.

따라서 이러한 미분 회로의 출력에는 그림 2의 좌측처럼 일순 전압이 나왔다고 곧 없어지는 전압 상태가 나타난다. 이때 콘덴서 C의 용량이 작을 때는 그림 3의 좌측처럼 입력이 들어간 일순만 날카로

114 4. 기계기술자의 콘덴서 기술

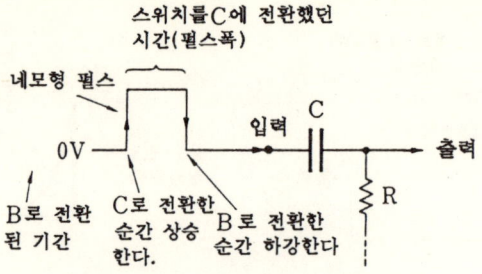

그림 5 콘덴서에의 입력참고 설명도

운 짧은 시간의 미분 펄스를 발생한다.

다음 그림 4와 같은 회로를 참고로 생각해 보자.

이 회로의 스위치 S를 그림의 실선처럼 C측로 전환했는가 또는 점선처럼 B측에 전환하는가에 따라서 콘덴서 좌측에 있는 입력부의 전압 상태는 그림 5처럼 전원의 전압이 그대로 걸리거나 전압은 꺼려서 0볼트가 된다.

이와같이 급히 올라갔다가 급히 내려가는 한 개의 산 상태는 1펄스다.

이 펄스의 파형은 대표적인 사각형 펄스의 형태다.

펄스란 비사인파형 일종으로 연속적이 아닌 맥동적인 전기의 상태라고 생각하면 좋을 것이다. 따라서 그림 4는 미분 회로의 입력에 스위치 S를 사용해서 사각형 펄스를 주는 것이 된다.

4.13 미분 회로와 펄스

그림 1은 어느 것이나 여러 가지 파형으로 나타난 펄스의 여러 가지예다.

미분 회로에 그림 2처럼 네모형 펄스를 1펄스 입력으로서 부여하면 출력에는 그림의 아래측에서처럼 미분 펄스가 양과 음이 되어 입력의 상승 시점과 입력의 하강 시점에 나타난다.

또한 그림 3은 연속적으로 기계적인 스위치인데 네모형 펄스를

4.13 미분 회로와 펄스

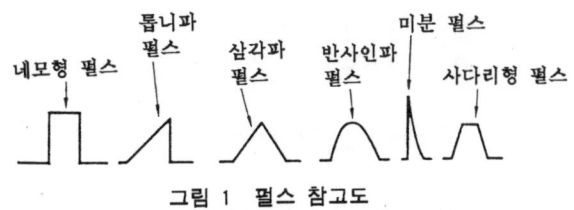

그림 1 펄스 참고도

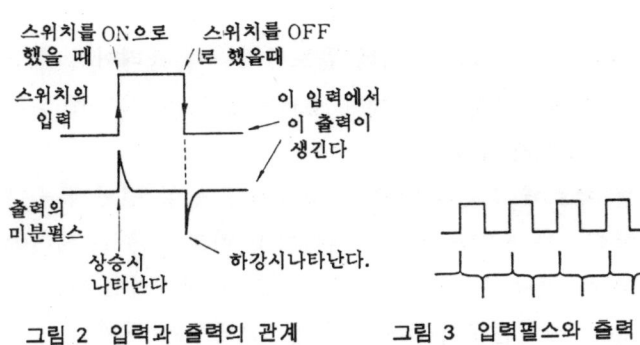

그림 2 입력과 출력의 관계   그림 3 입력펄스와 출력 펄스

계속 입력하는 경우를 가정해서 그때의 미분 출력 상태를 가리킨다.

그러나 기계적 스위치는 개폐에 수반해서 반드시 채터가 있으므로 이와 같은 산뜻한 파형은 되지 않는다.

기계적 스위치일 때는 채터레스 회로라든가 다시 거기에 슈밋 회로를 넣은 파형을 정형해서 단순한 형태인 네모형 펄스로 해서 그 후 미분 회로에 넣으면 완전히 그림 3처럼 나타난다.

다음 R와 C를 사용한 이러한 미분 회로는 하이 패스 필터로서도 사용된다.

더구나 미분 회로에 들어오기 전의 회로, 즉 신호원이 되는 쪽의 임피던스는 미분 회로의 저항 R보다 특히 작은 것이 바람직하다고 (반대로 말하면 미분 회로의 저항 R는 신호원 임피던스의 10배 이상), 또 이 미분 회로의(출력에) 뒤에 접속하는 것(부하)의 임피던스는 저항 R보다 특히 큰 저항인 것이 좋다.

(즉 부하 임피던스는 R의 10배 이상)

4. 기계기술자의 콘덴서 기술

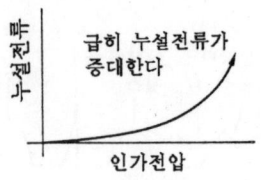

그림 4 절연들의 절연내력

이 조건이 좋지 않을 때는 이미터 플로어라든가 볼테이지 플로어 등의 임피던스 변환 회로를 사용해서 접속하는 것의 사이에 임피던스를 적합화 할 필요가 있다.

참고로 절연 재료에 전압을 걸면 그림 4처럼 누설 전류가 증대해 절연이 파괴한다. 이 전압을 절연 내력이라 하고 보통 두께 1mm인 재료에 몇 kV까지 견딜 수 있는가를 가리키고 있다. 절연 재료의 액체에서는 광유와 실리콘유가 대표적이다. 고체로는 자기나 플라스틱이 우수하고 종이나 천은 습기를 흡수하면 절연 내력이 낮아지므로 기름이나 바니스를 침투시켜서 사용한다.

기체에서는 공기가 3kV/mm지만 육불화 황산 가스는 9kV/mm 정도의 절연 내력을 가지는 것 같다. 기체에서도 높은 전압을 가하면 전류가 흘러 방전하게 된다.

배선이나 전기 장치 기타 절연물이 열화하거나 손상을 받아서 절연성을 상실하면 누설 전류가 크고 본래 전기가 흘러서는 안 되는 장소에 전류가 흐르지만 이것을 누전이라고 한다.

또 누전 개소나 높은 전압이 존재하는 곳에 인체에 닿으면 감전한다. 감전했을 때 인체의 상태는 어떻게 되는가를 참고로 들면 1∼2mA가 흐르면 짜릿짜릿할 정도지만 2∼8mA의 전류가 흐르면 참을 수도 있지만 고통을 느낀다. 8∼15mA나 흐르면 접속한 전원에서 자력으로 떨어질 수 있는 최대 한도의 전류가 된다.

4.14 채터의 주의

그림 1은 일반 스위치의 개폐를 가리키는 것으로 통상의 경우 COM에서 들어간 전류는 NC 접점을 통해서 그림처럼 스위치 외부에 유출하고 있다. 이때 COM에서 NO쪽에는 전류가 흐르지 않고 있다.

이러한 상태일 때 액튜에이터를 예"를 들면 Z화살표처럼 누르면 (이것을 입력을 준다고 한다) 스냅 액션을 가지고 있으므로 천천히 눌러도 일순에 전환된다.

따라서 접점은 NO 접점에 접촉해서 COM에서 들어온 전류는 스위치 외부 NO측에 유출하게 된다.

이때 NC측에는 전류는 흐르지 않는다.

이러한 전환 시 힘있게 접점이 개폐하면 접점이 전환된 순간, 닿거나 떨어져서 채터가 나타나 전류는 아주 짧은 시간 내에 불필요하게 ON, OFF를 2회나 5회 반복한 후 낙착한다.

따라서 이러한 채터가 있는 스위치로 전류를 1회 보냈다고 생각해도 2회나 3회 보낸 것이 되고 카운터가 오동작하거나 용도에 따라서 트러블이 생긴다.

요컨대 채터란 그림 2처럼 기계적 스위치가 ON, OFF할 때 인간의 눈에는 간단하게 ON, OFF하는 것 같아도 10만분의 1초나 그 이상의 순간적인 상태도 주의해 보면 몇회나 스위치의 접점이 단시간 내에 단속하면서 최후에 ON이나 OFF에 낙착한다.

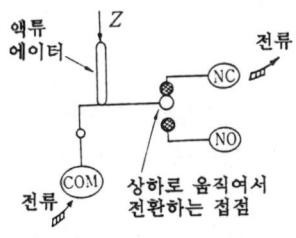

그림 1 접점의 개폐

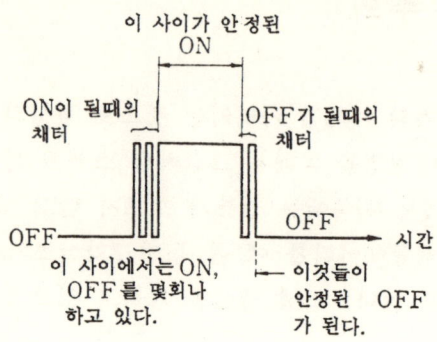

그림 2 채터 설명도

이것은 리드 스위치나 토클 스위치나 누름 버튼 스위치, 나이프 스위치나 로터리 스위치 등 기계적 스위치를 사용하면 모두 나타난다고 보아도 된다.

스위치 이외 전자 릴레이 접점의 개폐도 ON, OFF일 때 채터가 나타난다. 그러나 IC나 트랜지스터 등을 사용한 회로에서 무접점이 되어 ON, OFF한 경우 채터는 나타나지 않는다고 생각해도 좋다.

더구나 채터가 나타나도 일반 강전의 경우는 회로 부품 기타의 응답이 그다지 빠르지 않아서 그것으로 문제되는 일은 거의 없다.

그러나 일렉트로닉스의 회로는 100만분의 1초나 그 이상의 펄스에서도 일순인 경우에도 쉽게 움직이므로 회로에 따라서는 채터레스에 대한 고려가 없으면 오동작하게 된다.

4.15 기계와 콘덴서

전기와 기계의 결합에서는 도처에서 콘덴서를 형성한 곳이 있다.

그림 1은 일반 공장의 전동기인 데 그림처럼 외측 즉 철대는 반드시 접지를 하고 있다.

전동기의 내부는 그림 2처럼 철의 홈(슬롯) 내에 절연해서 동선을

4.15 기계와 콘덴서   119

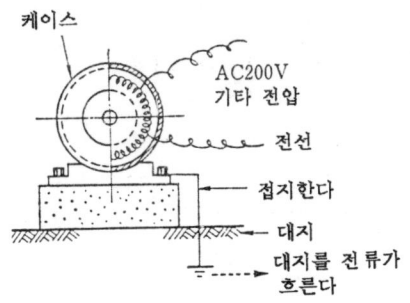

그림 1 전동기의 접지

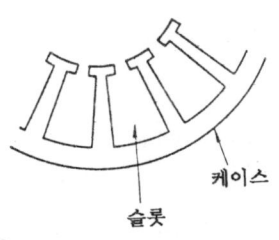

그림 2 고정자의 슬롯

감아서 넓은 면적에 걸쳐서 코일을 만들고 있다.

그래서 절연된 코일과 전동기의 외측 철부분 케이스와는 상당한 콘덴서가 되며 코일에 가해지는 전원의 AC200V, 기타는 접지를 통해서 대지에 전류가 흘러 대지를 통해서 원래의 전원측에 흐르게 된다. 그러면 대지 사이에 저항이 있으므로 그곳을 전류가 흐르면 대지의 어떤 장소와 다른 장소의 사이에 전압이 나타난다.

그러면 그림 3처럼 대지의 다른 장소의 위에 절연되어 놓여진 철함이나 금속판, 기타는 대지와의 사이가 이것 또한 콘덴서(대지와 금속판 사이)로서 각각 전위가 생겨 그림의 점선처럼 상호간에 전선이라도 끌면 그 사이에 전류가 흐른다.

철함 등을 그림 4처럼 대지 위에 직접 놓으면 콘덴서로서가 아니라 그대로 대지의 전압은 철함에 일단 올라가 그 철함 중에 전자 회로를 절연해서 넣은것 뿐이라면 그 회로와 철함 사이가 이것 또한 콘덴서가 된다. 교류는 이렇게 생각치 않던 곳의 콘덴서 사이를 통

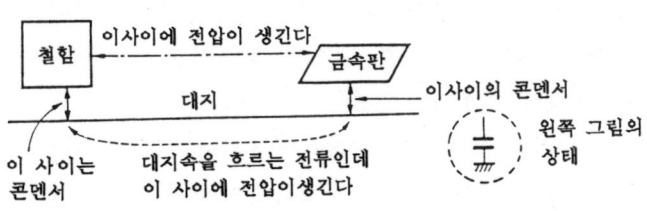

그림 3 대지와의 사이

120 4. 기계기술자의 콘덴서 기술

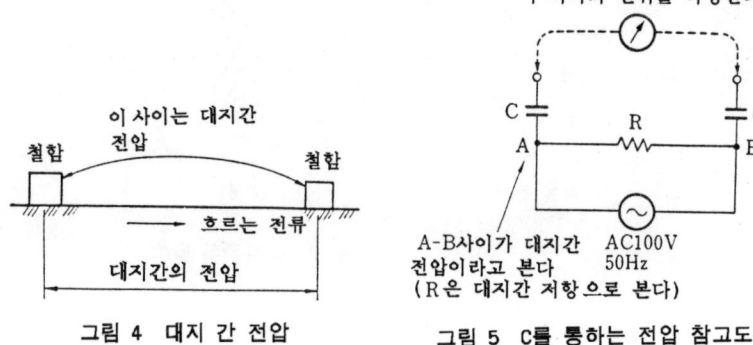

그림 4 대지 간 전압   그림 5 C를 통하는 전압 참고도

해서 전압이 이곳저곳에 생긴다.

　그림 3의 예는 그림 5와 같은 실험을 해 보면 이해될 것이다. 예를 들면 C의 값을 25pH로 그림의 양 콘덴서 사이의 전압을 측정하면 측정기에도 예를 들면 0.7V라든가 1V등처럼 전압을 나타내고 있다. 이 실험에서 C의 콘덴서라는 것이 실은 대지와 대지 위에 절연해서 놓여 있는 케이스나 철함 기타 사이에서 형성된 콘덴서다.

　그리고 A와 B사이라는 것이 대지의 다른 두 곳에서 그 사이를 교류 100V나 200V등이 흐르기 때문에 대지는 그 흐름에 저항 R를 가진다고 생각된다.

4.16 정전 실드의 이해

　그림 1은 2매의 금속판(알루미판)을 비닐 시트를 중간에 넣어서 겹친 것으로 이것은 콘덴서라는 것을 알 수 있다. 이 2매의 판 사이 용량은 가령 500pF로 판자를 눌러서 밀착상으로 하면 0.001μF이 되거나 미는 방식에 따라서 그 이상도 된다.

　다음 그림 2처럼 두 개의 전선이 근접되어 있으면 이것으로도 콘덴서가 되어 있는 것은 전술한 대로다. 이들 콘덴서를 통해서 전류가 통한다는 것을 이해하기 위해 그림3에 실험예를 든다.

4.16 정전 실드의 이해

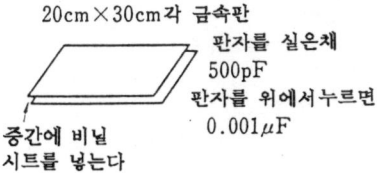

그림 1 2매의 판 콘덴서

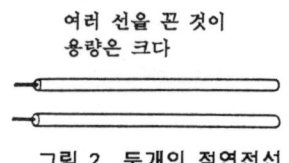

그림 2 두개의 절연전선

표 1 전압참고 데이터

C 의 값	일반테스터	고입력테스터
25 pF	약간 진동	25 V
0.001 μF	72 V	95 V
0.3 μF	100 V	100 V

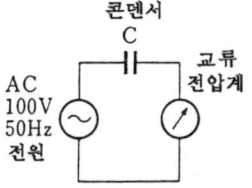

그림 3 참고실험

콘덴서 C의 용량을 변화시켜서 실험하면 예를 들어 표 1이 된다. C의 값이 작아지면 $\frac{1}{2\pi fC}$ 인 리액턴스가 높아서 측정기쪽도 입력 저항이 특히 높지 않으면 측정 오차가 크게 나타나는 것을 알 수 있다.

표처럼 일렉트로닉스 전반에서 보면 50Hz라고 하면 낮은 주파수 쪽이지만 그 전원에서도 25pF으로 25V가 이 실험에서는 어쨌든 전압계에 나타난다.

이 10배라든가 100배라든가 그 이상인 주파수가 되면 25pF 이하에서도 충분한 전압이 나타난다.

전원이 6V 등으로 낮은 전압에서도 예를 들어 그림 4처럼 전선 A가 유도 부하등에 들어가는 전선으로 그것을 스위치 S 기타로 개폐해 그것 때문에 높은 서지 전압(예를 들면 80V) 등이 일순 발생하면 그것은 극히 높은 주파수에도 상당하므로 더욱 강하고 그것이 전선 B에 들어가 부하나 각종 회로에 불필요할 때도 멋대로 들어가 오동작의 원인이 된다.

이것을 방지하기 위해서는 정전 실드를 하는 것이 알려져 있다. 즉 절연된 전선이 일렉트로닉스의 회로에는 많지만 그것을 전선 사

122 4. 기계기술자의 콘덴서 기술

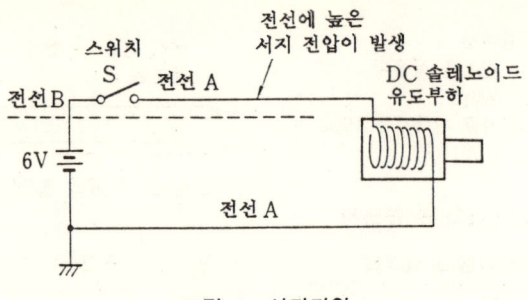

그림 4 서지전압

이를 전선이 나선으로 접촉하지 않아도 절연 상태인 그대로 자유로이 콘덴서로서 전류가 약간 통한다.
  따라서 노이즈 오동작 대책의 한 가지로는 병행 상태가 되는 조작선이나 동력선에서부터 노이즈를 유동시키지 않기 때문에 전압등 파워 레벨이 다른 전선을 접근해 부설하거나 동일 케이블 내에 그것들을 합쳐서 수납해서는 안 된다. 예를 들면 높은 전압의 전동기에의 동력용 전선과 약전(일렉트로닉스)용인 신호용 전선등이 밀착 상태에 가까와지는 것은 바람직하지 않다.
  더구나 노이즈 오동작 대책은 일반으로 상기 대책만으로는 불충분한 일이 많다.
  그것은 노이즈 오동작의 원인은 정전적인 원인 이외에 많은 원인이 있기 때문이다.

4.17 정전 실드와 변위 전류

  앞의 실험에 이어서 그림 1의 실험에 의해서 정전 실드를 해설하자.
  그림 중의 콘덴서 C는 $0.01\mu F$나 $0.2\mu F$ 기타를 사용해 이것을 두 개 그림처럼 직렬 상태로 접속해 AC100V(50~60Hz)를 측정해 보자. 그러면 그림 1의 좌측 AC100V는 두 개의 콘덴서를 통해서 교류 전압계(테스터 등)에 전원이 100V가 지시된다.

4.17 정전 실드와 변위 전류

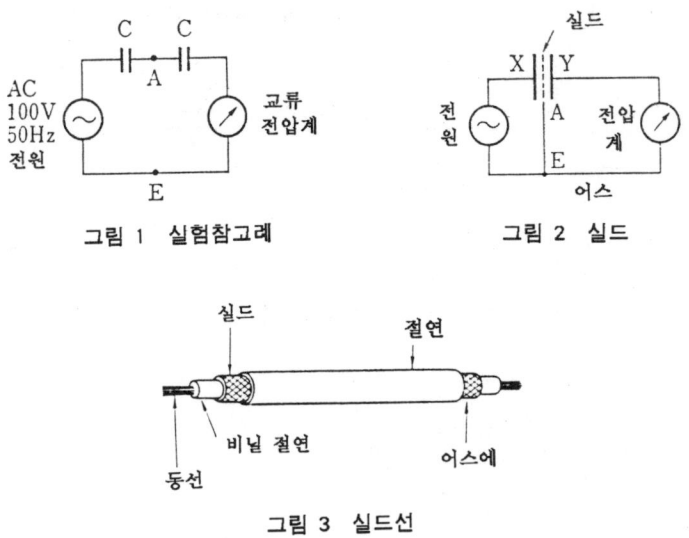

그림 1 실험참고례

그림 2 실드

그림 3 실드선

이때 그림 중의 A점과 E점을 전선으로 접속한다. 그러면 전압계는 0볼트를 가리킨다. 이 상태는 개서하면 어쨌든 그림 2와 같은 형태가 된다.

그림 2는 콘덴서를 형성하는 2매의 판자 X와 Y사이에 또 하나의 판자(이것을 점선 A로 표시)를 넣어서 그 판자를 어스 E에 접속한다.

이 실드에 의해서 X와 A사이도 콘덴서가 되어 있지만 이 콘덴서를 통해서 전원으로부터의 교류는 A-E 사이에 흐른다. 그러나 Y를 지나서 전압계쪽에의 영향은 없어지고 전압계에 전류가 흐르지 않게 된다.

그런데 그림 3은 실드선의 설명인 데 이 전선은 그림처럼 비닐 절연 위를 다시 그물처럼 금속으로 싼 형태다.

따라서 이 실드를 어스에 접속함으로써 이 전선과 다른 전선 사이의 결합을 방지할수가 있다. 단 그림처럼 실드 부분으로부터 외부에

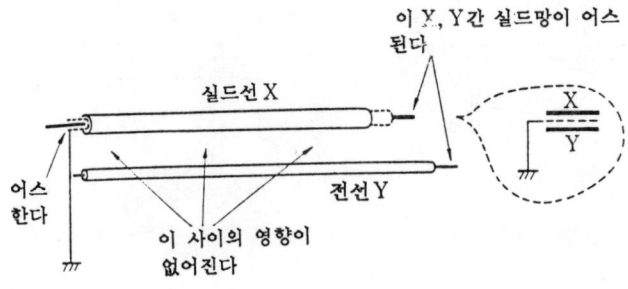

그림 4 두개의 전선 간 실드망을 어스한다

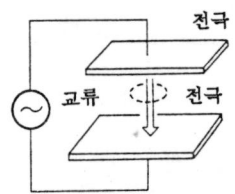

그림 5 변위전류

전선이 나와 있으면 실드 효과가 희미해진다.

그림 4는 실드선을 사용해서 두 개의 전선 간 결합을 없애는 설명 참고도다.

다음 콘덴서에 대해서 변위 전류라는 생각이 있다.

그림 5는 그 해설인 데 두 개의 전극이 마주 보아서 콘덴서를 형성하고 여기에 교류 전압이 가해지고 있다. 이때 교류의 주파수에 의해서 두 개의 전극은 양이 되거나 음이 되거나 한다. 그것과 함께 전극 간 전계도 방향이 변하고 두 개의 전극 간을 전하가 이동하고 있으므로 이 공간을 전류가 흐른다고 생각할 수 있고 그 전류를 변위 전류라고 한다.

변위 전류가 흐르면 그 주위에 자계가 생겨서 여기서부터 전파가 전달된다고 한다.

참고로 마찰함으로써 나타나는 전기는 정전기라 하고 이것은 조용히 고여 있는 전기와 같은 것으로 양전기를 대전한 것과 음전기를 대전한 것을 접속시키면 일순의 방전으로 없어진다.

따라서 이러한 정전기는 모터를 회전시키거나 솔레노이드를 구동하는 동전기와 같은 작용은 얻지 못한다. 즉 전류가 흘러서 무엇인가 일을 한다는 형태의 전기는 동전기인 것이다.

4.18 기계의 응답 개선과 콘덴서의 집중력

기계를 움직이는 직류 전동기(또는 DC 서보 모터)의 응답성을 좋게 하기 위해 C와 R를 연결한 회로를 사용할 수 있다.

그림 1은 그 예인 데 입력에 감연히 높은 전압을 인가하면 최초 전류는 콘덴서를 무저항 상태로 통한다. 그러나 콘덴서는 그것에 의해서 충전되므로 곧 통과가 나빠지고 그후는 콘덴서와 병렬인 저항 R쪽을 통해서 전류를 공급하게된다.

이것에 의해 기계에 최초로 전류를 흘려 응답을 빨리 할 수 있다. 따라서 전류 용량이 큰 부하에 대해서는 콘덴서 C를 대용량으로 해서 대전류를 어떤 시간 보내게 한다.

그림 2는 DC 서보 모터의 구동 회로에 대한 예다.

이 경우 좌측의 트랜지스터 Tr_1이 급한 제어 변경을 하려고 콜렉터 전류의 급변화가 일어나면 $2\mu F$인 콘덴서 C와 병렬로 들어오는 저항이 있으므로 이 콘덴서가 먼저 급전류를 우측의 컴프리멘더리 트랜지스터에 보내고 이어서 충전되면 저항으로 완만한 전류를 보내게 되어 있다.

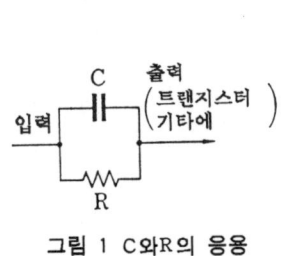

그림 1 C와 R의 응용

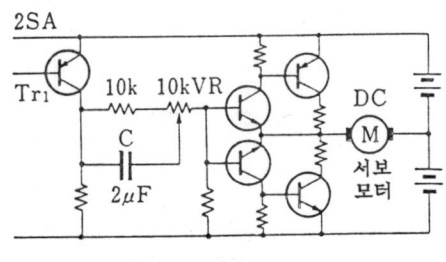

그림 2 서보 모터 제어회로

126 4. 기계기술자의 콘덴서 기술

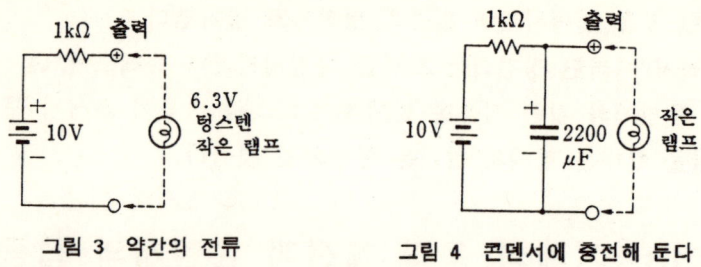

그림 3 약간의 전류   그림 4 콘덴서에 충전해 둔다

그림 3은 약간의 전류 능력뿐인 회로인 데 전압은 10V라도 1kΩ의 저항을 지난 후 전류가 나오기 때문에 어떠한 부하를 출력에 접속해도(가령 쇼트해도) 10mA밖에 유출하지 않는다. 이렇게 약간의 전류밖에 나오지 않는 전원에서는 가령 10V의 전압이라도 6.3V의 작은 램프를 점선처럼 접속해도 전혀 점등하지 않는다.

그래서 그림 4처럼 이러한 전원을 콘덴서(이 경우 2,200μF)에 일단 충전시켜서 이 출력에 작은 램프를 대면 댄 순간 확실히 빛난다.

이것은 콘덴서가 에너지를 축적할 수 있고 에너지를 단번에 집중시켜 출력시킬 수 있기 때문이다.

그림 5는 방전 가공의 설명도인 데 전원으로부터의 전류를 콘덴서 C에 충전한 후 이것을 일순에 방전을 반복하게 한 것으로 이것에 의해서 담금질한 경철등에서도 예를 들어 꽃모양을 한 막대를 천천히 내려가면 유중에서 콘덴서의 충전 전류가 순간적으로 대전류가 되고 접촉했을 때 불꽃을 내면서 흐른다.

이렇게 해서 절삭에 의하지 않고 워크에 꽃모양인 구멍을 가공할

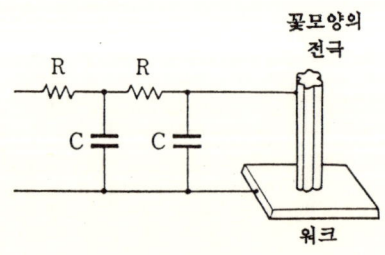

그림 5 방전가공

수도 있다.
 이것은 콘덴서로부터 일순에 방전하려는 집중력을 이용한 것이라고 할 수 있다.

4.19 콘덴서의 참고 지식

 그림 1은 대지와 전선 간 전압을 가리키는 그림으로 대지의 어스로부터의 전선 A와 가정, 사무소 기타에 이어지는 AC100V 전원의 콘센트 등 사이의 전압을 가리키는 그림이다.
 대지에 어스된 전선 A에 전압계를 그림처럼 넣어서 그 전압계로부터의 점선 화살표를 콘센트 중의 전원의 어느쪽에 대는가에 따라서 한쪽에 넣으면 0볼트로, 다른쪽에 넣으면 약 100V가 나타난다. 이것은 전원이 콘센트까지 전원을 통해 오기 이전의, 훨씬 저쪽 전원에서 그림처럼 한쪽이 대지에 접지되어 있다. 따라서 대지를 통해서 전원의 한쪽만을 대지의 도처에서 항상 오고 있기 때문이다.
 그림 2는 2층 목조 가옥 위에 있는 인간이 대지와 접지된 전선에 손을 떤 것인 데 이때 그림의 AC 전압계에 가령 11V 정도의 전압이 나타나는 설명이다.
 그러나 집단에서 인간의 위치, 자세, 기타가 변하면 13V나 15V 등으로 전압이 변할 것이다.

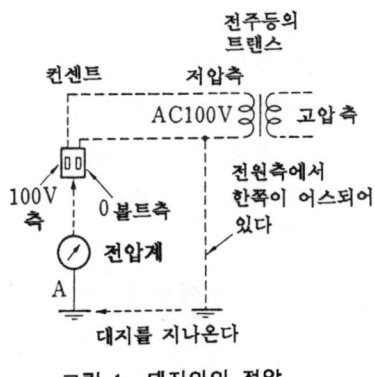

그림 1 대지와의 전압

4. 기계기술자의 콘덴서 기술

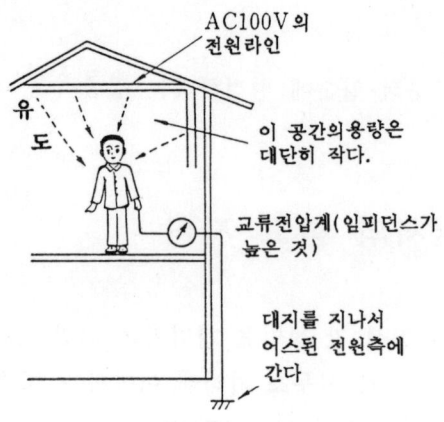

그림 2 인간에 유도

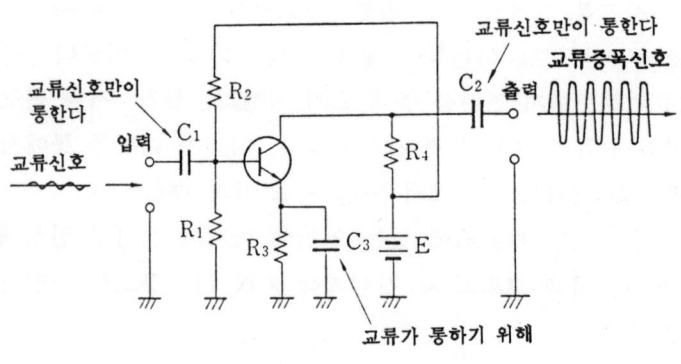

그림 3 콘덴서의 사용례

이것은 집안에 둘러친 AC 100V인 전선 라인과 집안의 인간과의 사이에 있는 공간을 둔 콘덴서로서의 용량이 있어서 이사이를 교류가 통과하므로 그것이 교류 전압계에 나타나게 된다. 이때 전압계의 입력 임피던스의 대소에 따라서 측정 결과에 큰 차이가 생긴다. 그러나 일단 이러한 전압이 인간의 신체에 콘덴서로서의 용량을 통해 유도되고 있는 것은 알 것이다.

그림 3은 교류 증폭의 간단한 회로예인데 트랜지스터에는 직류

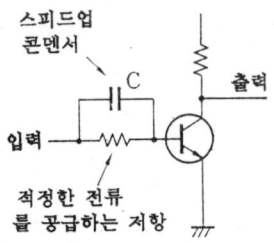

그림 4 스피드업 C

전원 E로부터의 바이어스 때문에 어떤 일정 전류를 흘려서 거기에 교류 신호가 들어가서 이것을 증폭해서 출력한다.

이때 직류인 바이어스 전압을 저지하고 교류 신호를 통하기 위해 콘덴서가 사용된다.

그림 4도 콘덴서의 응용례인 데 이것은 트랜지스터 회로의 설계 시 트랜지스터의 베이스에 필요 이상의 대전류를 공급하면 소자의 축적 효과 때문에 트랜지스터를 ON에서 OFF로 전환할 때 그 시간이 길어지므로 적정한 전류로 하는것과 스피드 업 때문에 콘덴서 C를 100pF 이하로 넣을 때가 있다.

5. 기계 기술자의 코일 기술

5.1 기계를 움직이는 힘과 코일의 관계

기계 기술자에게 코일은 전기에 의해 기계를 움직일 때 전자력을 얻기 위해 필요하고 전동기나 솔레이드등은 코일의 자력으로 가동된다.

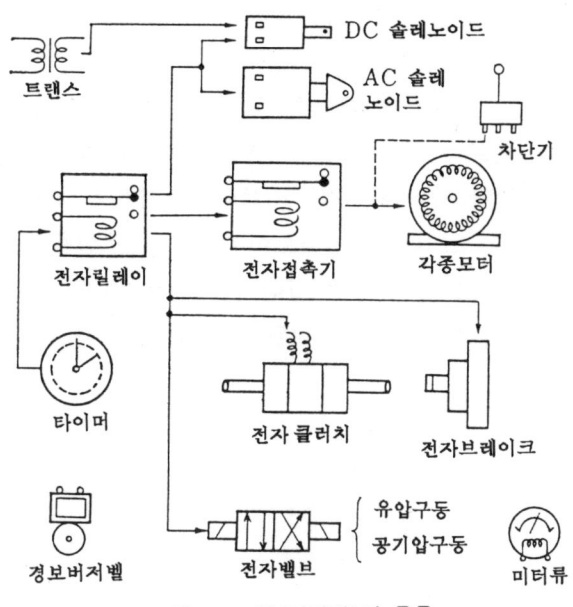

그림 1 코일(전자력)의 응용

그림 1처럼 코일을 가지는 것은 많고 코일에 의한 전자력으로 대부분의 기계적인 메커니즘은 움직인다고 생각해도 좋다. 또 센서로서 정밀 계측용 차동 트랜스라든가, 태코제어, 기타에도 코일의 응용은 넓다.

그림 2처럼 코일에 전류를 흘러 이것을 여자하면 코일에서 자속이 발생하고 이것이 집중해서 철심을 통해 철심은 끌어들여지는 힘을 나타낸다. 이것이 솔레노이드로서 간단한 액튜에이터이며 수 kgf 이하인 힘으로 스트로크 30mm 정도 이하인 곳에 많이 사용된다.

자계를 강하게 해서 자속을 크게 하기 위해서는 코일의 암페어 턴을 크게 하는 것이 한 가지 방법이다.

암페어 턴이란 코일의 권수와 그것에 흐르는 전류를 곱한 것이다. 따라서 예를 들어 300회 감은 코일에 전류가 2A 흐르면 600암페어 턴이 된다.

단 단지 코일을 만들어 전류를 흘리는 것만으로는 강한 전자석이 되지 않는다.

코일 중에 철심을 넣으면 대단히 강한 자석으로 할 수 있다.

또한 철심의 재료를 투자율이 우수한 것으로 하면 동일한 암페어 턴에서도 특히 강한 자속을 얻을 수 있다. 투자율이 우수한 것에 순철(純鐵)도 있지만 Ni과 Fe의 퍼멀로이가 특히 큰 투자율을 가진다.

코일은 도선이 밀착되어 감겨 있어서 여기에 대전류를 흘리면 발열이 집중하므로 온도 상승이 문제된다. 그래서 강한 전자식을 얻기

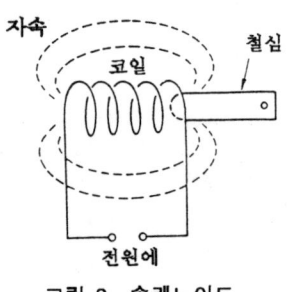

그림 2 솔레노이드

위해서는 단시간 정격인 것을 사용하는 것이 한 방법이다.
 즉 연속적으로 통전되는 예를 들면 DC 6V의 솔레노이드에 과전압인 12V나 24V의 전압을 인가해서 강력하게 무엇인가를 움직여 순간적으로 전류를 6V로 낮추거나 이미 무엇인가를 움직이고 있으므로 전류를 차단하도록 제어 방법을 생각한다.
 이 제어를 전기적으로만 생각할 수도 있지만 기계적으로 생각해 예를 들면 솔레노이드가 무엇인가를 움직이면 그 움직인 곳에 마이크로 스위치(기타)를 설치해 그것을 전환하도록 해서 과전압을 일순간만 인가하도록 한다.

5.2 코일의 유도 작용

 그림 1은 유도 전압의 설명인 데 코일에 자석을 근접시키면 전자 유도에 의한 코일에 전압이 발생한다. 이때 코일과 자석이 상대적으로 움직이지 않으면 전압은 발생하지 않는다.
 또 그림 2처럼 다른 코일에 교류를 인가해서 자속의 변화를 주어도 유도 전압이 발생한다.
 즉 자속의 변화를 코일이 받지 않으면 코일에 전기는 발생하지 않는다. 그리고 그 유도하는 전압의 방향은 그 전압에 의해서 흐르는 전류가 코일 내 자속의 변화를 방지하는 방향이며 그 유도 전압의 크기 E는 자속 ϕ의 변화 비율(어떤 시간 t 내에 어느 정도 자속 ϕ가 변화하는가)과 코일 권수 N의 곱에 비례한다.

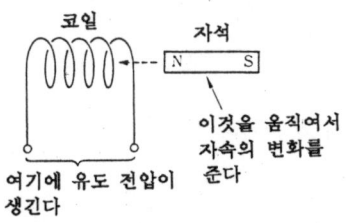

그림 1 유도전압의 발생

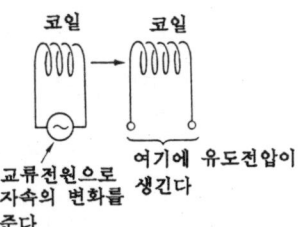

그림 2 유도전압의 발생

즉

$$E = N\frac{\Delta\phi}{\Delta t} \text{ (볼트)}$$

가 된다.

따라서 자속을 받는 측이 그림 3처럼 1회 감은 코일이라도 그 속을 자속이 통하면 1회 감은 코일에 전압을 발생한다. 이때 자속은 강해도 변화없이 조용히 강한 자속이 통하는 것만으로는 코일에 전압은 나타나지 않고 그 자속이 변화할 때 천천히 변화하는가 급하게 변화하는가에 따라서 발생하는 전압의 크기는 대단히 다르다.

예를 들면 자속을 발생하는 측이 그림 4의 위측과 같은 사인파의 형태로(시간과 함께) 천천히 물결치듯이 변화하는 전류의 흐름에 의해서 이 코일에서 물결치듯이 자속을 천천히 발생하는 경우와 동

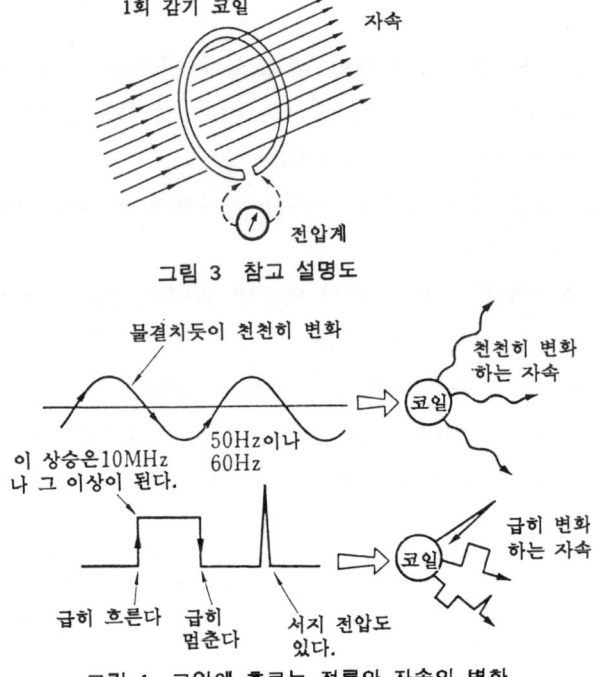

그림 3 참고 설명도

그림 4 코일에 흐르는 전류와 자속의 변화

그림의 아래측처럼 어떤 시점에서 순간적으로 전류가 흘러 어떤 시간 후 순간적으로 전류의 흐름이 멈추는 것과 같은 전류에 의해서 나타나는 급변화하는 자속에서는 자속의 변화 비율이 예를 들면 1,000배나 그 이상으로 다르다.

따라서 이와같이 급격하게 변화하는 자속이 코일에서 발생해 튀어 나오면 이것이 1회 감기 코일에 들어가도 거기에 유도되는 전압은 큰 전압이 생긴다.

참고로 코일에의 전류 조정이라든가 기타에 가변 저항기가 사용된다. 가변 저항기는 슬라이더라는 접점의 상태를 가지고 있으므로 그 정격 전력은 24φ (18φ)정도의 것이라도 250mW 이하로 간주된다.

더구나 온도가 50°C 이상이 되면 정격 전력 그대로 사용하면 가변 저항기의 고장이 나거나 파손하게 되므로 주의한다.

5.3 1회 감기 코일의 노이즈와 시상수

그림 1은 디지털한 회로의 전압 상태지만 이러한 파형이 1초 간에 50회나 60회 나타나므로 50Hz라든가 또는 60Hz라고도 한다. 그리고 이러한 저주파를 취급하는것은 많지만 이 경우 저주파라고 해도 급한 상승과 하강 부분만을 보면 그 부분은 고주파이다.

최근의 일렉트로닉스는 디지털한 기술이 각광받는 시대이기 때문에 이러한 파형은 항상 취급하고 있다. 따라서 1회 감기 코일에서도 이러한 급격 변화의 고주파적 회로 상태가 되면 각종 IC를 오동작시

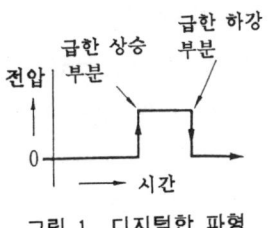

그림 1 디지털한 파형

136 5. 기계기술자의 코일 지식

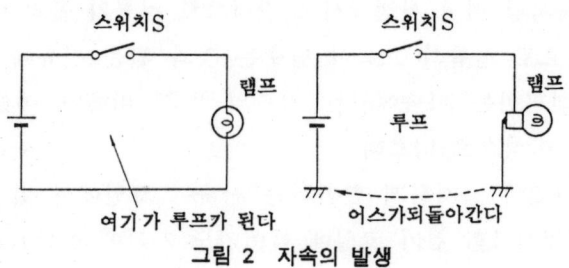

그림 2 자속의 발생

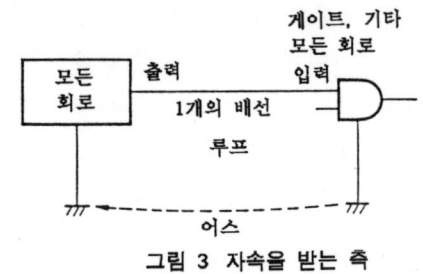

그림 3 자속을 받는 측

킬 정도의 전압은 반드시라고 할 정도로 나타나 자주 노이즈 오동작의 원인이 된다.

그림 2의 좌측은 스위치 S를 닫으면 램프가 점등한다. 이때 이 회로는 1회 감기 코일로서 루프를 만들고 있는 것을 알 수 있다.

다음 이 그림 우측처럼 서두른 실장을 하면 복귀하는 전선이 없는 것처럼 보여도 되돌아오는 어스를 지나고 있으므로 한 개뿐인 배선처럼 보여도 실은 1회 감기 루프를 동일하게 만들고 있다.

어느 경우나 이러한 루프에 전류가 흐르면 자속이 발생하고 다른 루프에 그 자속의 영향이 주어져 그 루프에 전압이 발생한다.

그림 3은 모든 회로의 출력에서 한 개의 전기 배선이 게이트나 기타 모든 회로의 입력에 접속되는 설명이다. 이러한 루프 중에 위와 같이 급격한 자속의 변화가 작용하면 신호를 보내지 않는 데 멋대로 생각치 않던 신호와 등한 전압이 발생해 이것은 게이트 기타에 들어

5.3 1회 감기 코일의 노이즈와 시상수

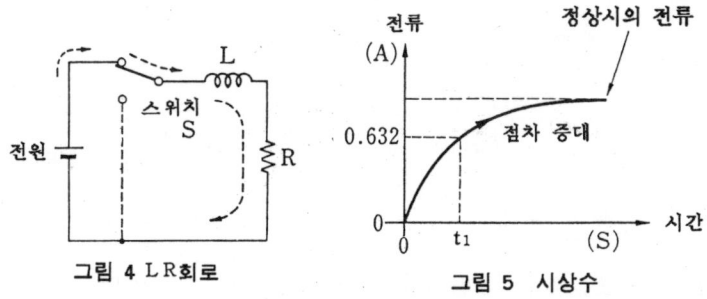

그림 4 LR회로   그림 5 시상수

가게 되고 그것 때문에 오동작이 생긴다. 다음은 시상수의 이야기인데 시상수는 CR뿐 아니라 인덕턴스를 가진 코일 L과 저항 R의 회로에도 존재한다.

즉 그림 4에 든 것과 같은 LR 회로에도 시상수가 있다. 이 설명은 그림 4의 스위치를 그림 상태로 하면 전원에서 스위치를 지나서 코일 L에 흐르는 전류는 그림 5처럼 곡선을 그리면서 흘러 최후에 낙착한 정상 시 전류의 0.632배인 전류가 되기까지의 시간 t_1의 시상수가 된다.

즉 코일에 스위치를 닫고 전류를 흘릴 때 급하게는 코일에 전류가 흐르지 않고 CR 회로(콘덴서와 저항기)와 동일하게 과도 현상이 나타난다.

그림 4의 전원에서 점선처럼 흐르고 있는 정상 시의 전류를 스위치 S로 급히 그림 6처럼 전환한다면 인덕턴스(코일) L중에 축적된 에너지는 동일하게 그림 6의 점선처럼 전류가 되어 흐른다. 이때도 그림 5와 같은 형태지만 반대 방향에 전류가 감소되는 형태이다.

코일과 저항 회로의 시상수는 $L/R(S)$가 되지만 큰 시상수를 필요로 하는 경우는 형태가 큰 L을 만들 필요가 있기 때문에 그러한 용도에는 형태가 작아도 되는 CR에 의한 시상수 회로가 사용된다.

또 참고로 일렉트로닉스 회로를 실험할 때 노이즈 오동작에 대해서 실드가 필요한가의 여부를 실험해 보는 일도 있다. 실드를 하는 곳은 일반적으로 신호 레벨이 작은 곳(전압이 낮은 신호)이나 임피

5. 기계기술자의 코일 지식

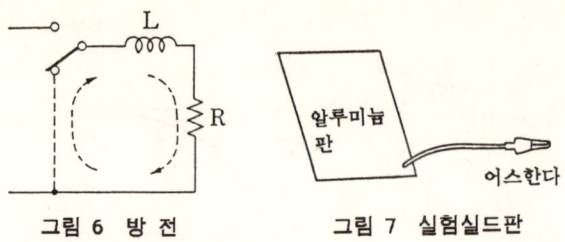

그림 6 방 전   그림 7 실험실드판

던스가 높은 곳, 높은 전압이 ON, OFF되는 곳, 기타이다.

실드의 한 방법은 그림 7처럼 약간 두꺼운 알루미늄판 등을 어스해서 이것을 회로중에 움직여서 넣을 수 있다. 더구나 자기 실드는 엄중하게 주의해야 한다.

이때 퍼멀로이를 사용하는 일도 많다.

예를 들면 트랜스가 리케이지 플럭스(누설 자속)를 발생하는 것은 알려져 있다.

트랜스는 코일의 덩어리와 같은 것으로 이 코일 중에 코어가 들어 있어서 자속은 100% 그 코어 속을 통하면 좋지만 실제는 코어의 외부에 누설 자속을 발생한다.

이 누설 자속이 가까이에 있는 전자 부품이나 배선이나 코일류 등에 유도해서 신호 라인에 노이즈가 생긴다.

따라서 누설 자속의 영향을 받지 않는 거리에 걱정되는 전자 부품을 근접시키지 않도록 부품 배치를 고려하거나 누설 자속을 작게 하거나 방향을 바꾸는 일도 있지만 자기 실드를 하는 것도 바람직하다. 이것은 트랜스 전체를 예를 들면 철상자나 퍼멀로이 케이스에 넣어서 누설 자속을 외부에 나가지 않게 한다. 그리고 그 케이스를 그라운드(어스)시킨다. 누설 자속은 신호원 임피던스가 높은 곳에는 들어가기 쉬워서 주의한다. 예를 들면 연산 증폭기등의 입력부 배선이나 저항기등을 포함한 배선 중에 영향해서 노이즈가 생긴다.

누설 자속은 트랜스 이외의 것에서도 발생한다. 그래서 이것을 알기 위해 비교적 작은 코일을 만들어 그 코일을 전자 회로의 여기저

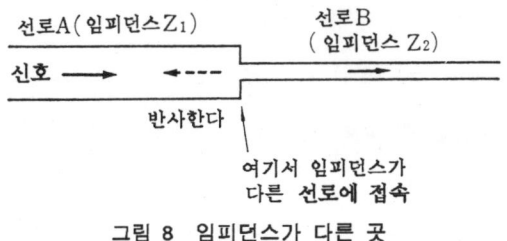

그림 8 임피던스가 다른 곳

기로 움직여 회로를 동작시켜 보아서 그 코일에서 나타나는 전압을 보고서 노이즈원을 알기도 한다.

또 참고로 신호의 반사라는 것이 있다.

전송 선로에 신호를 보낼 때 보낸 신호가 반사함으로써 즉 다른 임피던스의 선로에 신호가 들어가면 신호의 일부가 거기서 반사해서 원래의 쪽에 되돌아간다.

이것은 그림 8처럼 선로 A에서 신호가 보내진 것이 선로 B에 들어갈 때 반사가 나타나는 것인 데 이 반사의 영향을 받아서 펄스 신호의 전송 등으로 신호 중에 링잉(ringing)이 나타나거나 신호가 지연되는 등 전송선이 길때 트러블이 나타난다.

그래서 전송로의 끝에서 임피던스가 변화하지 않도록 선로의 임피던스에 맞는 저항으로 터미네이트(종단한다고도 한다)를 하는 일이 있다.

5.4 기계의 응답 개선과 인덕턴스와 저항

기계의 응답을 빨리하기 위해서는 기계가 움직이는 곳이 질량을 가지고 있으므로 그 관성력을 생각해 최초에 대담하게 힘을 가하는 것과 코일에 시상수가 있으므로 코일에 대해서 최초에 대담한 과전압을 예를 들어 그림 1등의 회로에서 일순에 가하는 것이 바람직하다.

또 그림 2도 참고하기 바란다. 물론 움직이는 곳의 기계부는 가볍

140   5. 기계기술자의 코일 지식

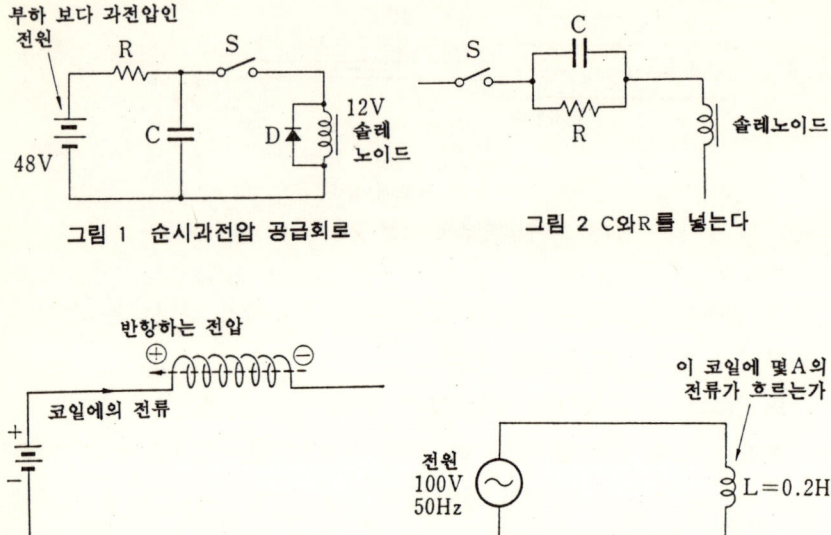

그림 1 순시과전압 공급회로
그림 2 C와R를 넣는다
그림 3 반항하는 전압
그림 4 $2\pi fL$의 계산

게 만드는 것이 중요한 데 그것을 위해 사용하는 재료를 선정해 형상이나 치수는 극력 질량이 작아지도록 설계하는 것도 중요하다.

또 기계의 마찰 특성(기계는 움직이는 것을 멈추면 급히 마찰이 커지는 것이 많다)에서 디서(dither)를 주는 것도 바람직하다. 디서란 운동하는 기계 부분이 멈추었을 때도 완전히 정지하지 않고 정지 위치에서도 그 점이 항상 진동적으로 약간의 양을 왕복시켜 두는 것이다.

이러한 디서는 일반의 교류 전원을 다이오드로 맥동적으로 정류해서 50사이클 정도로 해서 부여하거나 발진 회로에서 1k사이클 기타를 만들어서 실용된다.

더구나 서보 모터에 조심성 없게 디서를 부여함으로써 그 볼 베어링이 이상 마모하거나 솔레노이드의 기계 접속부에 덜거덕거림이 있는 상태에서 디서를 부여하면 덜거덕거림 부분에 이상 마모가 생기는 일이 있으므로 주의한다.

코일에 전류를 흘릴 때 주의할 일이 있다. 그것은 그림 3처럼 전류를 흘리기 시작한 순간, 코일 중에 점선 화살표처럼 그 전류가 흘러 들어오지 않도록 반항하는 역전압을 발생하고 또 이제까지 코일에 흐르고 있는 전류를 차단하면 그 순간 코일중에 차단시키지 않게 하는(이제까지처럼 전류를 흐르게 하려는) 차단에 반항하는 전압을 유도한다.

이러한 코일의 반항하는 성질의 대소를 인덕턴스라고 한다. 인덕턴스는 교류의 흐름에 대해서 저항을 가지는 것은 알려져 있다.

예를 들면 그림 4처럼 인덕턴스가 0.2H(헨리)코일에 50Hz, 100V인 교류 전압을 인가하면 몇 A의 전류가 그 코일에 흐르는가 하면 유도 리액턴스는 $2\pi fL$인 데 f가 50Hz, L은 0.2H이기 때문에

$$2\pi \times 50 \times 0.2 = 61.8[\Omega]$$

61.8옴의 저항에 100V가 주어지므로 전류 I는

$$I = \frac{100}{61.8} ≒ 1.6[A]$$

가 된다.

참고로 다이오드의 개선이 필요에 따라서 행해진다.

다이오드의 순방향에 전압을 걸어도 실리콘 다이오드에서 0.6V, 게르마늄 다이오드에서 0.3V(쇼트키 바리어 다이오드에서 0.1V) 이상인 전압을 가하지 않으면 전류가 흐르지 않고 또 비직선이 되고 변형이 생긴다. 이러한 점을 개선하면 이상적인 다이오드가 되지만 그러기 위해 연산 증폭기를 사용한 직선 검파 등에 의한 정류 방법이 있다.

5.5 서지 전압의 이해

인덕턴스가 큰, 예를 들면 솔레노이드나 전자밸브나 전자 클러치 등의 유도 부하에 그림 1처럼 스위치 S로 전류를 ON, OFF하면 OFF의 순간 이제까지의 방향에 전류를 흘리려는 높은 서지 전압이 그 코일 중에 발생해 그 높은 전압을 스위치부터 불꽃을 나타내게 한다.

이때 나타나는 서지 전압은 전원이 6V라도 예를 들면 80V등으로 전원보다 훨씬 높은 전압을 나타낸다. 그리고 그 전압은 그림처럼 이제까지 흐르던 전류 방향과 동일한 방향의 전압이 코일 중에 +와 -의 관계로 발생한다.

이 서지 전압은 스위치로부터 불꽃을 내어 그 수명 때문에도 바람직하지 않고 트랜지스터로 ON, OFF시키면 트랜지스터의 내압(耐壓)을 넘어서 트랜지스터를 파괴할 우려가 있다.

강전 관계의 부품은 조금쯤 과전압을 걸어도 무리가 없지만 일렉트로닉스의 부품, 소자는 일순이라도 그 정격을 넘으면 파손될 우려가 있으므로 주의를 요한다.

또 순간적으로 나타나는 이 고압은 노이즈로서 타에 악영향을 끼치는 원인도 된다.

서지 전압의 실험을 해 보자. 이것은 코일이 에너지를 축적하는 실험도 된다.

그림 2처럼 소형 트랜스의 1차 코일을 사용해서 네온관을 그 코일

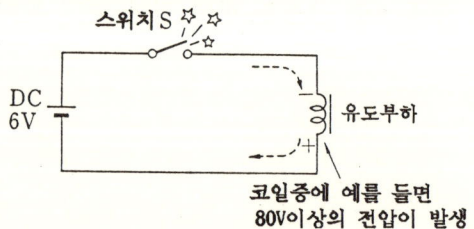

그림 1. 불꽃이 생긴다.

5.5 서지 전압의 이해 143

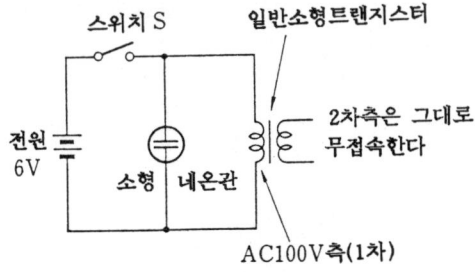

그림 2. 네온관의 점등

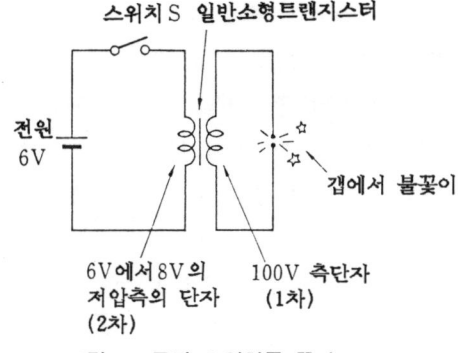

그림 3. 급히 스위치를 끈다

의 양단에 넣은 실험 회로를 만들어 스위치 S를 닫고 전류를 6V의 전원에서 일시에 흘린 후 이것을 열면 열었을 때 예를 들어 80V 등의 서지 전압이 그 코일에 나타나므로 네온관이 일시 점등한다. 물론 네온관을 직접 전원의 6V에 대어도 6V 정도로는 전혀 빛나는 일이 없다.

그림 3은 일반 소형 트랜스의 1차인 100V측에 전선을 접속하고 그 선단을 예를 들어 0.1mm나 0.2mm 정도의 틈(갭)이 생기도록 해 트랜스의 2차측에 전류 용량이 큰 전원 6V를 준비하고(같은 6V라도 소형 건전지로는 무리) 스위치 S를 닫은(이때 대전류가 트랜스에 흘러 들어온다) 후 그 스위치를 열면 그 순간 높은 전압이 발생해 갭 즉 틈에서 불꽃 방전이 나타난다. 요컨대 코일 중에 전류를 흘림으로써

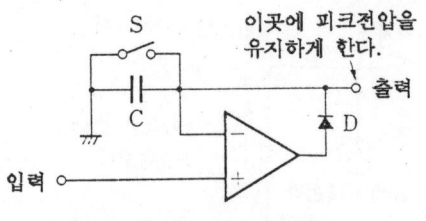

그림 4. 피크 홀드의 기본 회로

에너지가 축적되고 이것이 스위치를 끄는 순간(서지 전압이라고 함) 전압이 되어 전류를 흘리기 때문이다.

참고로 피크 홀드 회로가 있다.

이것은 센서에 의한 기계의 충격이나 기타 변화가 빠른 현상의 피크 전압을 그 피크 전압이 내린 후까지도 유지하도록 해서 응답이 늦은 미터 등에 천천히 순간 상태를 지시해 침착하게 그 전압을 판독하는 데에도 사용된다.

피크 홀드 회로는 연산 증폭기를 사용해 그림 4처럼 된다.

5.6 기계 기술자의 서지 전압 대책 기타

그림 1은 DC 솔레노이드를 사용해서 기계의 어딘가를 움직이는 설명인 데 스위치 S를 닫은 후 열면 그 순간 예를 들어 그림 2와 같은 일순 날카로운 서지 전압을 전원에 싣도록 발생한다. 그래서 그림 1처럼 DC 솔레노이드 단자에 가깝게 다이오드 D를 넣어서 서지 전압 대책으로 한다.

다이오드의 크기는 DC 솔레노이드를 사용할 때 흐르는 전류 정도 이상인 용량(큰 것)을 사용하면 좋을 것이다. 예를 들어 1A 흐르는 DC 솔레노이드에는 1A를 허용하는 다이오드를 사용한다.

다이오드를 전원에 대해 그림 방향의 반대로 넣으면 스위치 S를 닫았을 때 다이오드를 쇼트하듯이 흐르므로 주의를 요한다. 이것에

5.6 기계기술자의 서지 전압 대책 기타

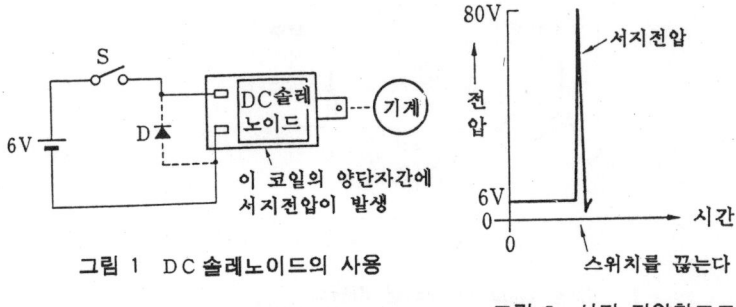

그림 1 DC 솔레노이드의 사용

그림 2 서지 전압참고도

의해서 단자 간에 나타나는 서지 전압만이 다이오드를 통하게 된다. 교류 전원의 AC 솔레노이드를 사용할 때도 스위치를 끄는 순간 교류 전원의 사인파중에 예를 들어 1000V에 가까운 날카로운 서지 전압이 노이즈로서 발생한다. 그리고 이 전원을 사용하는 다른 전자 회로에 악영향을 미친다.

그래서 그림 3의 점선처럼 AC 솔레노이드의 단자 가까이에 콘덴서 C와 저항 R를 넣어서 서지 대책으로 한다. R의 값은 일률적으로는 말할 수 없지만 참고로 수 10Ω이나 200Ω, C의 용량은 $0.05\mu F$에서 $0.3\mu F$ 등이 많은 것 같다.

AC 100V 사인파의 전원 중에 날카로운 서지 전압이 나타나 그림 4의 좌측에서부터 트랜스의 1차에 들어오면 절연된 2차측에 트랜스로서 자속으로부터의 권수비에 의한 전압은 아니라 1차 코일과 서로 절연된 2차 코일 간을 콘덴서로서(절연된 코일이 두 개 상당의 면적으로 근접하고 있는.... 이 양자는 콘덴서) 예를 들면 8cm 각 정도의 소형

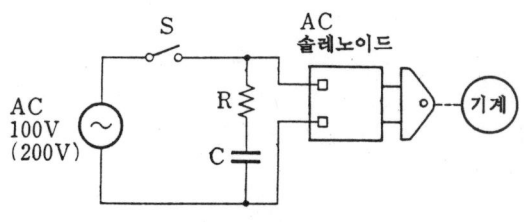

그림 3 AC 솔레노이드의 사용

146 5. 기계기술자의 코일 지식

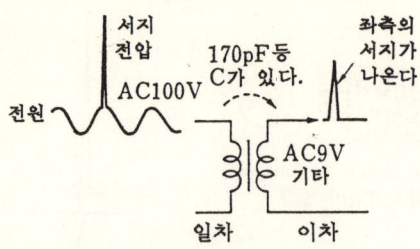

그림 4 소형트랜스를 지난다

트랜스인 경우 170pF 정도가 되고 즉시 그 트랜스의 2차측에 서지 전압이 나아간다.

그리고 트랜스의 2차측이 가령 정류해 5V의 정전압 장치로 되어 있어도 그 정전압이어야 할 5V 중에 상당히 높은 전압이 들어가 전자 회로를 고장나게 한다.

참고로 쇼트(short)는 단락이라고도 해 대전류가 흘러서 위험하다. 그래서 안전을 위해 회로를 자동적으로 끊도록 퓨즈나 차단기 (브레이커)가 사용된다.

퓨즈는 정격 전류의 몇 배라는 대전류가 흐르면 발열에 의해 녹아서 끊긴다.

예를 들면 정격 전류 30A 이하에서는 1.6배인 전류를 흘렸을 때 60분 이내, 2배인 전류를 흘렸을 때는 2분 이내에 용단한다. 기계 기술자가 회로 실험 시에도 실험 가까이의 전원에 퓨즈 등을 넣어 두는 것이 바람직하다.

5.7 기계 기술자의 노이즈 시뮬레이터

그림 1은 경보용 벨인 데 버저도 이러한 형태로 제작되는 것이 있다. 이 동작 원리는 그림처럼 전원에서 전류가 나와서 벨이나 버저의 접점을 통해서 스프링과 같은 진동편에서부터 코일을 지나 전원에 돌아가기 때문에 코일은 그 자력으로 진동편을 흡인한다. 흡인하면 접점이 열리기 때문에 이제까지 흐른 전류가 차단되어서 코일은 이때 흡인력을 상실하고 다시 진동편은 스프링으로서 복귀해 접점에 닿는다.

그러면 앞의 것을 다시 반복해서 진동을 계속해 소리를 낸다. 이 때 단속하는 접점에서 서지 전압에 의한 불꽃이 생겨 굉장하게 급속히 전류를 진동적으로 ON, OFF하면서 흘리기 때문에 전파 즉 전자파도 발생한다.

전파란 전기의 진동이 공중에 송출된 파동으로서 전파는 공중을 지날 때 전계와 자계가 서로 사슬처럼 관련지으면서 전달되기 때문에 전자파라고도 한다.

따라서 이 벨을 전자 회로와 동일한 전원으로 전자 회로 가까이에 놓고서 진동시키면 전원 라인으로부터 강렬한 노이즈가 나타나고 또 전파도 나타나 전자 회로에 이것들이 영향된다. 그래서 특히 주

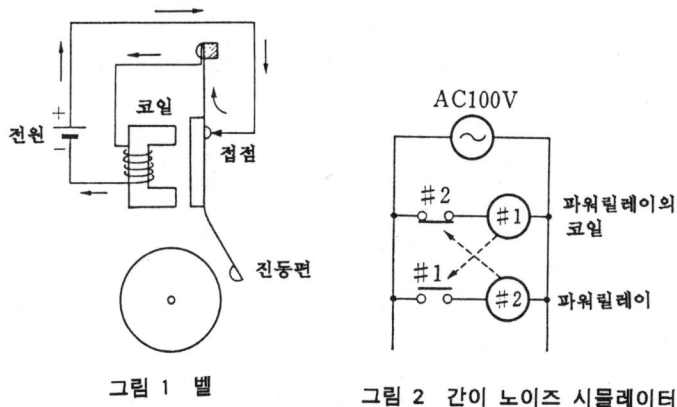

그림 1 벨   그림 2 간이 노이즈 시뮬레이터

의한 전자 회로가 아니면 전자 회로는 예상 외의 오동작을 확실하게 일으키게 된다.

그러므로 이러한 벨이나 버저는 노이즈 시뮬레이터의 대용도 되고 전자 회로와 동일한 전원으로 이러한 벨을 움직여 보아 그래도 오동작하지 않는 안정된 전자 회로라면 안정한 회로라고 할 수 있다.

노이즈 시뮬레이터로는 예를 들어 그림 2를 실험하는 것도 참고가 된다. AC100V의 대형 전자 릴레이 두 개를 사용해서 서로 상대방 회로에 자기의 접점을 넣은 형태다.

소형 전자 접촉기 두 개를 사용해서도 만들 수 있다. 이 접점에는 노이즈 대책으로서의 C·R를 넣지 않고 그대로 개폐하므로 접점에는 불꽃을 발생해 강력한 노이즈를 만든다.

이것도 전자 회로와 동일한 전원으로서 회로 가까이에서 구동시켜 보아 회로가 오동작하는지의 여부를 실험함으로써 노이즈 시험이 일단 가능하다.

그림 3은 자동차의 점화 코일의 설명도인 데 콘택트 포인트를 개폐하면 서지 전압에 의해 2차 코일에 10,000볼트나 15,000볼트의 전압이 발생해 그림처럼 불꽃 방전한다. 이 방전으로 회로가 오동작하는 일이 있다. 더구나 이 고압은 자동차의 경우 디스트리뷰트 (distribute)로 몇 가지 스파크 플러그에 순서 대로 방전시킨다.

참고로 가전 제품에서 일정 온도로 제어하는 서모 스탯 붙이 제품이 제작되고 있다. 여기에는 안전을 위해 온도 퓨즈가 사용된다.

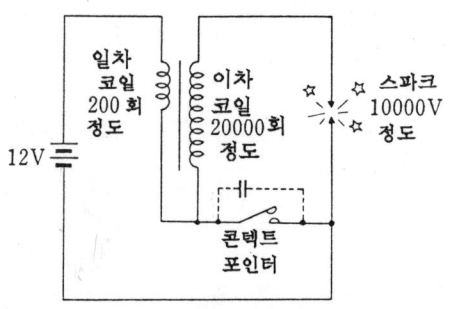

그림 3 자동차의 이그니션 코일

온도 퓨즈는 주위 온도가 어떤 온도 이상이 되면(상온의 범위를 넘어 예를 들면 20°C 이상에서) 녹아서 절단되게 된 것으로서 그 성분은 납, 주석, 비스무드, 카드뮴 등의 합금이다. 온도 퓨즈는 일반의 과전류로 끊기는 전류 퓨즈와 직렬로 해서 사용하는 일이 많다.

6. 기계 기술자의 다이오드 기술

6.1 다이오드와 순방향 전압

다이오드의 기호를 그림 1에 든다. 그림처럼 애노드에서 캐소드에는 순방향이기 때문에 전류가 흐르고 이 반대에는 역방향이기 때문에 전압을 걸어도 전류는 흐르지 않는다(그러나 엄밀하게는 약간 흐른다).

예를 들면 그림 2처럼 전지에 다이오드 D를 접속해도 전류는 흐르지 않는다.

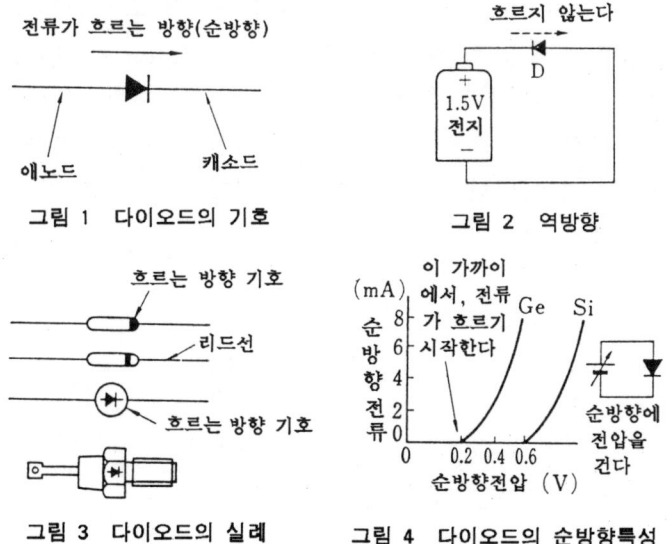

그림 1 다이오드의 기호

그림 2 역방향

그림 3 다이오드의 실례

그림 4 다이오드의 순방향특성

다이오드를 만약 이 그림의 반대로 향하면 쇼트한 것처럼 대전류가 흘러 전지를 소모하거나 다이오드를 소손할 우려가 있다.

다이오드의 실례를 그림 3에 든다. 그림처럼 전류의 흐르는 방향 즉 극성이 명기되어 있다. 그림의 좌측에서 우측에 흐른다.

다이오드의 순방향 특성을 그림 4에 든다. 다이오드에는 게르마늄 다이오드와 실리콘 다이오드가 시판되어 게르마늄(Ge) 다이오드의 경우 예를 들어 주의해 보면 0.1~0.2V 정도, 실리콘(Si) 다이오드에서 어쨌든 0.5~0.7V 정도 전압을 가지 않으면 흐르지 않는다.

또 그림처럼 순방향 전압을 걸어서 약간 전류가 흐르기 시작 후 다시 전압을 걸면 전압에 비례해서 흐르는 것이 아니라 급히 전류가 증대해서 흐르기 시작하는 것을 알 수 있다.

실리콘 다이오드에 고감도인 전류계를 넣어 주의해서 실험하면 예를 들어 그림 5처럼 0.22V 정도에서 약간의 전류가 흐르기 시작해서 그후 전압을 높이면 점차 전류가 증대해 0.6V 정도 이상에서 상당히 전류가 흐르는 일이 많다.

다음 다이오드에 역방향인 전압을 걸어서 주의해 보면 그림 6처럼 대단히 근소한 전류가 리크상으로 흐르지만 일반적으로 역류를 허용치 않는 상태로 보아도 좋다. 그러나 항복 전압까지 역방향으로 높은 전압을 걸면 다이오드는 드디어는 반대의 흐름을 저지하지 못하고 급한 역류가 나타난다. 그리고 항복 전압 이상 높은 역전압을 걸면 가열해 소손한다.

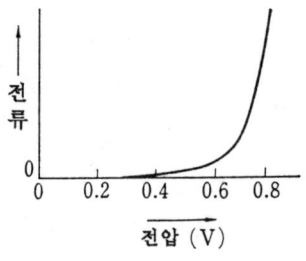

그림 5 실리콘 다이오드의 전압

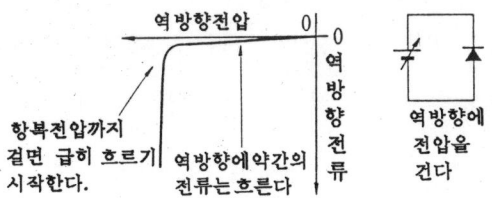

그림 6 다이오드의 역방향특성

6.2 시판하는 일반 다이오드의 선정

시판하는 일반 다이오드는 순방향에의 허용 전류가 수 10mA 정도에서 10A정도까지가 많이 사용되는 것 같지만 기타의 것도 여러 종류가 제작되고 있다.

그리고 다이오드의 형상은 여러 가지로, 예를 들면 대형의 것으로는 그림 1과 같은 것도 제작되었다. 또 다이오드를 4개 브리지에 짠 것도 시판되고 있다.

다이오드는 반도체 다이오드가 많고 일반의 분류는 구조에 의해서 나누면 점접촉형(포인트 콘택트), 본드형, 합금형, 확산형 기타가 된다. 이것에 대한 특징, 용도를 가리킨 것이 표 1이다.

또한 다이오드의 정류 전류가 큰 것은 100mA 정도보다 대용량인 것을 정류용, 소전류인 것을 검파용이라고 할 때도 있다. 스위칭용은 10mA 정도의 소전류로 일반적으로 논리연산용으로 사용하는 것이 많은 것 같다.

논리 회로는 logic회로라고도 해 컴퓨터 기타 디지털 기술에 사용되는 회로인 데 디지털 기술은 일렉트로닉스 중에서 아날로그 기술

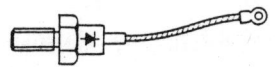

그림 1. 대형의 예

6. 기계기술자의 다이오드 기술

표 1. 다이오드의 구조와 용도참고예

		점접촉용	본드형	합금형	확산형
특	징	정전용량이 작고 가격이 싸나 특성은 그다지 좋지 않다.	순방향 전류의 용량이 조금 좋다.	순방향전압하강이 작고 대전류의 정류에는 사용가능하나 고주파에는 부적당	순방향 전압강하가 작고 대전류 정류에 사용 가능.
용	게르마늄	일반용, 대전류, 정류용에는부적합	스위칭용	전원의 정류용	전원의 정류용
도	실리콘	검파용, 기타	고주파 튜너, 기타	전원의 정류용	전원의 정류용

과 함께 중요한 기술로 되어 있다. 그리고 디지털 기술은 회로 동작 ON과 OFF(1이나 0)의 스위칭 동작을 하는 것이다. 가장 간단한 대표적인 논리 회로는 AND나 OR 회로인 데 다이오드를 사용해서 이것을 만들 수도 있다.

다이오드의 선정에서는 최대 정격으로서 예를 들면 최대 첨두 역방향전압(VRM)이 있다. 이것은 순방향 전류를 흘리지 않은 상태에서 역방향에 가할 수 있는 최대 전압이다.

또 최대 직류 역방향 전압(V_R)도 있다. 이것은 순방향 전류를 흘리지 않는 상태에서 연속적으로 직류 전압이 가해졌을 때의 직류 전압의 최대 허용값이다.

전류에 대해서는 최대 서지 전류라든가, 최대 첨두 순방향 전류라든가 최대 평균 전류(I_0)가 있다. 이것은 저항 부하의 반파 정류 회로에서 꺼낼 수 있는 평균 정류 전류의 최대값이다.

요컨대 다이오드의 선정에는 순방향에 전류를 몇 A까지 흘릴 수 있는가(예를 들면 작은 다이오드에 대전류를 흘리면 순방향에 흘려도 가열 소손한다) 하는 것과 역방향의 전압에 몇 V까지 견딜 수 있는가 하는 것이 중요한 항목이 되지만 이밖에도 스위칭의 속도, 기타가 문제되는 일이 있다.

다이오드의 내압(耐壓)이라는 것은 역방향에 전압을 걸었을 때에 한정되고(이것을 역방향 바이어스라든가 역바이어스라고도 한다)

표2. 시판되는 다이오드의 소용량의 약간예

종류	회사명	용도	구조	V_{RM}(V)	V_R(V)	I_{FM}(mA)	I_O(mA)
1N 60	A	D	Ge.P	35	25	150	50
1S 2076	B	D.Mod	Si.EP	35	30	450	150
1S 953	C	SW	Si.EP	35	30	300	100

　순방향에는 내압이라는 것이 없다. 왜냐 하면 순방향에 전압을 걸면 (이것을 순방향 바이어스라고도 한다) 전류가 증대해서 흐르기 시작해 어느 정도까지 전압을 걸면 굉장한 전류가 흐르기 시작해서 그 전류 때문에 다이오드는 발열해 파손한다.

　따라서 순방향에는 결국 얼마간의 전류까지 허용되는가 하는 것이 문제다.

　시판 다이오드의 소용량인 것을 참고로 가리키면 예를 들어 표 2와 같다.

　또 표 중의 용도에서 D라는 것은 검파 기타 일반용이라는 것. Mod는 변조, SW는 스위칭용이라는 것이다. 구조의 Ge라는 것은 게르마늄, Si는 실리콘 다이오드를 가리킨다. 또 P는 포인트 콘텍트형, EP는 에피택시얼 플레이너형이다. 또 V_{RM}이라는 것은 최대 첨두 역방향 전압, V_R는 최대 직류 역방향 전압, I_{FM}은 최대 첨두 순방향전류, I_O는 최대 평균 정류 전류를 의미한다.

6.3 다이오드를 이해한다.

　그림 1의 좌측은 다이오드의 작용을 가리키는 설명으로 교류 100V를 6V 에트랜스로 전압을 낮추어서 다이오드 D를 통해 직류로

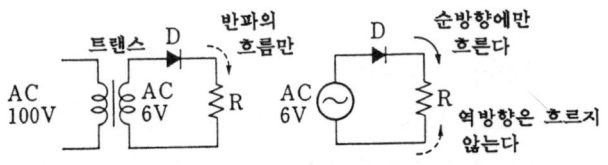

그림 1 다이오드 설명

156 6. 기계기술자의 다이오드 기술

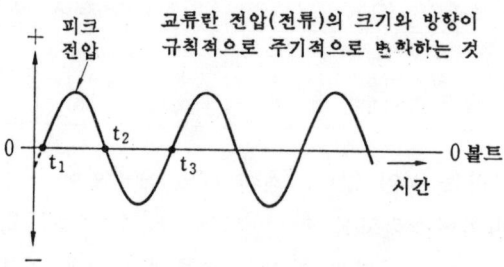

그림 2 교류의 전압상태

해서 저항 R에 전류를 흘리는 것이다. 이것은 일단 동그림 우측처럼 나타낼 수도 있다.

이 경우 AC6V는 한 방향에만 흐르는 직류와 달리 교류이기 때문에 저항을 번갈아서 흘릴려고 한다. 그러나 다이오드가 들어 있어서 그것이 불가능하고 결국 다이오드의 순방향에만 흐르기 때문에 교류는 반파로 흐르게 된다.

여기서 참고로 교류를 설명한다. 그림 2는 교류의 설명인 데 t_1이라는 시점에서 t_2까지의 시간에 전압이 어떻게 변화하는가를 주목하면 우선 t_1의 시점에서 0볼트였던 전압이 시간과 함께 플러스 방향에 전압이 상승한다.

그리고 그 상승은 시간과 함께 전압의 상승이 약해지고 정상의 피트 가까이에서는 시간에 대해서 전압 상승은 거의 없을 정도로 천천히 피크에 도달한다.

그후는 피크에서 서서히 전압이 내리기 시작해서 점차 빨리 낮아져서 t_2의 시점에서 가장 빨리 전압이 내리고 드디어는 0볼트가 되어 그 순간 전압은 마이너스 방향에 전압을 점차 강하게 나타내는 것을 알 수 있다.

이러한 교류 전압이 트랜스로 나온다.

그림 3은 다이오드 실험에서 다이오드 D를 트랜스로부터의 교류 6V가 순방향에 점선 화살표처럼 흐를 때 저항 1kΩ의 양단에 전압을

6.3 다이오드를 이해한다   157

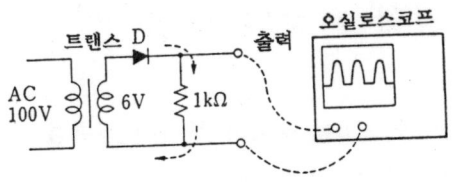

그림 3 다이오드의 실험

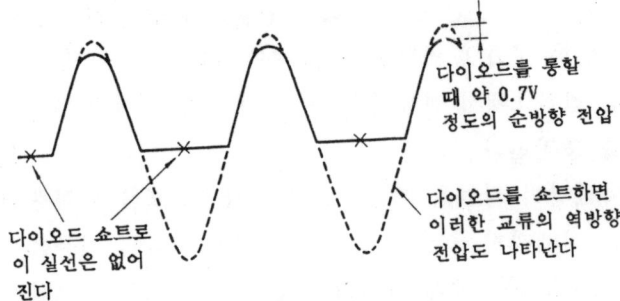

그림 4 오실로스코프의 파형

발생한다. 그래서 이 저항 양단의 전압이 시간과 함께 어떠한 변화를 하는가를 알기 위해 오실로스코프에 그 상태를 넣으면 그림 4의 실선과 같은 파형을 나타낸다. 이때 다이오드 D의 양단을 그림 5처럼 동선으로 쇼트하면 다이오드는 제거한 것이 되고 트랜스로부터의 AV6V는 정·역 자유로 저항 1kΩ이 흐르기 때문에 그림 4의 점선과 같은 파형이 이제까지의 실선에 추가되고 또 X표의 실선이 지워진다.

이 상태는 결국 교류의 사인파(sine wave) 파형이 나타나게 된다.

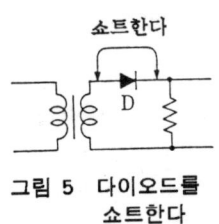

그림 5 다이오드를
        쇼트한다

6.4 정류 평활 회로의 해설

교류 전원에서 다이오드 D를 통해서 부하에 전류를 보내는 설명을 그림 1에 든다. 다이오드가 있으므로 교류는 부하에 그림처럼 반파로 단속적인 맥동 전류로 흐른다. 이러한 맥동 전류는 일반적으로 직류로서 사용하기가 곤란한 것이 많고 평활을 위해 콘덴서를 넣는다.

그림 2는 반파 정류에 평활을 위해 콘덴서를 넣은 회로인 데 그림의 점선처럼 전원 E에서 전류가 흐를 때 부하와 함께 콘덴서에도 흘러서 이것을 충전한다.

전원이 역전압이 되었을 때는 다이오드가 그 흐름을 허용하지 않고 콘덴서는 이제까지 충전한 것을 방전해서 부하에 전류를 공급한다. 그러나 이때 콘덴서의 전압은 방전으로 낮아지고 그림과 같은 전압 변동이 나타나는 데 이것을 리플전압이라고 한다.

따라서 평활 콘덴서는 부하가 대전류를 소비할 정도로 대용량이 필요하다.

일반적으로 평활 회로의 콘덴서는 대용량을 필요로 하지만 반파 정류는 전파(全波) 정류보다 맥동이 크고 그만큼 대용량이 필요하다. 따라서 다이오드 4개를 사용한 전파 전류가 많이 사용된다.

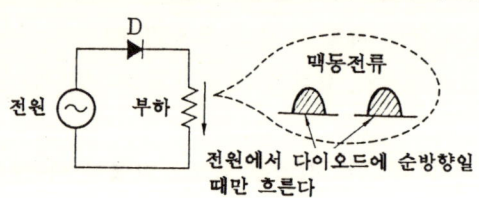

그림 1 맥동전류

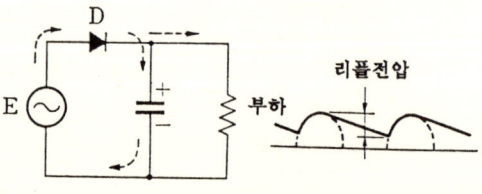

그림 2 평활콘덴서

6.4 정류 평활 회로의 설명

그림 3은 다이오드를 4개 브리지로 한 전파 정류 회로인 데 교류 전원에서 브리지에 실선처럼 흘러 들어온 전류는 다이오드 D_3를 역방향으로 통하지 못하고 D_2를 순방향으로 통하고 콘덴서 C를 위에서 아래로 통해서 +-라는 극성에 충전하고 다이오드 D_5를 통해서 전원에 복귀한다.

반대로 전원에서 점선처럼 교류가 흘러 들어왔을 때 다이오드 D_2는 역방향으로 통하지 못하고 D_4를 통해 콘덴서를 위에서 아래에 동일하게 충전하면서 다이오드 D_3을 통해 전원에 복귀한다. 따라서 전원에서 교류가 번갈아 방향을 바꾸어서 브리지에 들어 갔을 때 모든 콘덴서를 위에서 아래에 한 방향으로 충전시켜서 흐르면서 전파 정류가 된다.

전파 정류 회로는 그림 4처럼 센서 탭 붙이 트랜스를 사용하면 다이오드 2개로 만들 수 있다. 이때 2개의 다이오드는 번갈아서 작용한다.

실리콘 다이오드 1개에 전류가 통할 때 약 0.7V 정도 전압이 낮아지므로 그림 3은 결국 2개의 다이오드를 통해서 나오기 때문에 약 1.4V의 전압 강하가 나타나고 그림 4는 1개의 다이오드만을 통하기 때문에 전압 강하는 절반이 된다. 따라서 저전압을 정류하는 경우 센터 탭 방식이 유리하다.

더구나 센터 업의 트랜스는 그림 4처럼 2차측 코일 (같은 전압으로) 두 개가 직렬이 되어 중간에 탭이 나온 형태의 것을 사용하다.

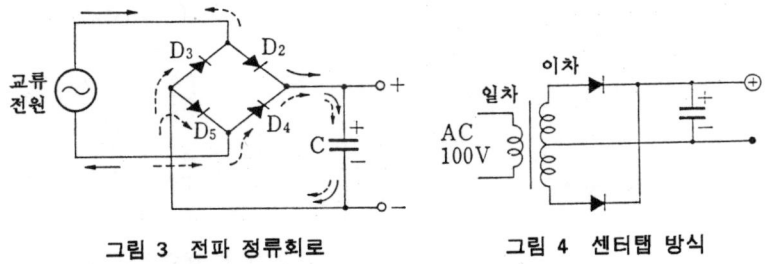

그림 3 전파 정류회로   그림 4 센터탭 방식

6.5 배전압 정류, 위상 변별

교류를 정류할 때 배전압 정류를 하면 정류하는 것만으로 교류보다 훨씬 높은 전압의 직류를 얻을 수 있다.

그림 1은 배전압(2배)의 정류 회로인 데 교류의 정·역 흐름 방향에 따라서 C_1과 C_2를 각각 충전하므로 양콘덴서를 직렬로 해서 2배의 정류 전압이 우단에 나타난다. 교류 전압은 단지 정류하면 그 사인파의 피크 전압까지 콘덴서에 충전되므로 일단 교류 전압의 1.4배 정도의 직류 전압이 된다.

따라서 배전압 정류에서는 2.8배의 전압까지 된다. 그러나 거기서 전류를 소비하면 갑자기 그 전압은 내리고 리플도 점차 크게 나타난다.

그래서 전류를 소비해도 전압이 내리지 않고 안정된 전원이 필요할 때는 정전압 장치(또는 안정화 전원이라고 한다)를 사용한다. 일렉트로닉스의 일반 회로나 마이컴 관계의 전원은 정전압 장치(DC 5V가 많다)를 사용한다.

기계 구동용 전자 클러치나 전자 릴레이는 일반적으로 정전압 장치를 사용하지 않고 전파(全波) 정류 정도에서 그대로 사용이 가능하다.

그림 2는 트랜지스터를 사용해서 정류의 리플을 평활하는(이것은 안정화가 아닌 전원) 회로의 참고례다. 예를 들면 그림 3의 교류 전

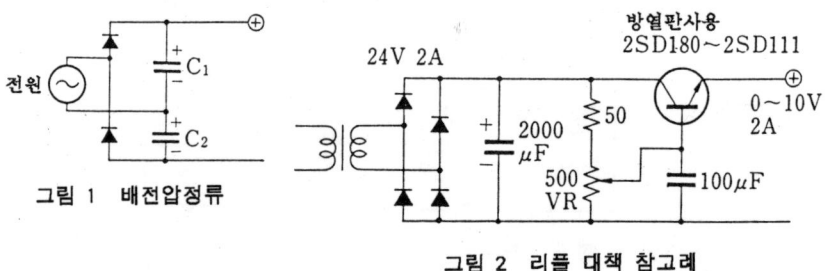

그림 1 배전압정류

그림 2 리플 대책 참고례

6.5 배전압 정류, 위상 변별

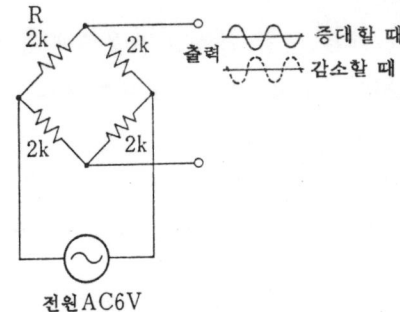

그림 3 휘스트톤 브리지

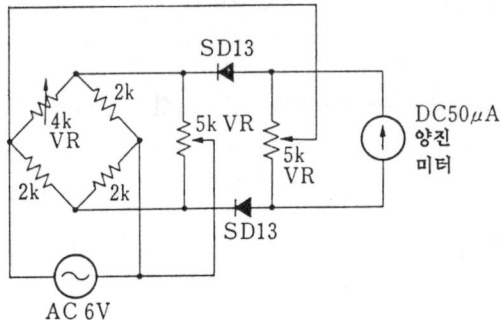

그림 4 위상변별 참고실험

원을 사용한 휘트스톤 브리치의 출력에 대해서 위상을 생각하자. 4개의 저항이 모두 2kΩ으로 같을 때 출력은 0볼트가 된다. 이 상태에서 좌측 위 저항 R의 값이 증대했을 때와 감소했을 때의 출력은 그림 우측에 가리키듯 모두 교류지만 위상이 180° 다르다.

이러한 위상의 차이를 변별해 알 수 있기 위해 위상 변별 회로가 있다. 위상 변별 회로를 간단하게 실험하기 위한 참고 회로를 그림 4에 든다.

2개의 5kΩ VR와 브리지 내 4kΩ VR은 모두 브러시를 미리 중앙 위치로 해서 브리지에 AC 6V인 전원을 인가한다. 양진 미터(50ΩA 나 100μA 등)의 지침이 중앙이 아닐 때는 VR의 어느 하나를 조정하면 어느 VR도 모두 0으로 조정된다.

조정 후 브리지 중의 4kVR를 약간 좌측이나 우측에 돌려서 브리지의 밸런스를 허물어서 출력 전압을 나타내면 미터는 그 위상을 변별해서 우측이나 좌측으로 진동한다.

참고로 이 브리지 출력을 단지 정류한 것만으로는 위상에는 관계없이 미터는 한편으로 진동만 한다. 이밖에 위상 변별에는 몇 가지 방법이 있다.

6.6 기계에 소용되는 다이오드 진동기

교류 전원의 50~60Hz 등을 다이오드로 그림 1처럼 반파 정류해서 코일(전자력)에 인가하면 코일은 진동적으로 힘을 나타낸다.

그림 2는 DC 솔레노이드를 개조한 것인 데 스프링의 힘으로 코어는 5mm 정도 스토퍼에 닿을 때까지 인출되고 있다. 이 단자에 반파 정류한 전류를 인가하면 코어가 진동한다.

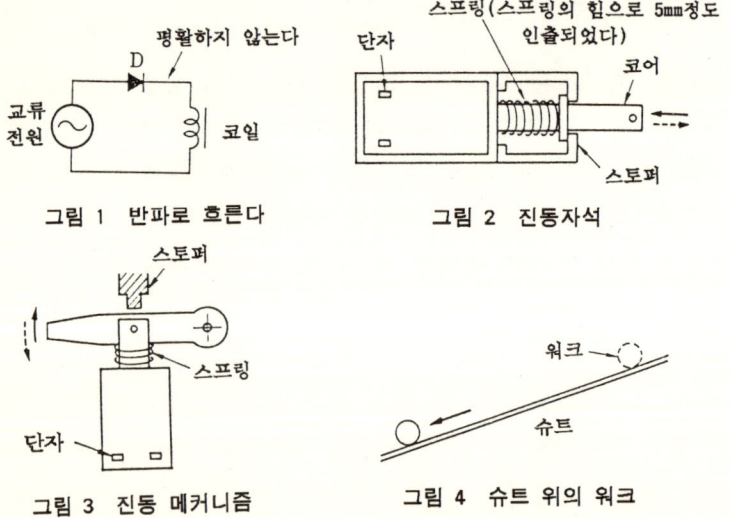

그림 1 반파로 흐른다

그림 2 진동자석

그림 3 진동 메커니즘

그림 4 슈트 위의 워크

6.6 기계에 소용되는 다이오드 진동기

그림 3도 동일하게 진동 메커니즘의 일례인 데 이 단자에 앞의 반파 정류인 전류를 가하면 적당 전압으로 진동한다. 스프링의 강도나 DC 솔레노이드의 종류에도 따라서 AC 12V나 AC 24V 정도를 반파 정류해서 진동한다.

그림 4는 슈트를 워크가 미끄러지는 그림이지만 슈트 위에서 워크가 걸려서 흐르지 않는 일도 있다. 거기서 이 슈트에 진동 자석을 붙여서 진동시키는 것도 바람직하다.

또 다이오드의 전류 용량이 작고 1개로는 충분한 전류를 얻을 수 없을 때 동일한 다이오드 2개를 사용해 그림 5처럼 병렬로 사용할 수도 있다. 이때 한쪽의 다이오드에 전류가 집중해서 흐르지 않도록 낮은 저항을 그림처럼 넣는 것이 바람직하다.

또 이 저항을 예정 전류가 흐를 때 $E=IR$의 계산으로 0.5~1V 정도로 나타나는 저항으로 한다.

참고로 AC 12V나 AC 100V등으로 전압을 나타날 때 교류일 때는 그림 6처럼 실효값을 그 전압을 나타내므로 실제의 피크 시는 그것보다 전압이 약 1.4배 정도 높아진다.

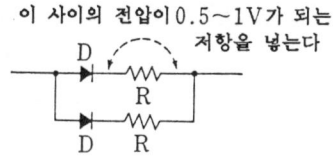

그림 5 다이오드의 병렬사용

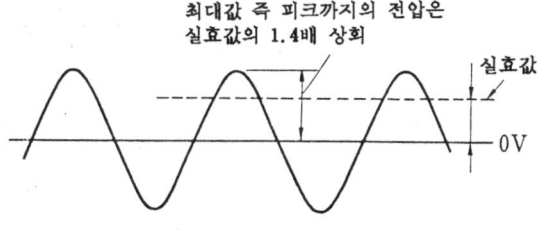

그림 6 교류전압이란

6.7 제너 다이오드란

제너 다이오드는 정전압 다이오드라고도 하며 그림 1에 이 심벌, 그림 2에 그 예를 든다.

정전압 다이오드는 역방향에 전압을 걸면 그 정전압 다이오드의 제너 전압에서 급히 역방향으로 전류가 흐른다. 그림 3은 그 사용법을 설명하는 예다.

이 회로 전원의 전압이 5V 이상, 예를 들어 8V나 12V 등으로 전압이 올라가면 점선의 역방향 전류가 그것에 의해서 증대한다. 그리고 이 증대 전류가 저항 R를 지날 때 옴의 법칙 $E=IR$라는 E의 전압이 저항 R의 양단에 발생한다. 따라서 증대한 전류가 크게 흐를수록 큰 전압 E가 발생한다.

그리고 전원의 전압에서 이 E의 전압을 뺀 나머지 전압이 출력에 정전압으로서(이 경우 5V의 제너 다이오드를 사용했으므로 5V가) 나타난다. 정전압 다이오드는 5V 이외에 6V, 7V, 8V, 9V, 10V, 11V, 12V 기타 각종의 것이 시판된다.

그림 4는 그림 3의 회로를 닮았지만 전원이 교류로 되어 있다. 이 때 상당한 교류 전압을 가하면 그림 5의 위측 그림처럼 교류 전압이

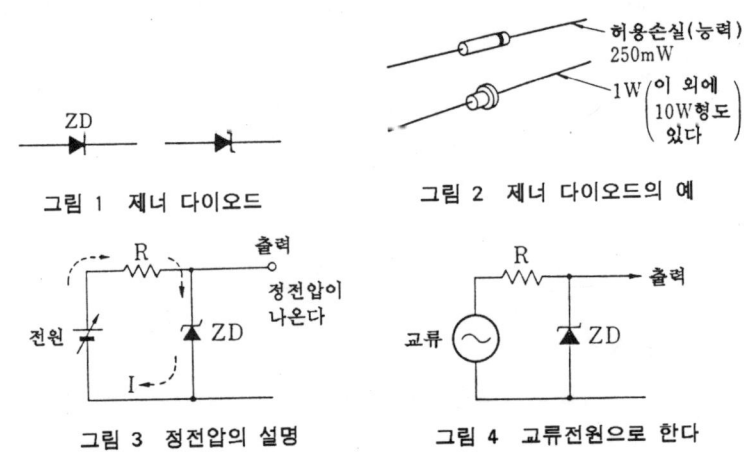

그림 1 제너 다이오드   그림 2 제너 다이오드의 예

그림 3 정전압의 설명   그림 4 교류전원으로 한다

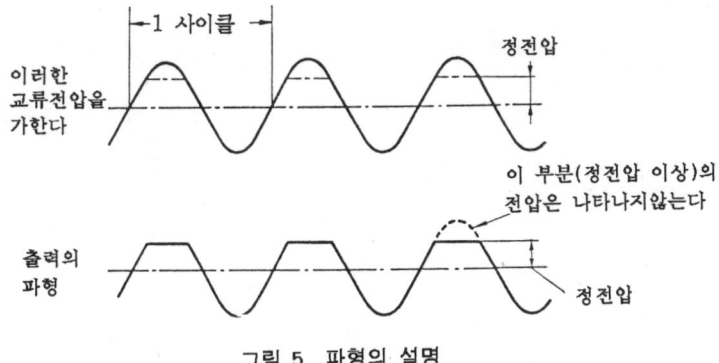

그림 5 파형의 설명

이 회로의 정전압 다이오드의 전압에 도달하면 거기서 정전압이 나타나기 때문에 동 그림의 아래측 그림처럼 예를 들면 사인파의 머리가 절단된 것과 같은 형태의 전압이 되어 출력에 나타난다. 이것들은 실제로 오실로스코프로 보면 용이하게 이러한 전압의 파형을 알 수 있다.

또 일반 다이오드에 역전압을 가해서 제너 전압 이상으로 하면 파괴되지만 제너 다이오드(정전압 다이오드)는 역방향으로 전류를 연속적으로 흘려서 걱정없이 사용할 수 있다.

6.8 제너 다이오드의 정전압과 기계

정전압으로는 별로 대전력을 구할 수 없지만 정전압 회로로는 다음과 같은 사용 방식이 있다.

그림 1은 가장 간단한 일반적인 사용 방식으로서 제너 다이오드 ZD를 사용하면 RD 5A로 했을 때 5~10mA 정도의 전류가 제너 다이오드를 역방향으로 흐르도록 저항 R를 정한다.

또한 제너 다이오드의 정전압을 더욱 안정하게 하기 위해 온도 보상형 정전압 다이오드가 있다. 이것을 사용하면 실내 등의 온도 변화가 있어도 더 안정한 정전압을 얻을 수 있다.

그림 2는 각종 정전압을 얻는 참고례다.

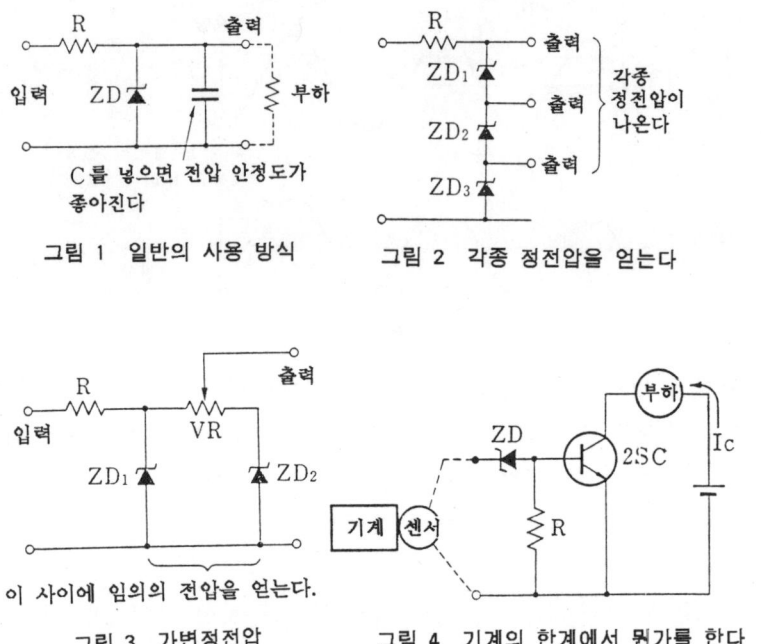

그림 1 일반의 사용 방식
그림 2 각종 정전압을 얻는다
그림 3 가변정전압
그림 4 기계의 한계에서 뭔가를 한다

　제너 다이오드는 ZD_1나 ZD_3 등 적절한 전압의 것을 선택해 직렬상으로 회로를 구성한다. 이것에 의해 우단의 출력에 각종의 정전압이 나타난다.

　그림 3은 가변할 수 있는 정전압(즉 자유로운 전압의 정전압을 얻는다)의 참고례다.

　그림 4는 기계의 상태를 센서로 검출하는 예인 데 기계의 회전 속도나 압력이나 온도나 응력이나 기타 무엇인가의 상태가 한계에 도달했을 때 센서로부터의 높은 전압은 어떤 전압으로 급히 정전압 다이오드를 역방향에 흘러 트랜지스터의 베이스전류로서 흐르기 때문에 이것을 증폭해서 어떤 부하에 전류를 가한다는 참고 회로다.

　이때 센서로부터의 검출 전압이 낮고 기계는 한계에 달하고 있지만 정전압 다이오드에 적합한 전압이 되지 않고 그것 때문에 기계가

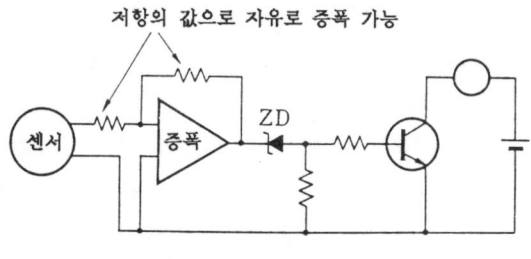

그림 5 증폭해서 입력한다

한계 상태로 되어 있어도 정전압 다이오드를 전류가 역류하지 않기 때문에 잘못 응용하면 전압 상태를 확실히 알지 못하고 실패한다. 그러나 이러할 때 그림 5처럼 센서 전압을 자유로 정전압 다이오드에 맞도록 증폭하기는 용이하다.

또 이러한 목적에 연산 증폭기의 컴퍼레이터를 사용하면 확실히 높은 정밀도로 이러한 판단적인 일을 시킬 수 있어서 바람직하다.

6.9 회전 안전화와 발광 다이오드

일반 회로에 들어오는 입력 전압이 어떤 트러블로 예상 외에 높은 전압이 들어온 경우에도 회로를 파괴하지 않기 때문에 예를 들어 그림 1처럼 제너 다이오드로 과대 전류를 어스에 떨굴 수도 있다.

그림 1은 입력의 +와 -가 상시 정해져 있을 때 사용이 가능하지만 입력의 극성 즉 +와 -가 잘못해서 반대로 접속되는 경우를 생각하면

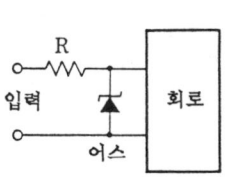

그림 1 회로의 안정화

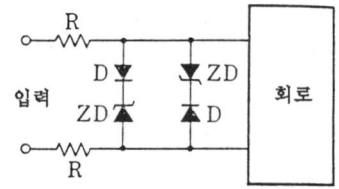

그림 2 입력의 극성을 고려한 참고례

그림 2는 더 안전한 회로가 되는 참고례다.

이것은 일반 다이오드 D와 제너 다이오드 ZD를 조합한 것이다.

발광 다이오드(Light Emitting Diode)는 보통 LED라고도 하며 전류를 이 소자의 순방향에 흘리면 발광 현상을 나타낸다. 발광 다이오드는 텅스텐 작은 램프에 비해 저소비 전력인 데 네온관 등에 비해 저전압으로 발광한다. 그리고 필라멘트가 가열되어서 빛나는 것이 아니기 때문에 발열은 거의 없고 고속에도 충분히 응답하고 단선도 하지 않고 장수명이어서 표시에 널리 사용된다.

LED는 그림 3처럼 P형 반도체와 N형 반도체를 PN 접합해 전극을 붙인 것으로 저항을 통해서 10 수 mA 정도부터 20mA 정도로 발광한다.

일반에 시판되는 발광 다이오드는 우리의 눈에 보이는 적색 기타 가시광을 내는 것으로 눈에 보이지 않는 적외선을 내는 것이 많다. 광센서와 조합해서 광검출을 위한 광원으로는 적외선을 발광하는 쪽이 적합하다.

발광 다이오드는 일반적으로 순전류를 20mA 정도 흘리면 빛을

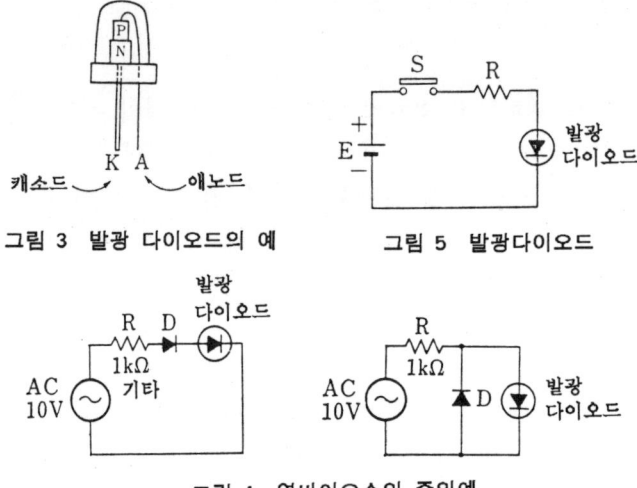

그림 3 발광 다이오드의 예   그림 5 발광다이오드

그림 4 역바이오스의 주의예

나타내는 것이 많고 역방향에 전압을 걸면 예를 들어 3V 등의 낮은 전압으로도 파손될 우려가 있다. 따라서 교류 전원으로 점등하는 경우, 예를 들면 그림 4처럼 반대로 전압이 걸리지 않도록 주의한다.

그림 5는 직류 전원으로 점등하는 회로인 데 스위치 S가 닫히면 저항 R를 지나서 광다이오드에 전류가 흘러서 점등한다. 이때 저항 R를 사용해서 흐르는 전류를 적당량이 되도록 제한한다.

6.10 발광 다이오드의 각종 기계에 응용

발광 다이오드의 응용은 광범위하지만 먼저 각종 전자 회로의 내부 상황이 어떤 전압 상태로 되어 있는가를 표시시킴으로써 회로 동작의 확인이 널리 행해지고 있다. 전자 회로의 전압 상태뿐 아니라 기계 기술자로서는 각종 기계에 더욱 응용을 생각하는 것이 바람직하다.

과거에 카메라도 발광 다이오드를 사용했다...고 신제품의 선전이 널리 행해진 일도 있었다.

기계는 안전하고 쉽게 누구나 잘 사용할 수 있는 것이 바람직하다. 숙련되어야 사용할 수 있는 기계에서는 앞으로는 환영받지 못할 것이다. 그러면 기계의 상태가 어떠한가, 숙련에 의해서 직감으로 알지 못하더라도 모든 상태가 발광 다이오드로 표시되면 작업자에게 기계의 취급은 쉬워지고 이러한 정보의 표시는 중요하다.

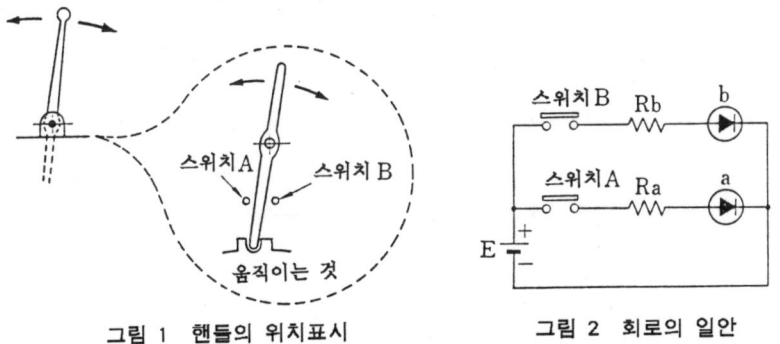

그림 1 핸들의 위치표시   그림 2 회로의 일안

170 6. 기계기술자의 다이오드 기술

그림처럼 스위치를 적소에 장착해서 그림 2와 같은 회로로 표시할 수 있다. 이것에 의해 작업자는 현상에서 눈을 크게 움직이지 않아도 핸들 위치가 용이하게 알 수 있고 조작은 편하고 확실해진다.

더구나 이때 이 회로는 약전 회로이기 때문에 스위치의 선택에서 강전용 마이크로 스위치를 사용하면 신뢰성을 떨구게 되므로 리드 스위치나 수은 스위치 또는 금을 입힌 접점의 마이크로 스위치등이 바람직하다.

그림 3은 기계 핸들의 회전 위치를 표시하는 일안이다. 핸들을 돌리면 캠에 의해서 스위치의 S_1이나 S_2, S_3 등이 순서 대로 눌려서 닫히기 때문에 발광 다이오드가 순서 대로 점등해 핸들의 위치가 어떻게 되어 있는가를 현장에서 떨어진 곳에서도 자유로 알릴 수 있다.

그림 4처럼 많은 스위치를 원주 위에 장착해서 회전 샤프트의 회전에 따라서 순서대로 스위치를 누르도록 할수도 있다. 스위치 부

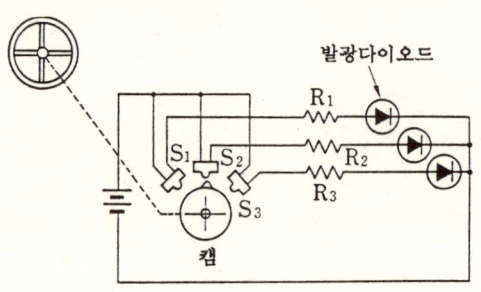

그림 3 핸들의 회전위치표시

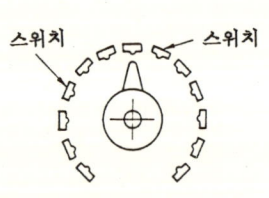

그림 4 많은 스위치

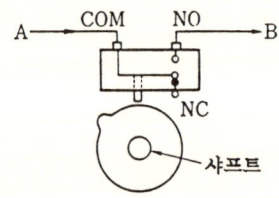

그림 5 마이크로 스위치

분은 마이크로 스위치 등을 사용할 때 그림 5처럼 COM과 NO 단자에 배선하면 된다.

6.11 기계의 상태 표시

공장 기타 각종 배관 공사에 설치된 밸브나 곡류의 핸들이 어느 정도 회전되어 있는가를 떨어진 곳에서 알고 싶다. 어느 밸브가 어떤 상태인가를 알 수 있는 표시도 생각할 수 있다.

그림 1은 지그 기타 기계에 물건이 들어와서 정위치에 존재하는가

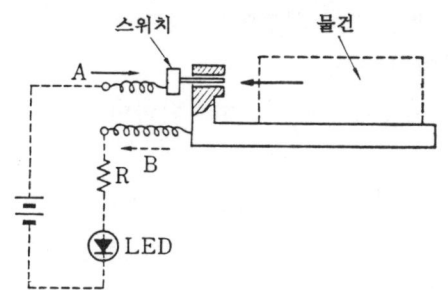

그림 1 물건의 정위치표시

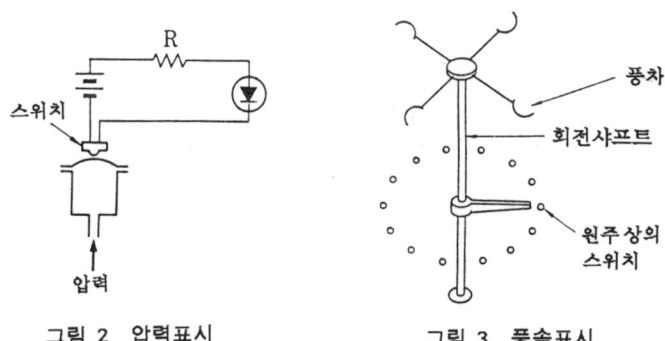

그림 2 압력표시   그림 3 풍속표시

6. 기계기술자의 다이오드 기술

어떤가를 알리기 위해 특수 스위치를 설치해서 표시하는 참고안이지만 스위치는 조금만 누르게 만든다.

그림 2는 압력이 내부에 있는가, 어떤가를 알기 위한 것으로 박판이 압력에 의해서 밀어올려지는 스위치를 누르는 것과 같은 구조인 데 그 상태를 발광 다이오드에 표시하는 안이다.

그림 3은 풍속계의 풍차의 회전축에 캠을 장착해서 원주 위에 설치된 스위치를 순서대로 눌러서 회전하는 것이다.

또 에너지 절약용 풍차 등에도 그 회전 상태를 알기 위해 이러한 스위치 기구를 사용해 순서 대로 신호를 떨어진 곳에 보내어 발광 다이오드를 점등한다. 이때 발광 다이오드를 원주 위에 나열해서 그것이 반짝반짝 빛나면서 회전하는 것도 직감으로 회전 상태를 알 수 있어서 바람직하다.

더구나 이러한 곳을 무접점 스위치화하면 신뢰성, 기타의 점에서 바람직하다.

그림 4는 탱크 중의 수위를 플로트 스위치로 표시하는 일안이다.

일렉트로닉스 기술의 공부가 깊어지면 응용력도 강해지고 여러 가지 방법을 생각하게 된다.

그림 5는 기계의 회전체가 어느쪽으로 회전을 시작했는가를 즉시 표시하는 일안이다.

회전체에 마찰로 눌러붙인 스프링의 선단이 약간 움직이면 즉시

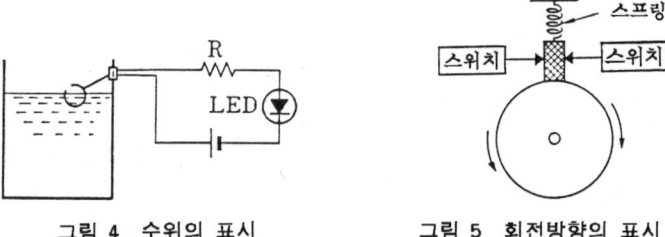

그림 4 수위의 표시   그림 5 회전방향의 표시

어느쪽 스위치를 눌러서 그 전류로 표시 기타를 할 수 있다. 이러한 곳에 무접점 스위치의 사용이 바람직하다.

6.12 기억을 요하는 기계의 표시례

기계의 각종 상태를 기억 표시하는 방법이다. 예를 들면 카메라의 셔터 감기 기구처럼 핸들과 같은 것을 그림 1의 실선 위치에서 한번 점선 위치까지 움직인 후 원래의 실선 위치까지 복귀시켜서 기계의 스프링을 감거나 기타 뭔가를 해서 그 후 그것을 사용해서 뭔가의 일을 시키는 기구가 있다.

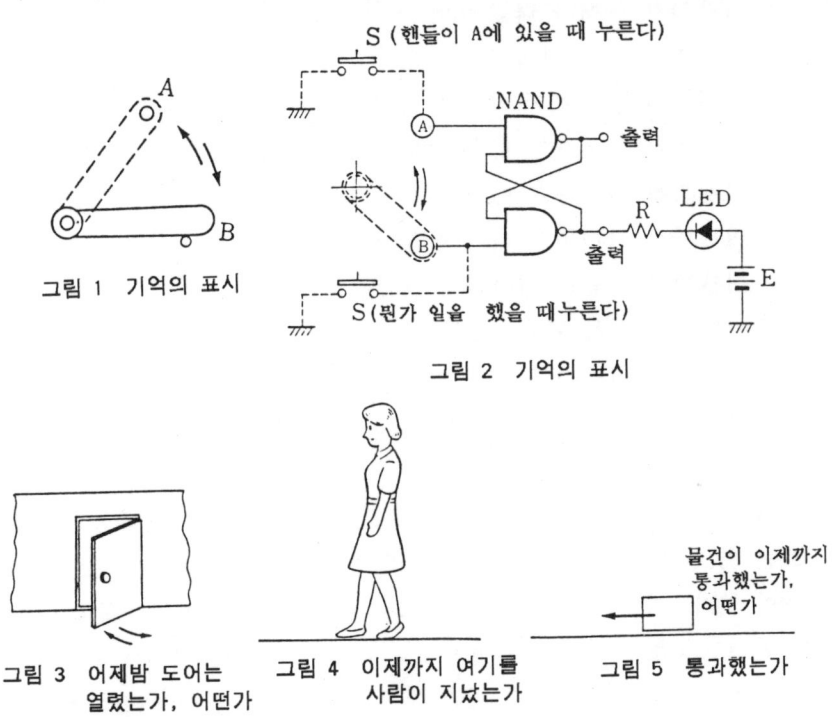

그림 1 기억의 표시

그림 2 기억의 표시

그림 3 어제밤 도어는 열렸는가, 어떤가

그림 4 이제까지 여기를 사람이 지났는가

그림 5 통과했는가

이때 한번 B에서 A까지 움직였는지의 여부는 핸들과 같은 것이 B 위치에 복귀하고서는 과거에 A위치에 갔었던 것을 기억하지 않으면 잘못된 조작의 원인이 되는 일도 있다.

이러할 때 그림 2는 간단하고 기본적인 플립플롭과 발광 다이오드를 사용한 참고례다. 플립플롭을 사용함으로써 그림 3이나 그림 4가 그림 5처럼 기억하고 있어야 할 곳에 아주 염가로 응용해 일렉트로닉스로 그 상태 표시 기타가 된다.

* 이제까지 소리가 났는가
* 이제까지 비가 왔는가
* 이제까지 불량품이 나왔는가
* 이제까지 유체가 나왔는가
* 이제까지 나쁜 것이 있었는가
* 이제까지 온도가 변화하고 있었는가
* 이제까지 고속으로 달렸는가 어떤가
* 이제까지 쉬었는가 어떤가
* 이제까지 기계는 어디가 움직였는가
* 이제까지 진동은 나타나지 않았는가
* 이제까지 핸들을 움직였는가
* 이제까지 먼지가 들어 있었는가
* 기타 본격적인 메모리 IC를 사용함으로써 각종 기억 응용의 표가 가능하다.

이 기억 회로는 2입력 NAND 게이트 2조를 사용한다. 2입력 NAND 게이트는 TTL은 값이 싸지만 이 1개의 IC 중에 2입력 NAND 게이트는 4조가 들어 있다. 이 기억 회로에는 A와 B의 두 가지 H상태가 입력된다.

이 A입력을 스위치 S로 일시 L로 하면 아래측 출력이 L이 되어서 발광 다이오드가 기억으로 계속 점등한다. 이 해제에는 B입력을 일시 L로 한다.

7. 기계 기술자의 트랜지스터 기술

7.1 트랜지스터의 기호와 증폭

트랜지스터(Transistor)의 종류로는 먼저 일반의 접합 트랜지스터와 전계 효과 트랜지스터(Field-Effect Transistor)의 두 가지가 있다.

일반 트랜지스터는 그림 1처럼 베이스(B)와 컬렉터(C)와 이미터 (E)의 세 가지 전극을 가지고 제작되었다. 일반 트랜지스터에도 또 PNP형과 NPN형의 두 종류가 있어서 그것을 표시하는 데에는 그림 1 처럼 이미터의 화살표 방향으로 표시한다.

또한 트랜지스터를 표시하는 데 2SC 232라든가 2SB 54 등의 기호로 표시되지만 이 2S의 2라는 것은 트랜지스터를 의미하고 S는 반도체 (Semiconductor)를 가리킨다.

또 참고로 2가 아닌 0인 경우는 포토트랜지스터, 1은 다이오드를 의미한다.

2S의 다음에 있는 C나 B 기타는 다음과 같다.

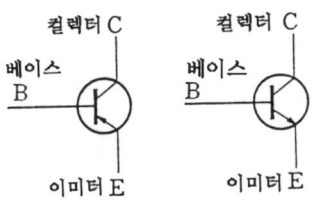

PNP형 트랜지스터 NPN형 트랜지스터

그림 1 트랜지스터의 기호

A...... PNP형 고주파용(트랜지스터)
B...... PNP형 저주파용(트랜지스터)
C...... NPN형 고주파용(트랜지스터)
D...... NPN형 자주파용(트랜지스터)
H...... 유니정크션 트랜지스터
K...... N채널 FET
J...... P채널 FET

이고 최후의 232나 54등의 번호는 등록 번호다.

따라서 예를 들어 2 SC 960은 NPN형 고주파 등에 적합한(즉 빠른 응답 동작에 적합한) 트랜지스터로 등록 번호가 960번이라는 것을 의미한다.

트랜지스터는 전극이 앞에서처럼 세 개 있고 이미터의 화살표는 전류 방향을 가리키고 PNP와 그 반대 모양인 NPN형은 화살표로 할 수 있다.

기계의 일렉트로닉스에서 트랜지스터를 사용하는 것은 주로

증폭용...... 약간의 베이스 전류로 큰 컬렉터 전류를 얻는 사용 방법

스위칭용.... 베이스 전류를 가하는가 아닌가로 컬렉터 전류가 흐르는가, 아닌가 하는 사용 방법

발진용...... 발진 회로를 만드는 예

에 사용하는 것이 일반적이다.

그림 2는 트랜지스터의 증폭을 설명하는 것인 데 그림 좌측의 PNP

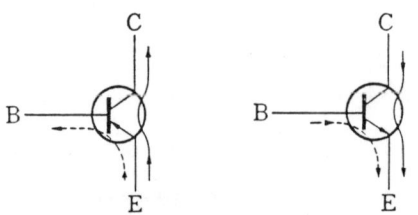

PNP형의 경우   NPN형의 경우

그림 2 트랜지스터의 증폭

7.1 트랜지스터의 기호와 증폭

형 트랜지스터일 때는 점선처럼 이미터(E)에서 베이스(B)에 베이스 전류를 흘리면 이미터(E)로부터 컬렉터(C)를 향해서 진폭된 대전류가 흐른다.

그림의 우측에 든 NPN형 트랜지스터일 때 점선처럼 베이스(B)에서 이미터(E)에 베이스 전류를 흘리면 컬렉터(C)로부터 이미터(E)에 대전류가 흐른다. 즉 이것에 의해서 증폭을 할 수 있다.

또한 이 그림처럼 트랜지스터의 (C)나 (B)나 (E) 등에 전류가 실제로 흐르기 위해서는 한 개의 전선만으로는 안 된다. 전원의 +에서 -에 되돌아 오는 것처럼 빙빙 돌아서 흐르는 회로가 구성되지 않으면 전류는 흐르지 않는다.

그래서 그림 3은 트랜지스터의 증폭을 상세하게 설명하는 것으로 이 회로는 전원이 입력측과 출력측의 공통인 이미터에 들어 있다. 따라서 입력측의 베이스(B)와 굵은 선으로 표시한 어스 간을 점선처럼 적당한 저항 R로 연결하면 적당한 베이스 전류가 전원에서 트랜지스터의 (E)를 통해 트랜지스터 속을 (B)에 나와서 점선 화살표처럼 흐른다.

그러면 이 베이스 전류에 의해서 전원에서 트랜지스터의 (E)를 통해 컬렉터(C)에 증폭한 대전류가 유출한다. 그리고 이것은 목적하는 부하를 지나서 컬렉터 전류로서 어스를 통해 전원의 -측에 되돌아간다.

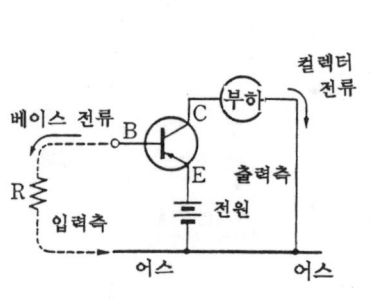

그림 3 증폭의 설명

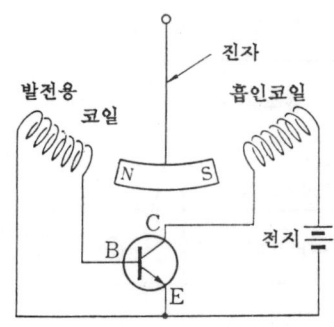

그림 4 트랜지스터의 진자시계

178 7. 기계기술자의 트랜지스터 기술

즉 트랜지스터에 입력으로서 베이스 전류를 가하면 출력에 전류가 나타나 그 증폭 전류를 목적하는 부하에 흘린다.

그러면 어느 정도의 대전류가 되는가 하면 베이스 전류의 h_{FE}배가 흐른다.

참고로 트랜지스터를 사용한 진동 시계를 전지로 움직이는 예를 그림 4에 든다.

이 진자를 한번 진동시키면 영구 자석이 발전 코일에 작용해서 전압을 발생한다.

표 1 반도체 그림기호의 해설

명 칭	기 호	형태설명
다이오드	원을 생략해도 좋다 (이하 같음). 전류가 순방향에만 흐르는 소자.	흐르는 방향을 명시
정전압다이오드 (제어다이오드)	역방향에 전류가 흐를 때 정전압이 생긴다	
광도전셀 (CdS)	빛에 따라서 저항이 변하는 소자(센서)	빛의 입력
포토다이오드	광센서의 일종	빛
발광다이오드	순방향에 전류를 흘리면 빛을 내는 소자	적외선, 적색, 기타의 빛이 있다.
광전지	태양 전지 등	빛을 대면 전압을 낸다
홀소자	자기 센서의 일종 제어 전류를 흘려서 자속을 부여한다	전압이 나간다.
포토 트랜지스터		빛 빛이 들어가는 렌즈가 있다
바리스터	전압이 오르면 급히 전류가 흐른다	서지전압대책에 자주 사용한다
트랜지스터	B-⦶-C B-⦶-C E E	대소각종의것이시판된다

예를 들면 영구 자석이 발전 코일 중에 나와서 우측에 진동할 때 전압이 발생해서 트랜지스터의 (B)에서 (E)에 베이스 전류가 흐른다. 그러면 증폭한 대전류가 전지부터 흡인 코일에 흐르기 때문에 진자는 흡인되어서 흡인 코일에 잡아 당겨진다. 그러면 발전 코일로 부터의 전류가 트랜지스터에 흐르지 않고 그것 때문에 흡인 코일에의 컬렉터 전류도 없어지므로 진자는 다시 좌측에 흘러, 이상을 반복해서 진동을 계속한다.

이때 트랜지스터 대신에 기계적 스위치를 ON, OFF해도 만들 수 있지만 굉장한 수의 ON, OFF 때문에 접점이나 기계부에 손상이 생긴다.

무접점식 트랜지스터가 바람직하다.

반도체 그림 기호를 표 1에 든다.

7.2 어스의 이해와 증폭 회로

그림 1은 트랜지스터의 증폭을 참고로 든 것이다. 이 경우 트랜지스터의 입력측 전류의 흐름은 어떻게 되는가 하면 좌측 점선 회로 내 전원으로부터 트랜지스터의 이미터(E)에 흐르고 계속해서 트랜지스터 내를 지나서 베이스(B)에 베이스 전류가 흐른다. 이것에 의해서 컬렉터측에 들어 있는 부하용 전원의 +로부터 전류가 트랜지스터의 (E)에서 (C)에 증폭되어 나와서 다시 목적하는 부하를 흘러서 전원의 -에 복귀한다.

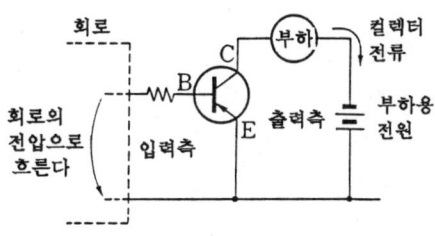

그림 1 증폭의 참고설명

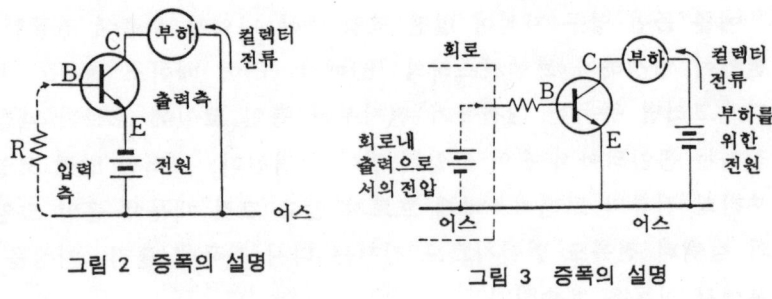

그림 2 증폭의 설명   그림 3 증폭의 설명

이 그림은 좌측의 점선으로 가리키는 회로 중에서의 전압에 의해서 거기부터 트랜지스터의 베이스에 전류가 흐르는 설명이다. 따라서 좌측의 점선 회로로부터의 전원에 의해서 트랜지스터의 입력측에 베이스 전류가 흐르지 않으면 컬렉터측에 부하용 전원이 들어 있어도 부하에 컬렉터 전류가 흐를 수 없다.

즉 베이스 전류가 흐르지 않을 때 트랜지스터는 차단 상태(컷 오프)이다.

다음 그림 2는 NPN형 트랜지스터의 증폭을 가리키는 것인 데 이 경우 트랜지스터는 베이스 전류가 이미터에 들어 있는 전원부터 (B)에서 (E)에 흐른다.

이와같이 베이스 전류는 트랜지스터의 이미터 화살표 방향에 (B)와 (E)사이에 흐른다. 그러면 그림 2처럼 이미터에 들어 있는 전원부터 대전류(지금 흐른 베이스전류에 hFE를 곱한 값)가 컬렉터 전류로서 부하가 흐른다.

부하라는 것은 우리가 전류를 흘리려는 것이다.

다음 그림 3은 좌측에 든 점선 회로 중의 전원에 의해서 트랜지스터의 (B)에서 (E)에 베이스 전류를 흘리는 것이다. 이 흐름에 의해서 컬렉터의 부하용 전원부터 부하에 컬렉터 전류가 흐른다.

따라서 이 트랜지스터의 이미터(E)로부터 어스에는 베이스 전류와 컬렉터 전류가 겹쳐서 동시에 흐르게 된다.

그림 3을 보면 좌측의 점선 회로 내 어스와 트랜지스터로 증폭하

는 측의 어스는 모두 굵은 선으로 표시되어 공통된 것을 알 수 있다. 즉 좌측의 점선 회로로부터 나온 한 개의 전선으로부터의 전류는 트랜지스터의 (B)로부터 트랜지스터를 (E)에 흘려서 어스에 흘러, 어스를 지나서 좌측의 점선 회로에 복귀한다.

전기는 가는 것만으로는 안 되고 반드시 복귀가 필요하고 많은 경우 복귀는 이와같이 어스를 지나서 복귀한다. 그림 3은 어스를 한 개의 가는 선으로 표시하고 있지만 일반적으로 각각의 위치에 기호로 표시하게 된다.

7.3 기계 기술자의 트랜지스터 지식

트랜지스터의 베이스 전류 I_B가 0에서 50mA(50밀리 암페어는 0.05A)로 변화하고 컬렉터 전류 I_C가 0에서 4.5A로 증가했다고 하면 컬렉터 전류는 베이스 전류의 90배로 증가한다.

따라서 전류 증폭률 h_{FE}는 다음처럼 된다.

$$h_{FE} = \frac{I_C}{I_B}$$

일반적으로 트랜지스터의 h_{FE}는 50쯤부터 300 정도까지가 많고 소신호의 소형 트랜지스터는 h_{FE}가 크고 대형의 파워 트랜지스터는 h_{FE}가 작은 것이 보통이다.

그림 1은 실리콘 트랜지스터의 설명인데 베이스로부터 이미터에 0.5V의 전압으로 베이스 전류 I_B를 흘리려고 한다. 이때도 실리콘

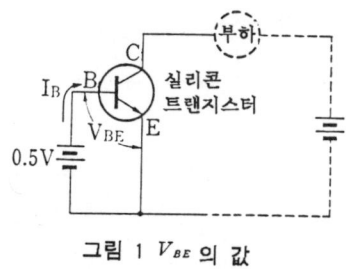

그림 1 V_{BE}의 값

다이오드와 동일하고 전위 장벽에 의해 이 정도의 낮은 전압을 가해서는 베이스 전류가 흐르지 않는다고 생각해도 좋다.

실리콘 트랜지스터에서는 0.6V 정도 이상, 게르마늄 트랜지스터에서는 0.2V 정도 이상인 V_{BE}(베이스, 이미터 간 전압)를 가하지 않으면 베이스 전류 I_B가 흐르지 않는다고 생각해도 좋다.

따라서 그림 2처럼 저항 R_1과 R_2로 우단에 든 전원 E를 분할해 이것에 의해 가령 0.6V 정도의 바이어스 전압을 베이스에 가하도록 하고 거기에 0.5V가 베이스에 그림처럼 들어가면 이 경우는 베이스 전류가 충분히 흐른다.

다음 트랜지스터의 I_{CEO}를 알 필요가 있다.

트랜지스터를 그림 3처럼 베이스를 개방하면(베이스를 무접속 상태로)트랜지스터 내에서 컬렉터 차단 전류 I_{CBO}가 아주 약간 흘러, 이것이 h_{FE}배되어서 그림처럼 I_{CEO}라는 형태의 전류로 흐르게 된다. 즉

$$I_{CEO}=h_{FE}\times I_{CBO}$$

실리콘 트랜지스터는 I_{CBO}가 대단히 작고 상온일 때 예를 들어 소형 트랜지스터에서 0.08μA 이하, 파워 트랜지스터에서 8μA 이하 정도지만 게르마늄 트랜지스터는 소형의 것에서 10μA 이하 정도다.

이와같이 트랜지스터에 전류를 가하지 않는 데 바람직하지 못한 누설 전류와 같은 I_{CBO}라는 전류가 컬렉터에 흐른다. 그리고 트랜지스터의 온도가 오르는 데 따라서 이 바람직하지 못한 전류는 대단히 증가하므로 게르마늄 트랜지스터는 특히 베이스가 개방되는 회로에서

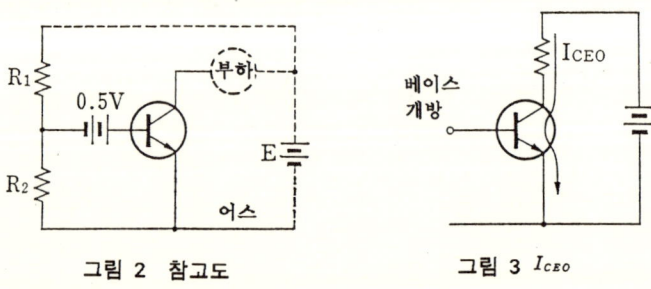

그림 2 참고도   그림 3 I_{CEO}

사용하는 것은 좋지 않고 수 kΩ의 저항을 트랜지스터의 베이스와 이미터(GND) 사이에 넣는다. 이것에 의해서 I_{CBO}는 대단히 작아진다.

트랜지스터는 무리하게 사용하면 파손될 위험이 있으므로 그 사용 한계를 메이커가 제시하고 있다.

7.4 최대 전압, 최대 전류 기타

트랜지스터의 최대 정격으로서의 최대 전압, 최대 전류, 기타를 해설한다.

먼저 최대 전압은 이미터와 베이스 간이나, 컬렉터와 베이스 간이나 컬렉터와 이미터간 등에 각각 트랜지스터를 파괴하지 않고 가할 수 있는 최대 전압으로서 그림 1에 이것을 든다.

그림의 위측은 컬렉터(C)와 이미터(E)의 사이에서 견딜 수 있는 전압으로서 베이스(B)를 오픈하고 있으므로 기호에서 (B)는 0이 되고 따라서 (C), (E)의 다음 (B)를 0으로 해서 V_{CEO}로 표시된다.

그림 아래측은 컬렉터와 베이스 간에서 견딜 수 있는 전압인 데 이미터를 오픈하고 있으므로 V_{CBO}로 이것을 표시한다. 예를 들면 트랜지스터의 2SC372는 V_{CBO}가 60V다. 이때의 트랜지스터를 그림의 위측처럼 V_{CEO}로 해서 전압을 걸었을 때는 이 V_{CBO}의 60V보다 불리한

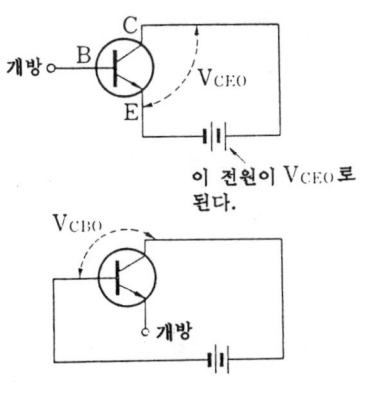

그림 1 최대전압

사용 방식이 되고 V_{CBO}로서의 정격보다 상당한 할인을 한 전압 밖에 가하지 못한다. 실제 트랜지스터를 사용할 때는 서지 전압 기타 일순간이라도 한계를 넘지 않기 위해 가령 최대 전압 V_{CBO}의 50%나 70%, 기타 안전을 고려해서 사용하는 것이 좋을 것이다.

같은 인간이라도 짐을 들었을 때 그 사람의 신체 상태에 따라서 (조건에 따라서)그 사람이 견딜 수 있는 힘이 변하는 것처럼 트랜지스터에서도 어디에 전압을 가하는가(어떠한 상태인가)에 따라서 그 전압에 견디는 힘이 달라진다.

다음, 최대 컬렉터 전류는 트랜지스터의 종류에 따라서 수 10mA 정도의 소형인것부터 파워 트랜지스터로 되면 7A나 12A 등 대형인 것이 제작되고 있다. 그리고 각종 트랜지스터가 각각 어떠한 전류까지 취급할 수 있는가 하는 것이 문제된다.

트랜지스터는 베이스 전류를 점차 크게 하면 어느 범위까지는 크게 할수록 그것을 증폭해서 점차 대전류가 컬렉터 전류로서 흐른다. 그러나 그렇더라도 한도가 있어서 너무 큰 전류를 기대해도 무리다. 그래서 최대 컬렉터 전류 I_c가 일반적으로 규정되어 있다.

예를 들면 2SC 494의 I_c는 5A, 2SC372는 I_c=150mA다.

최대 전류도 안전을 보아 그 60%나 70%, 기타로 사용하는 것이 좋다.

다음에 트랜지스터에는 컬렉터 손실에 의한 발열(트랜지스터의 발열이 너무 크면 온도가 상승해 소손한다)을 주의해야 한다. 트랜지스터의 발열에 대해서 컬렉터 손실 P_c[W]가 규정되어 있다. 이것은 그림 2 중의 I_c와 V_{EC}에서 다음 식처럼 된다.

$$P_c = I_c \times V_{CE}$$

즉 이것은 전압과 전류의 곱한 형태로 그 값은 단위가 와트다.

V_{CE}라는 것은 그림처럼 트랜지스터의 컬렉터와 이미터 간 전압으로서 트랜지스터가 천천히 동작하고 있을 때는 테스터를 여기에 대면 이 전압을 실측할 수도 있다.

트랜지스터를 사용할 때 컬렉터 손실 P_c가 최대로 되는 것은 최대

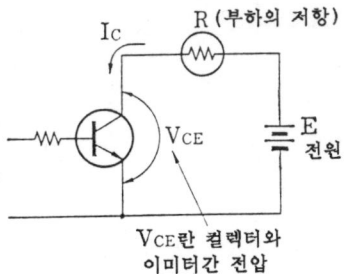

그림 2 컬렉터 손실

의 컬렉터 전류 I_C가 흐르고 있을 때라고 한정할 수는 없다.

그림처럼 컬렉터 회로에 저항 부하 R이 들어 있으면 여기에 최대 컬렉터가 흐르면 이 부하 R의 양단에 높은 전압(옴의 법칙에서)을 발생하고 그 발생한 전압만 전원 E로부터 뺀 것이 V_{CE}의 전압이 된다.

7.5 최대 허용 손실(컬렉터 손실)의 해설

컬렉터 손실 P_C가 트랜지스터의 최대 정격으로서 결정되어 있다. 예를 들면 2SC372의 컬렉터 손실 P_C는 400[mV]이고 2SC494는 50W는.

그리고 구성된 회로 중에서 이들 트랜지스터가 각각 최대 컬렉터 손실을 상회할 때 그 트랜지스터는 발열해 트랜지스터를 파손할 우려가 있다.

트랜지스터의 선정에는 컬렉터 손실 P_C[W]의 실제 계산값을 예를 들어 3~4배의 능력을 가진 최대 컬렉터 손실의 트랜지스터를 사용하는 것이 안전할 것이다.

컬렉터 손실을 여기서 조금 더 공부하자.

그림 1은 전기 풍로 등에 사용하는 20Ω의 니크롬선에 전압 100V를 가한 것이다. 이 경우 전원의 전압은 니크롬선의 양단에 모두 걸려서 전류 5A가 흐른다.

이때 저항 양단의 전압과 그 저항을 흐르는 전류의 곱은 100V×

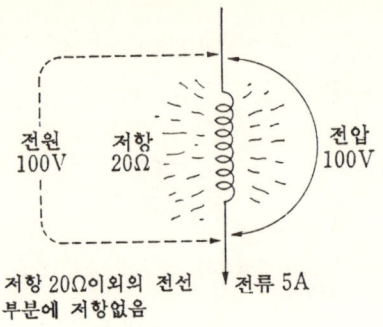

그림 1 니크롬선의 부분

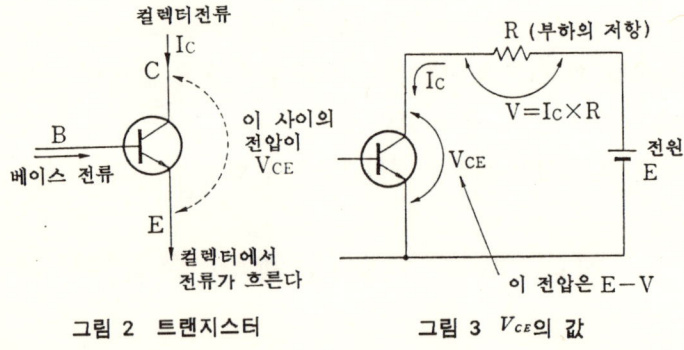

그림 2 트랜지스터   그림 3 V_{CE}의 값

5A=500W가 되고 이 니크롬선은 500W를 소비해 이 에너지는 열이 되어 나타난다.

그림 2는 트랜지스터를 이것과 비교하는 예다. 트랜지스터를 통하는 전류 즉 컬렉터 전류 Ic의 값은 트랜지스터의 베이스에 흐르는 베이스 전류의 대소로 결정된다. 그림 1의 경우 전압이 변화하지 않고 일정하다고 하면 니크롬선의 저항만으로 그곳을 통하는 전류가 결정된다.

트랜지스터는 베이스 전류의 대소로 값이 변하는 저항기와 같은 상태에서 작동한다. 따라서 트랜지스터의 V_{CE}와 Ic의 곱은 트랜지스터 내부에서 열이 되기 때문에 발열한다.

그림 3은 전원 E로부터 트랜지스터를 사용해서 R이라는 저항을 가

진 부하에 컬렉터 전류를 흘리는 설명이다. 이때 트랜지스터에 베이스 전류가 흐르면 그것에 의해 컬렉터 전류 I_C가 저항 R을 지나서 흐른다. 그러면 저항 R의 양단에 $V = I_C \times R$라는 옴의 법칙인 전압이 발생한다. 그리고 전원 E의 전압에서 이 V_{CE}의 전압을 뺀 나머지가 트랜지스터에 V_{CE}라는 전압으로 나타난다.

따라서 베이스 전류를 증감시키면 컬렉터 전류가 증감하므로 V_{CE}도 그것에 응해서 증감 변화하게 된다.

7.6 트랜지스터의 실험과 사용 방법

트랜지스터가 동작할 때 그 컬렉터 전압 V_{CE}가 어떻게 변화하는가를 알기 위해서는 그림 1과 같이 실험하면 이해할 수 있다.

이 실험에서 컬렉터 회로에 들어있는 예를 들면 500Ω인 저항 R의 양단을 쇼트해서 저항 R를 0옴이라고 하면 베이스 전류가 흐름으로써 컬렉터 전류가 흐르기 시작했을 때 이 컬렉터 전류가 아무리 흘러도 컬렉터 회로의 배선 중 아무데에도 전압이 발생하지 않고 따라서 전원의 전압은 그대로 항상 트랜지스터의 컬렉터와 이미터 간에 가해져 이 전압은 V_{CE}로서 계속 나타난다.

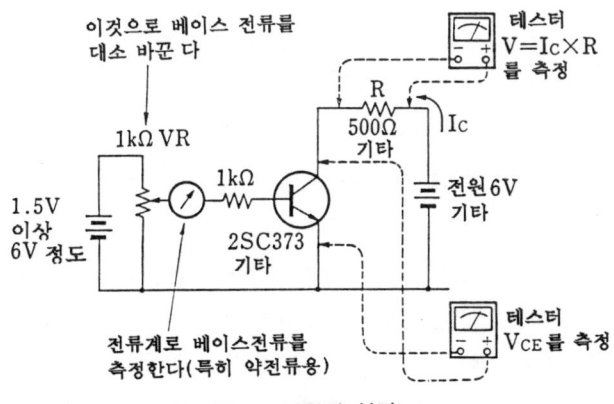

그림 1 실험의 설명

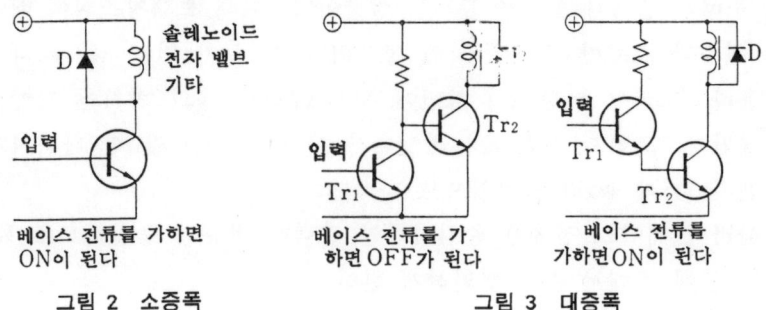

그림 2 소증폭   그림 3 대증폭

이러할 때는 의외로 컬렉터 손실이 크고 트랜지스터가 발열해 부주의하게 실험하면 트랜지스터를 파괴할 우려가 있다. 이 실험중에 트랜지스터가 30°나 50°정도로 가열, 온도 상승해도 그 시점에서 전원을 끊거나 또는 스위치를 끊고 트랜지스터를 쉬게 하면 트랜지스터는 파손하지 않는다.

트랜지스터를 사용한 기본적인 증폭 방법을 가리키면 그림 2나 그림 3이 된다.

그림 2는 트랜지스터 2개를 사용했으므로 증폭에는 한계가 있다. 이때 부하에서 전류가 어느 정도 필요한가에 따라서 트랜지스터 용량(전류 능력)이 결정된다.

예를 들면 솔레노이드나 전자 밸브 기타 부하를 구동하기 위해 1A 이상의 전류가 필요할 때 소신호용으로 0.1A 정도인 트랜지스터로는 제어할 수 없다.

이러한 곳에는 파워 트랜지스터를 사용하게 된다.

파워 트랜지스터라고 해도 전류 용량이 5A나 10A나, 그 이상인 대형이 있다.

이들 대형 트랜지스터는 전류 증폭율이 소신호보다 낮아서 이 트랜지스터에의 베이스 전류는 mA 단위인 약전으로는 사용할 수 없고 경우에 따라서는 베이스 전류가 1A 정도로 될 때도 있다. 이러한 트랜지스터의 경우 그 입력측의 전력 능력을 주의해야 한다.

7.6 트랜지스터의 실험과 사용방법

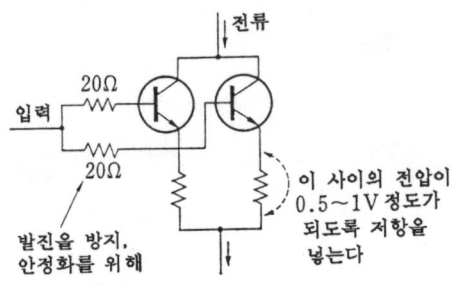

그림 4 트랜지스터의 병렬사용

그림 3은 트랜지스터 2개(Tr1과 Tr2)를 사용한 달링톤형 증폭이기 때문에 증폭 능력은 대단히 높아지며 마이컴이나 TTL 등의 출력 신호(액전)에서도 1A나 5A, 그 이상인 부하를 구동할 수 있게 된다. 이때 초단의 트랜지스터(Tr1)는 소신호용의 전류 증폭률 200 이상인 트랜지스터를 사용한다. 어느 경우이건 이들 트랜지스터는 유도부하의 구동 시, 서지 전압 대책으로서 다이오드 D가 부하와 병렬로 들어있다.

트랜지스터의 전류 용량이 부족할 때 동종 트랜지스터를 2개 나열해서 대전류를 제어하는 일이 있다. 이때 트랜지스터의 편차로 한쪽에 전류가 집중하는 것을 피하기 위해 그림 4처럼 이미터에 낮은 저항을 넣는다. 트랜지스터를 이미터 폴로어로서 사용하는 일도 많고 이미터 폴로어는 임피던스 변환 회로로서 많이 사용되고 컬렉터 접지 회로로서도 알려져 다음의 특징이 있다.

1) 입력 임피던스가 높다.
2) 출력 임피던스는 낮다.
3) 전압 증폭은 없고 증폭률 1배

인 데 그림 5에 이것을 표시한다.

따라서 이 트랜지스터의 입력에는 거의 베이스 전류는 흐르지 않는 상태에서 출력에는 입력측 전압에 상당한 전압이 나타난다.

출력의 저항 R는 100Ω이나 200Ω이라는 예도 많다. 예를 들면 그

190 7. 기계기술자의 트랜지스터 기술

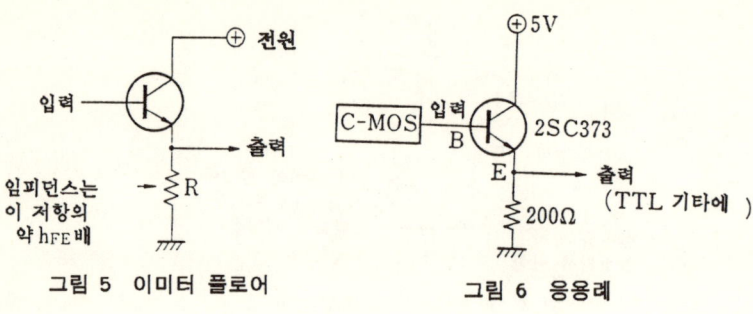

그림 5 이미터 플로어   그림 6 응용례

림 6은 전류 능력이 없는 C-MOS의 출력에 이미터 플로어를 접속한 것으로 C-MOS 출력에서 어떤 전압이 나타나 여기에서부터의 전류가 트랜지스터의 베이스(B)로부터 이미터(E)에 흐르면 이것에 의해서 컬렉터의 +5V로부터 전류가 증폭되어 대전류가 되어 이미터에 흐른다.

그러면 저항 200Ω의 상부는 이 전류에 의해서 옴의 법칙 $I \times R$의 전압을 나타내고 출력에 그 전압을 가한다. 이때 C-MOS의 출력이 가령 2V, 3V,……, 5V로 전압이 올랐다면 그 전압에 의해서 트랜지스터에 흐르는 베이스 전류는 그것에 상당하게 증가한다.

그러면 이 트랜지스터의 컬렉터에서 증폭된 대전류가 그에 상당한 양이 이미터의 저항(200Ω)에 향해서 흘러 그 저항 위측은 그에 상당한 전압이 생긴다.

이렇게 생긴 전압은 C-MOS로부터의 베이스 전류 흐름을 그에 상당한 이상으로 저지하게 된다. 베이스 전류가 흐르지 않으면 위에서의 컬렉터 전류도 내려오지 않는다. 따라서 가령 컬렉터에 12V를 가했더라도 C-MOS로부터의 출력 전압이 4V일 때는 이미터의 저항 상부에 그 4V에 상당한 전압까지 위의 컬렉터로부터의 전류로 전압이 상승되면 이미 베이스 전류는 흐르지 못하고 이 출력에는 4V 상당의 전압이 나타난다.

그러나 가령 이때 C-MOS의 출력이 5V로 상승했다면 저항 200Ω의 상부가 4V 상당의 정도로는 역방향의 전압쪽이 낮기 때문에 더 추가해서 베이스 전류가 흐른다.

그러면 컬렉터로부터 즉시 증폭해서 대전류가 흘러 200Ω의 상부를 즉시 5V 상당으로 하기 때문에 이미 베이스 전류는 흐르지 못해서 출력에는 5V 상당을 나타내 거기서 평형한다. 즉 입력 전압에 출력 전압은 추종하는 형태가 된다.

이상과 같이 평형된 이미터 폴로어의 출력에 부하를 접속해 거기서 전류를 요구하면 저항(200Ω)을 통하는 전류가 감소하고 그것 때문에 저항의 상부 전압은 내린다.

그러면 C-MOS의 출력에서 베이스 전류는 추가해서 흐르고 그것에 의해서 대전류가 컬렉터에서 흘러 와서 역시 저항의 상부를 평형시켜서 멈춘다.

트랜지스터는 베이스와 컬렉터와 이미터의 세 가지 전극으로 입력과 출력을 만들기 때문에 어느 전극 하나를 공통으로 사용한다. 그 공통 방법에서 베이스 접지와 이미터 접지와 컬렉터 접지가 있다.

7.7 트랜지스터 스위치의 해설

디지털 회로에서는 트랜지스터를 스위치로 사용하는 일이 많아서 그림 1에 그것을 해설한다.

이 트랜지스터의 베이스에 들어오는 신호원은 마이컴의 출력이나 각종 IC의 출력이나 센서의 출력 등 여러 가지가 생각된다. 그러나

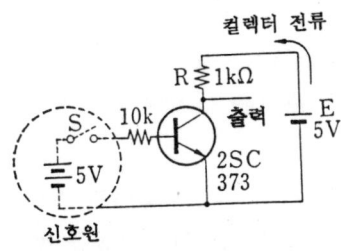

그림 1 스위칭 참고도

여기서는 점선 중에 표시한 것처럼 간단하게 5V의 전원과 스위치 S가 있다고 가정해 여기서부터의 신호가 트랜지스터에 들어가는 것으로 한다. 이 점선 내 스위치 S가 닫히면 트랜지스터의 베이스에 5V의 전압이 걸려 베이스 전류가 흐른다.

그러면 증폭된 컬렉터 전류가 흐르지만 이때의 베이스 전류는 전압 5V로 10kΩ의 저항을 지난다고 해서 일단 $I=5V/10k\Omega$이 되고 0.5mA 정도라는 것을 알 수 있다.

좀 더 상세하게 생각하면 실리콘 트랜지스터의 베이스와 이미터 간은 다이오드처럼 순방향에서도 0.6V나 0.7V의 전압이 필요하기 때문에 5V에서 이것을 빼서 4.3V 정도가 유효한 전압이 되고 옴의 법칙에서 4.3V/10kΩ=0.43mA로 계산해도 좋다. 가령 이것을 0.4mA라고 보아도 이 베이스 전류가 트랜지스터에 흘러서 증폭된 컬렉터 전류가(2SC373의 전류 증폭률을 200이라고 하면) 0.4mA×200=80mA 흐르게 된다.

한편, 이 트랜지스터의 컬렉터에 1kΩ의 저항 R가 들어 있으므로 E의 전원 5V에서 흐르는 컬렉터 전류는 트랜지스터가 어느 정도 흘리려고 해도(쇼트해도)이미 5V의 전압과 1kΩ의 저항에서 $I=E/R$로 결정되는 옴의 전류 이상 흘릴 수는 없다.

그러면 이 경우 5V/1kΩ이 되어 5mA가 된다. 즉 5mA 밖에 흐르지 않는 곳을 이 경우 트랜지스터는 80mA나 흘리려고 한다.

그러면 그림의 출력하는 곳의 전압이 마음껏 내린다. 이것은 그림 2에 참고도를 그렸으므로 이것에 의해서 생각해 보면 이해가 용이할 것이다.

그림처럼 펌프로 5kgf/cm^{2}라는 압력의 물을 보내서 배관 중에는 저항 R가 있고 그 아래에 출력을 설치해서 트랜지스터 대신에 밸브가 장착되었다.

여기서 그림 1에 되돌아 가서 트랜지스터의 베이스에 전류가 공급되고 이것 때문에 트랜지스터는 컬렉터 전류를 80mA까지 흘리려는

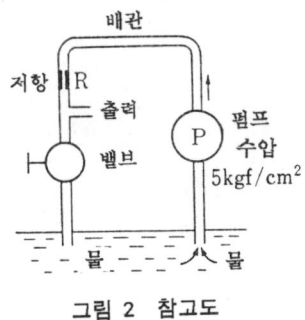
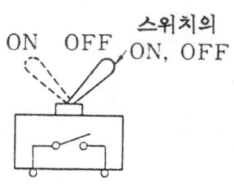

그림 2 참고도   그림 3 스위치의 예

데 저항 R를 통해서 위로부터 5mA 밖에 흘러오지 않는다. 이때 출력은 모든 전류를 아래로 흘려서 0볼트 가까이가 된다.

그러나 트랜지스터의 베이스 전류가 흐르지 않을 때 트랜지스터는 컷오프가 되어 위에서 저항 R(1kΩ)를 통해서 흘러 내리는 전류는 갈 곳이 없고 결국 출력에는 전원 E의 5V를 그대로 나타낸다.

이상에서 트랜지스터의 베이스 전류를 흘리는가, 전혀 흐르지 않는가에 따라서 출력은 높은 전압을 나타내거나 또는 0볼트(0V 가까이)가 되거나 어느 한쪽이다. 이 경우 출력은 중간적인 어중간한 전압(아날로그의 전압)은 모두 나타나지 않고 디지털한 두 개 상태의 어느 한쪽의 출력을 나타내어 그림 3처럼 기계적 스위치를 ON이나 OFF로 하는 것과 동일하게 작동한다.

7.8 무접점 스위치의 지식

기계적인 일반 스위치를 ON, OFF하는 것과 달리 트랜지스터를 사용한 무접점 스위치의 ON, OFF는 1초 간에 가령 100만회라는 상태로 계속 움직여도 소리도 나지 않고 마모도 하지 않고 확실하게 그것을 계속한다. 쌀알 정도의 작고 싼 트랜지스터로도 그것을 알 수 있다.

여기에도 기계와 일렉트로닉스의 차이가 있다.

그림 1에서 이 트랜지스터가 베이스 전류의 공급을 받아서 ON일

194 7. 기계기술자의 트랜지스터 기술

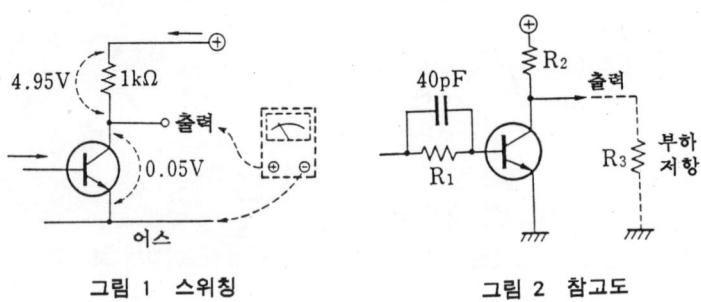

그림 1 스위칭   그림 2 참고도

때 어떠한 상태가 되어 있는가를 좀 공부하자.

그림은 스위칭의 설명이다. 트랜지스터는 ON이라고 해도 기계적 스위치와 달라서 그림처럼 약간의 전압(이 경우 0.05V)이 컬렉터 전압으로서 나타난다. 즉 완전한 0볼트가 아니라 이 경우 이 0.05V가 트랜지스터의 V_{CE}이고 이 전압과 이 트랜지스터를 지나는 전류의 곱은 앞에서처럼 컬렉터 손실이 된다.

그리고 이때 컬렉터에 들어 있는 저항 1kΩ을 지나는 전류에 의해 4.95V가 그 저항의 양단에 옴의 법칙에 의해서 발생하고 이 전압과 앞의 V_{CE}인 0.05V의 합이 전원의 5V가 된다. 즉 전원의 5V는 이와같이 전압이 배분되어 있다.

또 그림의 출력에 나타나는 전압이 몇 볼트인가 하는 경우 이것들은 모두 어스가 기준이 되고 어스에 대해서 몇 볼트인가 하는 것이다. 그래서 그림의 출력 전압을 계측하려고 하면 점선 화살표처럼 테스터를 대면 거기의 출력 상태를 실험적으로 알 수 있다.

트랜지스터를 디지털에 사용할 때의 참고례를 그림 2에 든다.

저항 R_2는 이 출력에 접속하는 부하 저항 R_3의 1/10 정도로 하는 것이 바람직하다.

또 저항 R_1에 들어가는 병렬의 콘덴서는 스피드 업 콘덴서라고 하며 40pF 정도를 넣어서 트랜지스터의 내부 구조로부터의 시간 지연을 개선하기 위해 넣을 때도 있다.

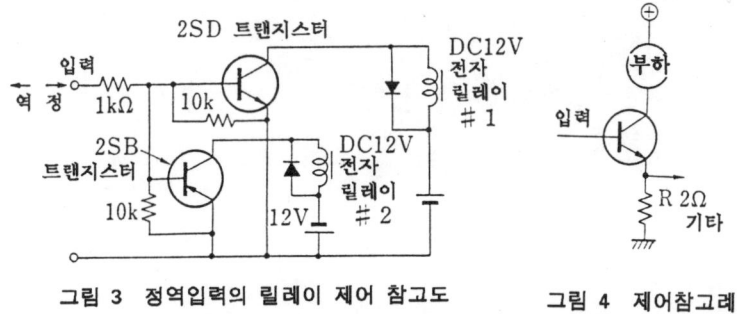

그림 3 정역입력의 릴레이 제어 참고도   그림 4 제어참고례

그림 3은 트랜지스터를 이해하기 위한 참고도다. PNP와 NPN형 트랜지스터를 잘 활용한 예다. 이 회로의 입력에 들어가는 신호가 +로 되거나 -로 되거나, 즉 정·역으로 신호가 들어가면 #1과 #2의 전자 릴레이 중 어느 하나가 동작한다.

즉 그림의 양방향에 신호가 들어가면 2SD 트랜지스터가 작동해 #1 전자 릴레이가 동작해서 반대 방향인 입력일 때 2SB 트랜지스터가 작동해 #2 전자 릴레이가 동작한다.

다음 그림 4는 부하에 흐르는 전류를 제어하기 위해 이미터에 특히 낮은 저항 R를 넣어 여기에 전압을 발생시켜서 이 전압에 대해 입력측 전압을 변화시킴으로써 부하에 대한 전류를 제어하려는 참고례다.

7.9 기계 기술자의 어스

기계 기술자에게 어스는 중요한 부분이다.

어스는 회로 중에서 기준이 되는 것인 데 그림 1의 회로의 어스를 가리키면 그림 2처럼 된다. 이 그림의 트랜지스터 아래에 표시되는 어스와 우측 전원 E의 5V인 -측은 모두 어스에 배선된다. 그리고 이들 어스라는 것은 한 개의 전선이라도 좋고 요는 회로를 배선해 실장하는 형편에 따라서 어딘가의 위치에 적당한 전선을 설치해서 그

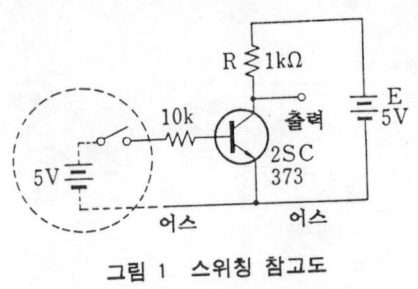

그림 1 스위칭 참고도

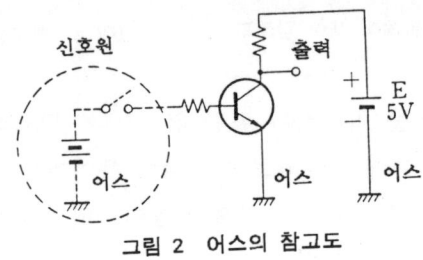

그림 2 어스의 참고도

것을 어스로 정하면 된다.

그러나 어스를 한번 정하면 모두 거기가 기준이 되고 그 회로 중의 모든 어스의 심벌은 모두 거기에 배선하게 된다. 그림의 출력 전압을 측정할 때도 출력이 출력이라고 표시된 1개소에서는 전기가 흐를 수 없고 결국, 정한 그 어스와 출력 단자의 사이에 출력이 나타난다. 따라서 그것을 알기 위해서는 테스터 등을 거기에 넣어서 측정하면 이해된다.

또 그림의 좌측에 점선으로 표시되는 신호원쪽에도 어스가 있어서 이 경우 우측에 표시된 어스와 신호원의 어스는 공통해서 연결되지 않으면 호선 한개 만으로는 회로는 가동되지 않는다.

신호원 중의 스위치를 닫으면 트랜지스터가 베이스 전류가 흐른다는 것도 신호원인 전원의 -측이 어스에 접속되어 있다는 것이 조건이다. 그리고 트랜지스터의 이미터가 어스되어 있으므로 트랜지스터에 흘러 들어온 신호원으로부터의 전류는 어스를 지나서 신호원의 -에 되돌아간다. 그리고 트랜지스터가 있는 곳의 출력은 앞에

7.9 기계기술자의 어스 197

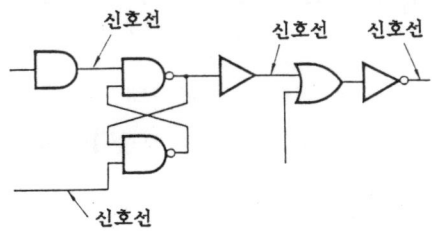

그림 3 디지털한 회로참고도

서처럼 여기부터 어스를 향해서 전류가 흐르려는 것이다.

그것은 우측에 있는 5V인 E라는 전원의 -측이 어스되어 있으므로 출력에서 나온 전류는 뭔가 목적하는 것을 지난 후 반드시 어스로 내려와 어스를 통해서 우측 5V인 E전원의 -측에 되돌아온다. 즉 전기는 한 개의 전선만으로는 일을 하지 않고 반드시 나아간 것은(일반적으로 어스를 지나서) 되돌아와서 전기의 흐름은 회로를 돌게 된다.

IC를 사용한 디지털 회로도 그림 3처럼 신호선이 표시된다. 이때도 모든 중요한 어스가 생략되어 있다.

또한 어스는 노이즈 대책으로서도 중요하다.

또 어스라고 해도 위의 어스와는 의미가 다른 안전을 위한 어스도 있다. 이것은 모터나 전기 장치 등의 외피(외부 케이스) 등 금속 부분을 전선으로 대지에 연결해 그 전위를 대지의 전위나 같아지게 한다는 것으로 접지라고도 한다. 이것에 의해서 가령 기기가 누전되는 어스에 그 전류가 흐르기 때문에 인간이 기기에 닿아도 인간에게 누전 전류가 흐르지 않는다는 생각이다.

7.10 트랜지스터를 이해하는 실험

그림 1은 트랜지스터를 이해하는 실험이다. 트랜지스터의 2차측에 1V나 2V 이하의 낮은 전압을 만들어 이것을 10kΩ의 저항으로 트랜지스터의 베이스와 어스 사이에 가하는 예다. 그러면 가한 교류는 트랜지스터의 베이스로부터 이미터에만 다이오드처럼(트랜지스터의 베이스와 이미터 간은 다이오드라고 보아도 된다) 전류가 흐르고 반대로 트랜지스터 내를 이미터로부터 베이스에 흐르지 않는다.

따라서 교류 전류가 여기에 정·역으로 번갈아 가해지면 반파로 베이스 전류가 흐른다.

이때 그림 2처럼 반파로 흐른다고 해도 사인파가 실리콘 트랜지

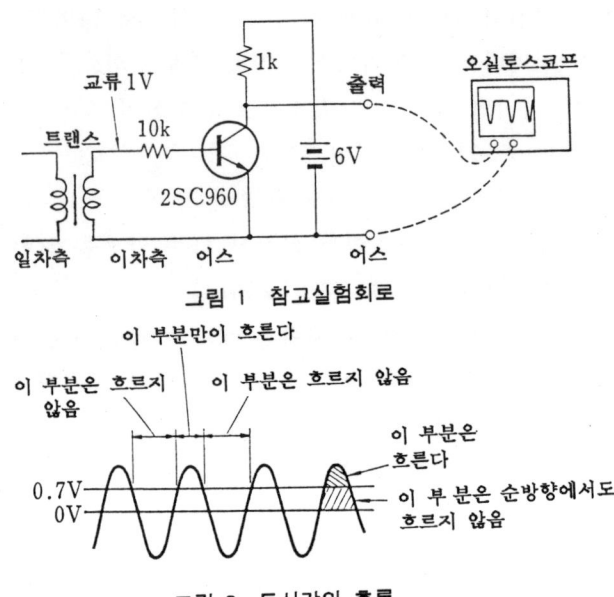

그림 1 참고실험회로

그림 2 두시간의 흐름

터의 베이스와 이미터 간 전압, 즉 0.7V 정도가 되지 않으면 전류는 순방향이라도 흐르지 않는다.

그래서 사인파의 산 위쪽의 0.7V 정도 이상인 일부만이 베이스 전류로서 흐르게 된다.

따라서 그림 1의 회로에서 베이스 전류가 흐르지 않을 때는 트랜지스터가 OFF이기 때문에 6V의 전압이 저항 1kΩ을 통해서 출력에 그대로 나타난다.

이따금 단시간씩 베이스 전류가 흘렀을 때만 1kΩ 이하인 출력의 전압은 트랜지스터가 어스에 전류를 아래로 떨구어서 그것 때문에 그림 3과 같은 파형이 오실로에 나타나는 것이 이해된다.

더구나 실리콘 트랜지스터는 일반적으로 베이스와 이미터 간은 역전압에 약하고 역전압은 예를 들면 트랜지스터의 종류에 따라서 3V나 4V나 5V 정도가 많고 그것 이상인 역방향의 전압이 걸리면 파손한다. 따라서 그림 1의 회로에서는 트랜스의 2차측이 1V나 2V라는 낮은 전압이 되어 있다. 이 정도의 전압이면 트랜지스터의 이미터 베이스 간에 역방향으로 걸려도 일단 걱정은 안 된다.

기계 기술자는 전기의 실험에서 감전을 주의해야 한다. 그림 1처럼 트랜스를 낮은 전압으로 한 실험에서는 쇼트하지 않도록 주의하고 감전의 걱정은 없지만 트랜스의 1차측 100V 이상은 주의를 요한다.

또 교류가 2V라는 것은 실효값으로 표시하는 것이므로 파동의 피크 전압은 2.8V 정도로 보아도 되고 또 일반의 트랜스는 전압이 좀

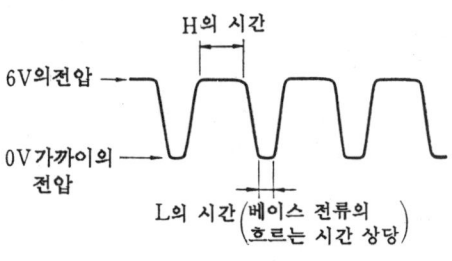

그림 3 오실로의 파형 참고도

높게 나오는 것이 많고 이것 때문에 실험에 사용하는 트랜스의 2차 측 전압은 주의해야 한다.

7.11 기계 기술자의 제어 회로

그림 1은 CdS를 사용한 광제어 회로의 간단한 예다.

CdS는 빛이 들어가면 저항이 대단히 내리고 빛이 들어가지 않으면 약 2MΩ 이상이라는 고저항이 되는 센서다.

또 빛이 강하게 들어가면 예를 들어 2kΩ이나 그 이하로까지 저항이 내린다.

그래서 그림의 회로는 CdS에 빛이 들어가는가, 들어가지 않는가에 따라서 전자 릴레이가 ON, OFF하고 그 접점에서 강전을 개폐함으로써 무엇인가를 제어하는 예이다. CdS는 형태에 대소가 있지만 대개의 것은 모두 이 회로에 사용된다.

다이오드 D는 전자 릴레이의 코일용 서지 전압 대책에서 소형 200mA 정도 이상인 용량의 것이 바람직하다.

또 트랜지스터의 베이스(B)와 이미터(E)간의 저항 R는 일단 700 Ω 정도에서 3kΩ 정도까지로 저항이 낮을수록 CdS에 약간의 빛이 들어와도 동작하지 않고 강한 빛이 들어오면 동작해 응답은 빨라진다. R를 3kΩ 이상으로 하면 약간의 빛이 들어가도 전자 릴레이가

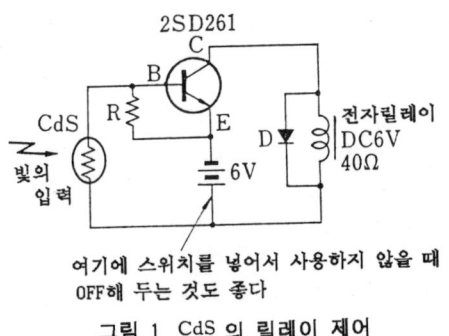

그림 1 CdS 의 릴레이 제어

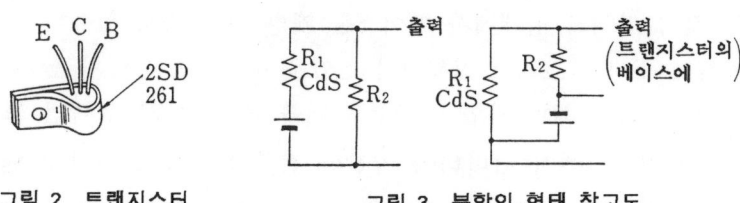

그림 2 트랜지스터   그림 3 분할의 형태 참고도

동작하므로 어두운 상태로 해서 거기에 빛이 들어가도록 해서 사용한다. 이때는 응답이 늦어진다.

그림 2에 이 트랜지스터의 설명도를 든다. 이 회로의 CdS와 저항 R는 전원 6V를 분할하는 형태로 되어 있다.

그림 3은 분할의 참고도이다. 요컨대 CdS의 저항 R_1과 R_2의 저항으로 분할된 전압이 트랜지스터의 베이스에 들어간다. 그리고 빛에 의해서 CdS의 저항이 대폭 변하므로 트랜지스터에의 전압이 빛에 의해서 변한다.

다음, 일반 회로에서 트랜지스터의 베이스 취급을 보면 그림 4처럼 트랜지스터의 베이스와 이미터 간에 저항 R가 들어가면 트랜지스터의 내압(耐壓)이 유리해지고 I_{CBO}등의 리크적 전류가 거의 없어지며 오동작 안전에 유리하다.

그래서 소형 트랜지스터에서는 200정도에서 10kΩ 정도, 파워 트랜지스터에서는 80Ω 정도에서 1kΩ 정도까지를 넣는 것이 어쨌든 기준일 것이다.

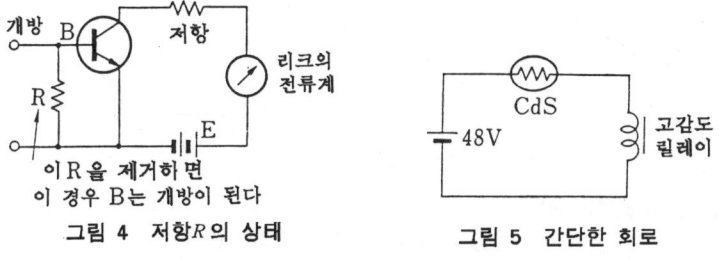

그림 4 저항 R의 상태   그림 5 간단한 회로

참고로 그림 4의 상태에서 베이스를 개방(아무 것도 접속하지 않고 방치해 둔다), 그리고 전원 E의 전압을 주의하면서 점차 높게 해서 트랜지스터의 최대 전압 이상으로 더욱 10V, 15V로 높이면 트랜지스터의 컬렉터에서 이미터에 약간의 전류가 흐르고 특히 트랜지스터를 가열하면 이 전류는 급증한다.

그러나 이때 저항 R에 20kΩ처럼 높은 저항을 넣어도 베이스는 개방하지 않고 이미터에 저항으로 접속되므로 이 리크 전류는 거의 0이 된다.

참고로 대형의 CdS를 사용해 이 전원에 높은 전압을 가해서 강한 빛을 쬐이면 그림 5의 회로에서 전자 릴레이는 간단하게 ON이 되고 빛을 차단하면 OFF가 된다.

7.12 기계 기술자의 전자 릴레이

전자 릴레이(전자 계전기)는 일렉트로닉스에서도 중요한 역할을 한다.

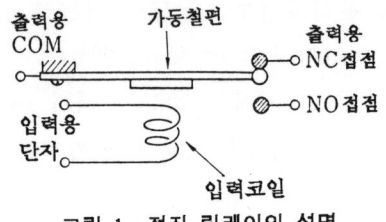

그림 1 전자 릴레이의 설명

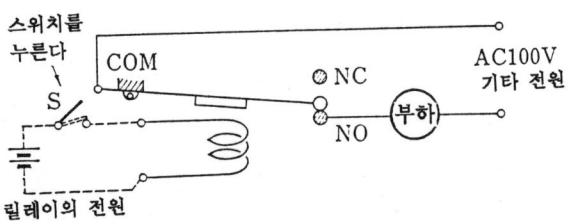

그림 2 접점을 통해 강전의 개폐

7.12 기계기술자의 전자 릴레이

그림 1은 전자 릴레이의 설명이다. 전자 릴레이의 입력 단자와 출력을 위한 접점으로서 COM과 NC와 NO가 있다. 그림의 상태일 때 COM과 NC 접점은 전기적으로 가동 철편의 적소를 지나서 통한다.

그러나 그림 2의 점선처럼 릴레이의 전원을 따로 설치해서 스위치 S 기타에 의해서 코일의 입력용 단자에 전류를 가하면 코일의 전자력으로 가동 철편은 잡아당겨져 접점이 전환된다. 이 전환에 의해서 그림 2처럼 다른 전원(예를 들면) AC100V, 기타에서 대전류가 부하에 흐른다.

전자 릴레이의 코일에 대한 입력을 스위치 S를 열고서 OFF로 하면 가동 철편은 그 순간 스프링의 힘으로 복귀해서 그림 1의 접점 상태로 복귀한다. 가동 철편은 적당한 구조에서 그림 3처럼 몇 개의 접점을 2조나 3조나 4조 또는 그 이상을 가지고 있어서 입력에 전류를 가하면 이들 접점이 모두 동시에 평행해서 각각의 COM과 각각의 NC, NO간이 개폐된다.

그림 4는 전자 릴레이의 예다. 이것은 2조의 접점(단자)을 가지고 있다. 따라서 이것을 사용해서 실험하는 데에는 그림 5처럼 배선해서 그림 2를 이해할 수 있다.

이때 DC6V의 전자 릴레이인 경우 DC6V의 전원으로부터 그대로 스위치나 트랜지스터 등에서 릴레이에 전류를 가하면 된다.

전자 릴레이는 내부 코일이 적당한 저항을 가져 정격의 전압을 가하면 정격 전류가 흐르도록 만들어져 있다. 코일에 흘러 들어가는

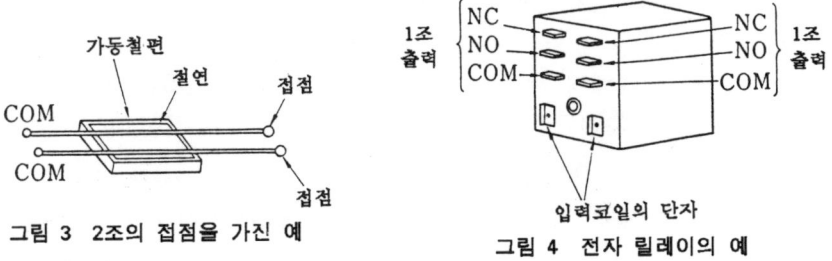

그림 3 2조의 접점을 가진 예   그림 4 전자 릴레이의 예

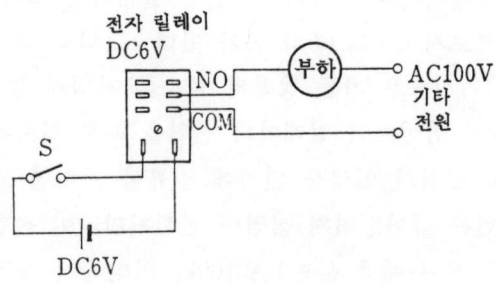

그림 5 전자 릴레이의 사용 방법

약간의 전류에 의해 접점을 통해서 대전류, 높은 전압의 개폐를 할 수 있다. 전자 릴레이의 입력은 DC6V 이외의 각종 전압이 있고 또 교류용도 만들어져 있다.

7.13 전자 회로에 왜 전자 릴레이가 필요한가

전자 릴레이의 기능과 그 특징을 들면 다음과 같다.
① 증폭기능
② 다회로동시기능
③ 기억기능
④ 입출력간 절연
⑤ 몇 조인가의 출력간도 서로 절연
⑥ 무리한 사용법에도 강하다.
⑦ 응답이 늦다.
⑧ 출력은 교직 양용이다.
⑨염가로 사용하기 쉽다(반전도 가능)
⑩ ON, OFF가 이상적으로 완전에 가깝다.

1)의 증폭에 대해서 해설하면 근소한 수 10mA 정도라는 입력으로 3A나 10A 이상인 대전류가 개폐한다.
따라서 전력도 증폭된다.
2)의 다회로 동시 제어는 접점을 몇 조나 가지고 있어서 예를 들어 1조의 접점에서 직류의 어떤 곳의 전압을 개폐하고 다른 조로 교류의 어떤 곳의 전압을 개폐하는 등, 동시에 많은 회로를

개폐할 수 있다.

3)의 기억은 그림 1처럼 자체의 접점인 COM과 NO를 사용해서 스위치 S에 병렬이 되도록 점선처럼 연결한다.

이 상태에서 스위치 S를 닫으면 코일에 전류가 유입해 가동 철편은 끌어내려져 전환되고 COM과 NO가 도통한다. 그러면 스위치 S는 열려도 자기의 닫은 접점을 통해서 전원부터 코일에 전류는 계속 흘러 언제까지나 이 동작을 계속한다. 즉 과거에 한번 스위치 S가 눌리면 언제까지나 전환이 남아 있어서 이것을 기억(자기 유지라고도 함)된다.

전자 릴레이는 1조의 접점을 기억에 사용해도 다회로이기 때문에 나머지 접점이 각종 부하에 대한 전류의 개폐를 제어한다.

이 기억의 해제에는 전원으로부터 릴레이에 흐르는 전류를 일시 절단해야 하고 그러기 위해서는 그림 2처럼 상시 닫혀 있고 필요할 때 열 수 있는 스위치를 넣어 주어야 한다.

4)의 입출력 간 절연은 기계적으로 코일은 코일만, 접점은 접점만이라는 식으로 절연된 구조이기 때문에 당연히 트랜지스터 구조와는 다르다.

5)의 몇 조의 접점은 서로가 절연된 상태로 만들어졌다.

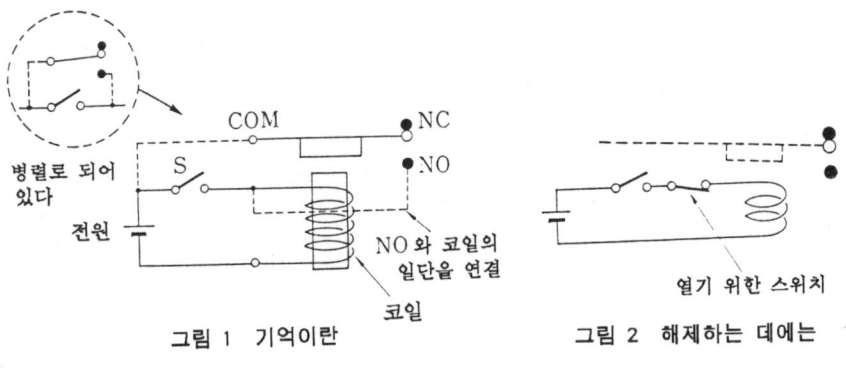

그림 1 기억이란   그림 2 해제하는 데에는

6)의 예로는 DC 6V인 전자 릴레이에 12V의 전압을 일순에 가해도 즉시 파손하는 일은 없다. 그러나 트랜지스터는 일순이라도 과전압은 허용치 않는다.

7)의 응답이 늦은 것은 특징도 된다.
일렉트로닉스의 회로는 응답이 빨라서 일순의 노이즈에도 즉시 움직여버리지만 전자 릴레이는 움직이지 않는다.

8)의 출력은 접점에서 기계적으로 ON, OFF하는 것만으로 거기를 흐르는 전류 방향은 자유다.

9)의 전자 릴레이 접점은 COM과 NC와 NO를 가지고 있으므로 그 사용 방법에 따라서 어떤 회로를 ON하는 것도 OFF하는 것도 자유로 할 수 있다.

10)의 ON과 OFF는 트랜지스터처럼 OFF라고 해도 I_{CEO}처럼 약간의 리크 전류가 흐르거나 0이라고 해도 약간의 전압이 흐르는 것과 다르고 그 시원시원함은 전자 릴레이쪽이 우수하다.

이상의 것 때문에 일렉트로닉스에 전자 릴레이는 매우 중요하다.

7.14 LED 표시와 달링톤 증폭

그림 1은 광센서 CdS와 트랜지스터에 의한 LED 표시 회로의 예다. CdS는 여기에 들어오는 빛을 차단하면 그림 2의 리드선 간 저항이

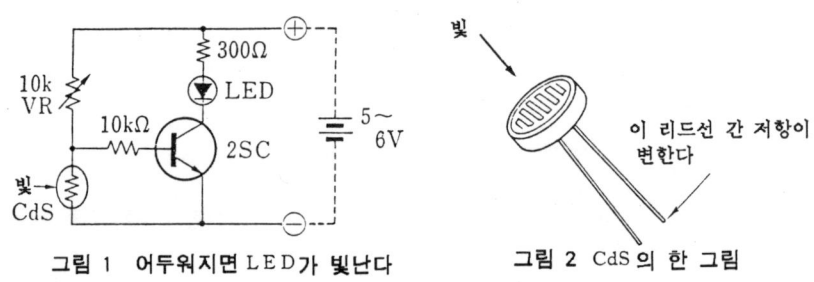

그림 1 어두워지면 LED가 빛난다   그림 2 CdS의 한 그림

7.14 LED 표시와 달린톤 증폭   207

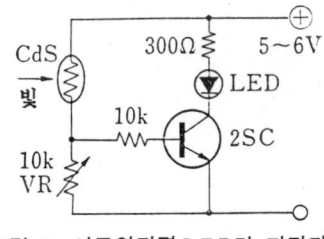
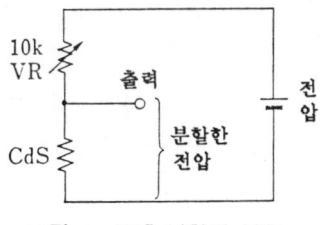

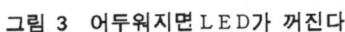

그림 3 어두워지면 LED가 꺼진다   그림 4 두개 저항의 분할

 2MΩ 또는 그 이상이나 되고 또 빛이 CdS에 들어가 수 백 럭스 이상의 조도가 되면 그 저항은 수 백 Ω로 내린다.
 그래서 그림의 회로는 CdS에 들어가는 빛이 약해지면 분압이 강해지고 LED가 점차 빛나기 시작하는 회로가 된다.
 그림 3은 위 회로도에서 CdS의 위치를 변했기 때문에 빛이 약해지면 LED는 꺼지고 빛이 강해지는 데 따라서 LED는 강하게 빛나는 회로가 된다. 이들 회로의 CdS가 있는 곳에 서미스터를 넣으면 온도 변화에 의해서 LED가 강하게 빛나거나 약해지거나 꺼지는 회로가 된다. 그리고 이들의 조정은 10kΩ의 가변 저항기에 의해 어느 정도일 때 어느 정도 빛나게 하는가를 변화시킬 수 있다.
 이들 회로는 요컨대 그림 4처럼 전원의 전압을 두 개 저항의 분할에 의해 자유로 강약을 조정해서 트랜지스터에 가하게 된다. 따라서 그림에서 10kVR의 저항과 CdS의 저항이 같아졌을 때 1/2로 분할되고 그것보다 저항이 내릴수록 분할한 출력의 전압은 더 작아진다.
 달링톤(Derlington) 증폭은 하나의 트랜지스터로는 전류 증폭이 부족할 때 그림 5처럼 두 개의 트랜지스터를 조합해 이것을 결국 1개의 트랜지스터처럼 그림의 (C), (E), (B)를 그대로 컬렉터, 이미터, 베이스로 사용하는 방법이다.
 그림처럼 NPN형 트랜지스터에서도 NPN형 트랜지스터에서도 모두 달링톤 증폭이 가능하다. 사용하는 트랜지스터는 초단의 Tr_1은 소신

208   7. 기계기술자의 트랜지스터 기술

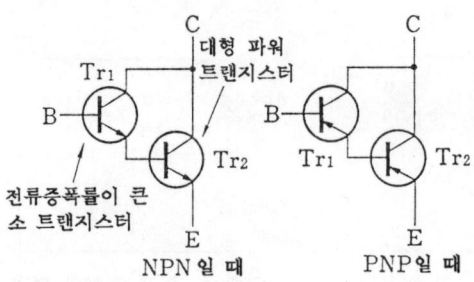

그림 5 두개 트랜지스터의 달링톤

호용인 전류 증폭률이 큰 것을 사용하고 Tr_2는 대형인 파워 트랜지스터를 사용한다. 이것에 의해서 전류 증폭은 양트랜지스터의 hFE의 곱한 형태가 된다.

예를 들면 트랜지스터의 hFE가 모두 100일 때는 100×100으로 10,000배의 증폭이 된다.

달링톤 증폭은 다음의 특징을 활용해서 사용된다.
1) 전류 증폭률이 대단히 크다.
2) 구조가 간단하고 대전류용을 만들 수 있다.
3) 베이스의 입력 임피던스가 아주 크다.

예를 들면 트랜지스터의 일반 입력 임피던스는 조건에 따라서 1kΩ 정도지만 달링톤에 의하면 초단 트랜지스터의 hFE가 효과가 있기 때문에 수 백kΩ이라는 값이 된다.

7.15 달링톤 증폭

달링톤 트랜지스터를 사용해 증폭할 때 입력측 전압이 낮으면 작동하지 않을 때가 있다.

예를 들면 그림 1처럼 1V 정도의 낮은 전압이 들어올 때 그림 1의 좌측처럼 1개의 트랜지스터인 경우 그 전압에서도 베이스 전류가 흘러 증폭을 할 수 있지만 더 큰 증폭이 필요해서 달링톤 트랜지스터

7.15 달링톤 증폭

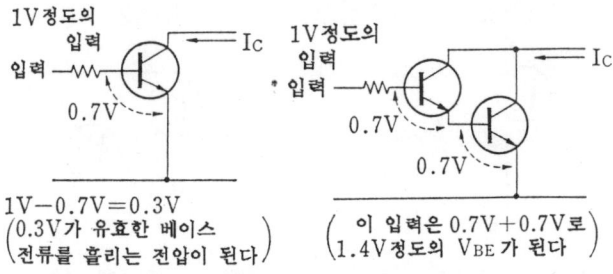

그림 1 낮은 전압을 증폭하는 안

를 사용하면 굉장히 증폭하리라고 생각해 그림의 우측처럼 증폭을 해도 트랜지스터의 V_{BE}는 0.7V 정도를 요구하므로 트랜지스터가 1개 일 때 1V의 전압은 V_{BE}의 0.7V보다 약간 높아서 1V-0.7V=0.3V라는 유효한 전압에 의해 베이스 전류는 흐른다.

그러나 실리콘 트랜지스터를 두 개 그림의 우측처럼 접속하면 베이스와 이미터 간 전압 즉 V_{BE}는 0.7V+0.7V=1.4V 정도가 되고 입력 전압을 1V 정도 가해도 입력 전력이 낮고 베이스 전류가 트랜지스터에 흐르지 않으므로 증폭이 행해지기 어려울 때도 생긴다.

상세하게 말하면 실리콘 트랜지스터의 V_{BE}는 흐르는 전류에 의해 0.7V 전후 정도지만 게르마늄 트랜지스터의 V_{BE}는 0.2V 정도라는 것처럼 실리콘 트랜지스터보다 낮은 전압이 된다. 따라서 이러할 때 게르마늄 트랜지스터를 사용하면 베이스 전류는 흐르기 때문에 큰 증폭이 행해질 듯하다는 것은 이해될 것이다.

그러나 게르마늄 트랜지스터를 달링톤 결합하는 것은 초단 트랜지스터의 컬렉터 차단 전류 I_{CBO}가 커서 이것이 차단 트랜지스터로 크게 증폭되기 때문에 온도 상승등으로 입력 제로라도 상당한 전류가 멋대로 흘러 불완전한 회로가 되므로 주의를 요한다. 실리콘 트랜지스터를 조합한 달링톤에서도 초단 Tr_1의 트랜지스터는 I_{CBO}가 작은 트랜지스터를 선택해서 사용하는 것이 바람직하다.

그림 2와 그림 3도 달링톤 결합의 예인 데 이 경우 저항 R는 수 k

210 7. 기계기술자의 트랜지스터 기술

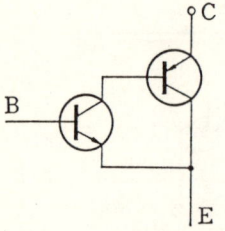

그림 2 달링톤 증폭

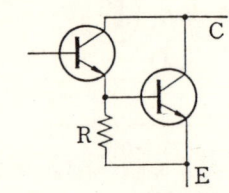

그림 3 저항 R을 넣는다

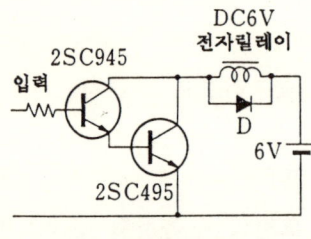

그림 4 달링톤 응용의 예

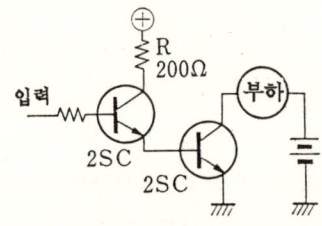

그림 5 달링톤 증폭

Ω에서 30kΩ 정도까지가 바람직하다.

그림 4는 마이컴이나 C-MOS 또는 TTL 등의 출력으로 전자 릴레이를 움직이기 때문에 달링톤 트랜지스터를 사용한 예다.

그림 5도 달링톤 증폭의 참고도다.

7.16 트랜지스터의 기계 응용 여러가지와 트랜지스터 선정

최근에는 가볍고 얇고 짧고 작은 것이 환영받고 있지만 일렉트로닉스는 작은 IC를 사용하는 일이 많고 그래서 약전이 많고 스위치 등도 소형화되고 있다.

따라서 이렇게 작은 것에서 출력되는 전압이나 전류로 일반 기계를 그대로 움직이는 것은 곤란하기 때문에 트랜지스터, 기타로 증폭

7.16 트랜지스터의 기계 응용 여러가지와 트랜지스터 선정   211

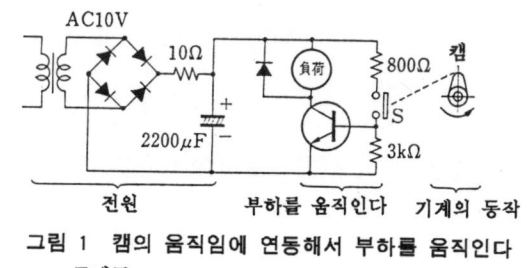

그림 1 캠의 움직임에 연동해서 부하를 움직인다

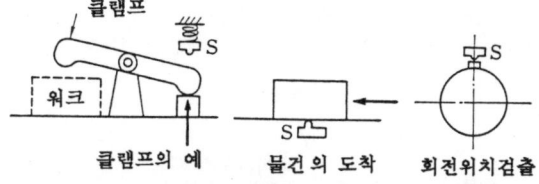

그림 2 마이크로 스위치로 기계의 상태검출

하게 된다. IC만으로도 1,000종을 넘고 그들의 응용은 연구자나 아이디어 맨에 의해 무한한 상태다.

예를 들면 그림 1은 기계의 캠이 회전함으로써 스위치 S를 개폐(이것은 캠의 상태를 검출하는 것이기도 하다)시켜서 전자석 기타의 부하를 캠의 타이밍에 맞추어서 연동시키는 예다.

이것에 의해서 기계 중의 한 움직임은 다른 필요한 곳에 강직한 샤프트나 톱니바퀴등의 기계적인 방법이 아닌 전기로 플렉시블하고 용이하게 연동해서 움직인다. 그리고 트랜지스터를 사용하고 있으므로 스위치는 소전류를 개폐하면 되기 때문에 떨어진 곳에서 작은 스위치로도 수명을 길게 할 수 있다.

기계의 어디가 움직였는가, 클램프했는가, 핸들을 움직였는가, 샤프트 등의 회전체가 회전했는가 등을 검출해 연동시킨다.

그림 2에 기계의 상태 검출의 예를 든다.

클램프나 물건의 도착 기타의 검출에는 그림 3처럼 스위치를 사용해 이것이 눌리어 ON이 되거나 OFF가 되거나 하는 것으로 나타나는 검출 신호(전류나 전압)에 의해 상태를 아는 것이 간단한 한 방법이다.

다음, 회전체의 경사 각도 등의 위치 검출이나 회전 검출 등에는

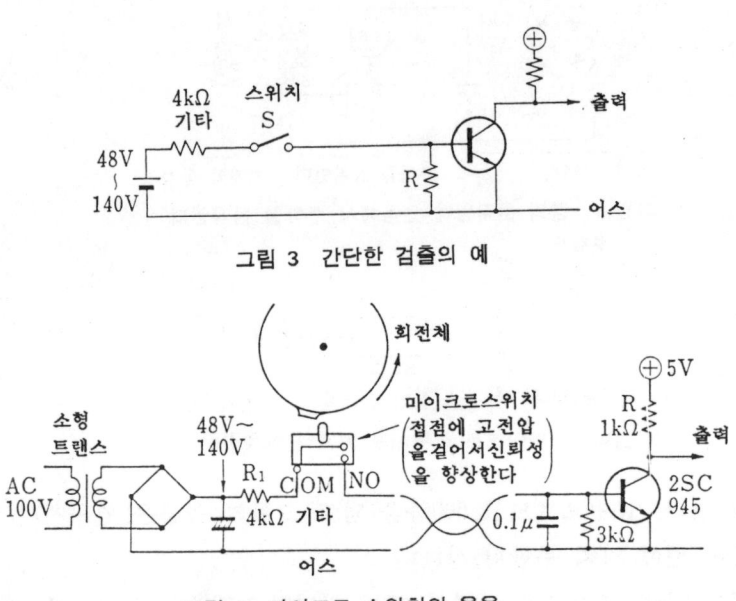

그림 3 간단한 검출의 예

그림 4 마이크로 스위치의 응용

회전체에 1mm나 5mm 등 돌출한 것을 설치해서 이것이 마이크로 스위치에 닿아서 스위치를 개폐함으로써 검출이 가능하다. 회전체에 돌출한 것은 몇 가지를 장착할 수 있다.

또한 이때 마이크로 스위치 등 보통의 접점 스위치를 사용하고 있으므로 5V나 낮은 검출 신호가 필요한 경우에도 그림 4처럼 전원에 48V나 140V 등의 높은 전압을 사용하는 것도 좋다.

그림에서 R_1의 저항은 48V 정도의 전원을 사용했을 때 예를 들어 4kΩ, 140V면 20kΩ나 50kΩ 등을 넣어서 마이크로 스위치의 COM에 접속해 NO 단자에서 트랜지스터에 신호를 보내게 한다.

그리고 이 마이크로 스위치 등의 신호를 받는 방법에는 트랜지스터의 컬렉터에 걸리는 전원 V_{CC}에 +5V를 가함으로써 이 트랜지스터 출력은 +5V가 나오거나(이 전원이 5V이기 때문에 5V 이상의 전압은 나타나지 않는다) 약 0V가 나오는가 하는 형태로 한다. 즉 마이

7.16 트랜지스터의 기계 응용 여러가지와 트랜지스터 선정

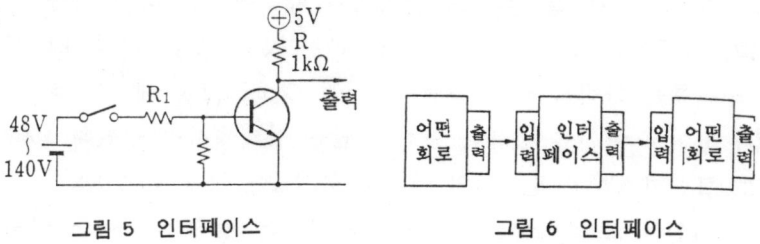

그림 5 인터페이스   그림 6 인터페이스

크로 스위치 등이 ON인가 OFF인가 하는 디지털 신호를 나타내고 있으므로 이것이 5V계 트랜지스터를 사용한 회로에 접속되어 그 트랜지스터를 포함하는 인터페이스에 의해서 5V인가 약 0V인가 하는 형태의 신호가 된다.

이 경우 트랜지스터의 베이스에 들어오는 전원의 전압이 그림 5처럼 49V나 140V에서도 높은 저항 R_1로 안전한 베이스 전류를 흘리게 하면 이 트랜지스터는 파괴되는 일은 없다.

그림 5의 인터페이스라는 것은 요컨대 그림 6처럼 어떤 회로와 다른 회로가 직접 접속되지 않을 때 양자를 잘 접속해 작동시키기 위해 중간에 들어가는 회로라고 생각하면 좋다.

또 참고로 그림 7에서 회로의 트랜지스터(2SC 945)인 경우 점선 내에 규격을 가리키듯 내압 V_{CBO}가 60V로 되어 있다. 따라서 그림의 사용 방법인 경우 V_{CE}의 내압이 되지만 트랜지스터가 이 경우 견딜 수 있는지의 여부를 검토한다.

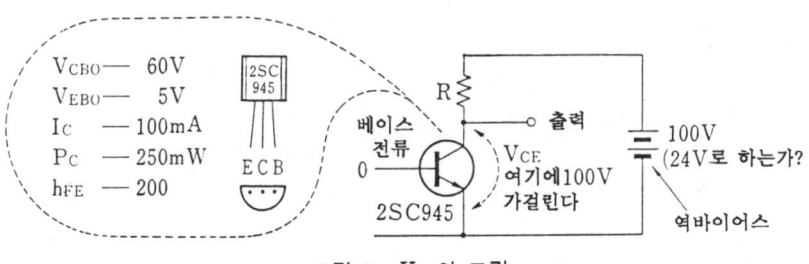

그림 7 V_{CE}의 그림

V_{CBO}보다 V_{CE}쪽이 일반적으로 불리하기 때문에 100V의 전압을 걸면 파괴되는 것을 알 수 있다. 이 파괴라는 것은 그림 7의 회로에서 베이스 전류를 가하지 않고 트랜지스터를 컷오프했을 때 그림의 저항 R가 있어도 여기를 전류가 통하지 않는 상태에서는 전원의 100V 그대로 트랜지스터의 컬렉터와 이미터 즉 V_{CE}에 모두가 걸린다.

즉 이와같이 트랜지스터의 컬렉터와 이미터 간에 역바이어스(역접속)가 되도록 전압을 걸어서 사용하기 때문에 내압이 필요하다. 그림 8은 다이오드의 역바이어스를 가리키는 것인 데 이와같이 다이오드의 역방향에 내압 이상의 전압을 걸면 다이오드는 흐름을 저지 못하고 파괴한다.

트랜지스터도 그림 7처럼 컬렉터와 이미터 간에 역바이어스로 사용해 컬렉터, 이미터 간에 견딜 수 없는 전압 V_{CE}를 걸면 트랜지스터는 그 역전압을 저지 못하고 파괴된다.

요컨대 트랜지스터는 베이스 전류를 가하면 역바이어스이면서 그 베이스 전류에 의해서 컬렉터 전류가 흐른다. 이 점이 다이오드와 트랜지스터의 다른 점이라고 할 수 있다.

앞에서처럼 트랜지스터를 사용할 때 내압에 대한 파괴와 또 하나의 주의는 그림 4의 출력부에서의 저항 R를 1kΩ이 아닌 10Ω으로 하면 전원이 5V이기 때문에 $I=E/R$로 충분한 베이스 전류를 흘리면 0.5A 즉 500mA인 컬렉터 전류가 흐른다.

그러면 그림 7처럼 2SC945라는 트랜지스터로는 I_C=100mA라는 것이기 때문에 이러한 대전류에서는 이 트랜지스터는 가열 파괴될 우려가 있다.

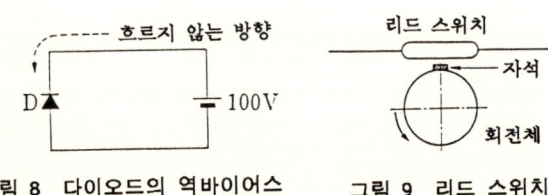

그림 8 다이오드의 역바이어스   그림 9 리드 스위치

그러나 그림 4의 회로는 저항 R가 1kΩ이기 때문에 어쨌든 어떻게 베이스 전류를 흘려도 트랜지스터는 5mA의 컬렉터 전류 정도 밖에 흐르지 않고 전혀 걱정이 없는 상태라는 것을 알 수 있다.

그림 9는 기계등의 샤프트나 원판이 회전하면 거기에 영구 자석이 장착되었으므로 2mm나 5mm 떨어져서 리드 스위치가 ON, OFF하는 예다. 리드 스위치에 자석이 근접하면 ON이 된다.

그림 10은 참고도이다. 이 경우 리드 스위치의 접점은 약전으로서 신뢰도가 높아서 전원에 5V를 사용하고 있다.

이상의 마이크로 스위치나 리드 스위치를 사용하는 경우 이들 스위치의 수명이 문제된다. 스위치의 수명은 그 종류와 사용 방법에 예를 들어 1000만회, 기타가 되고 트랜지스터처럼 반영구적으로 사용할 수 없으므로 특히 천천히 회전하거나 단시간만 사용하는 용도 이외의 일반용에는 빛에 의한 무접점 검출이 바람직하다.

빛의 경우 1분 간에 가령 1,000만회 정도 ON, OFF를 계속해도 파손되지 않는 것이 생길 것이다.

또 앞에서와 같은 기계적 스위치의 개폐에서는 채터가 반드시 나타나기 때문에 용도에 따라서는 특히 주의한다. 따라서 채터레스 회로를 필요로 하거나 또 그림 3의 경우 140V 등의 전선을 스위치로 ON, OFF하므로 전압이 높아서 다른 전선에 노이즈를 유기시키기 때문에 실드선을 사용하거나 고압선쪽을 다른 저압의 신호선에 근접시키지 않는 등 각종 노이즈 대책도 특히 필요하다.

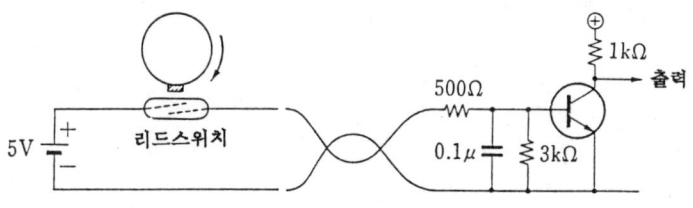

그림 10 리드스위치의 응용

216 7. 기계기술자의 트랜지스터 기술

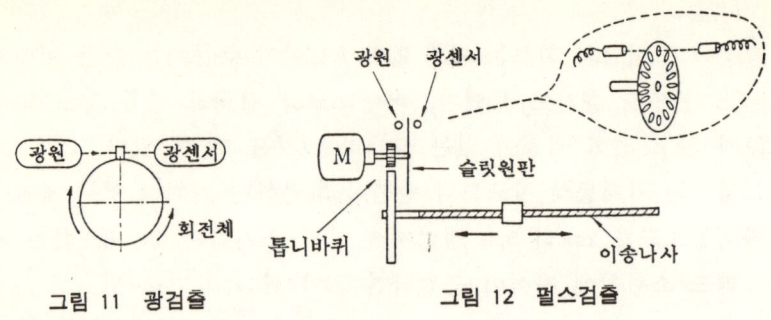

그림 11 광검출   그림 12 펄스검출

    그림 11은 빛을 사용한 광검출의 예다. 회전체에 돌출물을 장착해서 이것이 광원으로부터의 빛을 차단하는 구조로 해 광센서로부터의 출력 전압 상태에서 회전 상태를 검출한다.

    그림 12는 이송 나사와 암나사를 사용해서 테이블 기타를 움직이는 구조인 데 이 경우 모터에 의해서 회전하는 슬릿 원판이 빛을 단속적으로 광센서에 넣기 때문에 광센서는 단속적인 전기 신호를 나타낸다. 몇 회의 단속 신호(이것을 펄스라고 한다)를 나타냈는가, 카운터 등으로 계수하면 기계의 이동 위치를 알 수 있다.

    이러한 빛을 사용한 무접점 방식의 검출이 스위치를 사용한 ON, OFF적인 방식보다는 훨씬 우수한 것이 많다.

    참고로 약간의 용어에 대해서 해설한다.

    연산 증폭기(Operational Amplifier)는 연간 회로 소자나 회로를 사용해서 연산을 할 수 있는 아날로그 증폭기로서 시판되는 아날로그 IC다.

    아날로그 신호(Analogue Signal)란 연속적인 양으로 표시되는 신호로서 디지털과 짝을 이루는 말이다. 예를 들면 온도나 위치 등의 양을 전압의 대소를 가리킨다.

    센서(Sensor)는 검출기를 말하는 데 물리량등을 전기 신호로 변환해 표시하는 것으로 예를 들면 온도나 위치나 빛 기타를 각각의 양에 상당하는 전기 신호로 해서 출력하는 것.

    펄스(Pulse)란 신호가 장시간 연속적으로 출력하는 것이 아니라 단속적으로, 예를 들면 단시간 나타내는 파동이나 파형이다.

7.17 트랜지스터의 표준 회로

기계 기술자가 용이하게 일렉트로닉스를 응용하는 데에는 표준적 회로를 생각하는 것이 바람직하다.

예를 들면 그림 1은 모든 곳에 널리 사용할 수 있는 간단한 광검출 회로의 예다.

포토트랜지스터에 빛이 들면 5V의 전원에서 트랜지스터에 베이스 전류가 흘러 트랜지스터는 ON이 되고 출력에 0V 정도의 전압을 나타낸다. 빛이 차단되면 트랜지스터는 컷오프가 되므로 R를 통해서 +5V가 출력된다. 이 5V가 출력되는가 0V 정도가 되는가 어느쪽이 빛이 들어가는가 들어가지 않는가로 결정된다. 이 출력은 카운터에 보내어 그 펄스수를 계산하는 것도 또 직접 이것으로 무엇인가를 움직일수도 있다.

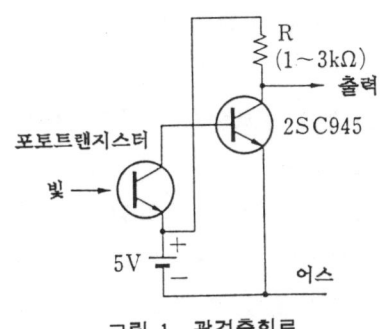

그림 1 광검출회로

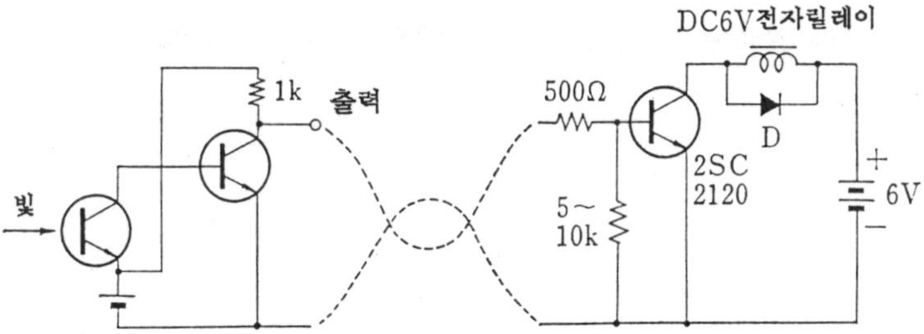

그림 2 릴레이 회로와의 접속

218 7. 기계기술자의 트랜지스터 기술

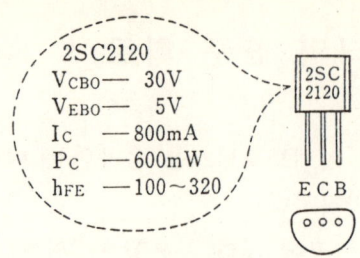

그림 3 트랜지스터

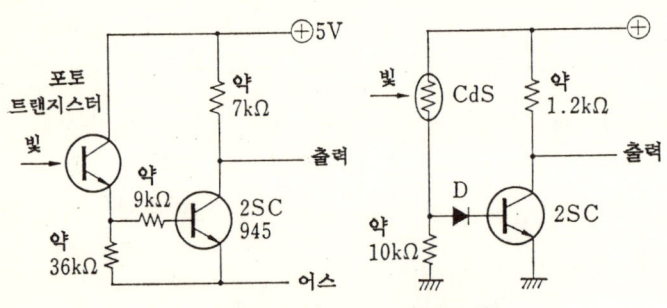

그림 4 광검출회로(포토트랜과 CdS)

그림 2에서 우측의 회로는 전자 릴레이를 트랜지스터로 작동시키는 릴레이 회로의 대표적인 참고도다.

이 릴레이 회로와 앞의 광검출 회로를 조합할 수도 있다.

그림 2의 릴레이 회로에 사용한 트랜지스터를 그림 3에 든다.

그림 4는 기계의 모든 곳에 사용할 수 있는 간단한 광검출 회로의 예인 데 좌측은 포토트랜지스터를 사용한 일반용이다.

또한 이 그림의 우측은 응답이 늦은 곳에서도 좋은 CdS를 센서로서 사용한 회로다.

8. 기계 기술자의 일렉트로닉스 기술

8.1 기계 기술자의 부하와 그 주의

 일렉트로닉스의 응용이나 전기 일반 회로에서 부하라는 것이 있는 데 이것은 전기를 소비하는 것으로 구체적으로는 기계 기술자에게 부하란 모터, 전자석, 램프, 전기 풍로, 전자 릴레이, 기타 많은 것이 있다.
 또한 부하는 유도 부하와 무유도 부하로 나눌 수도 있다.
 유도 부하는 전자석처럼 코일을 가지고 있으며 주의할 것은 코일에 흐르고 있는 전류를 급히 차단했을 때 큰 서지 전압이 코일 내에 발생하는 일이다.
 다음 무유도 부하란 램프, 발광 다이오드, 니크롬선의 전기 히터, 기타 등처럼 코일과 같은 인덕턴스를 가지지 않는 부하인 데 그것 때문에 서지 전압의 걱정이 없고 비교적 안심할 수 있는 부하다.
 그러나 무유도 부하에서도 그 중의 램프 부하는 돌입 전류가 커서

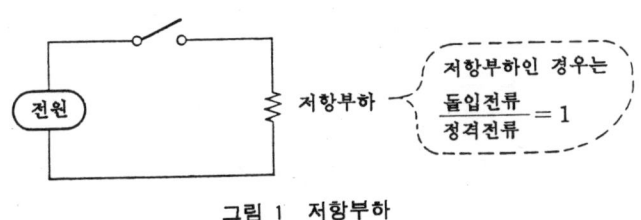

그림 1 저항부하

주의해야 한다. 돌입 전류가 크다는 것은 스위치를 넣었을 때 정상적으로 정격인 전류의 몇 배나 큰 전류가 순간에 흐르는 것이다. 그래서 트랜지스터나 스위치류 등 그 돌입시의 대전류에 견딜 수 있는 것을 사용하지 않으면 파손되는 일이 있다.

그림 1은 저항 부하를 스위치로 개폐하는 설명이지만 이렇게 단순한 저항인 경우 돌입 전류는 발생하지 않고 정격 전류 그대로라고 보아도 좋다.

그러나 그림 2는 램프 부하의 예인 데 스위치(를 넣거나 트랜지스터)가 ON이 되어 약 1/4초 간 정도 정격 전류의 10배나 15배의 대전류가 흘러 그후 정격 전류에 낙착한다.

다음 그림 3은 모터 부하의 예인 데 이와같이 모터도 스위치를 넣

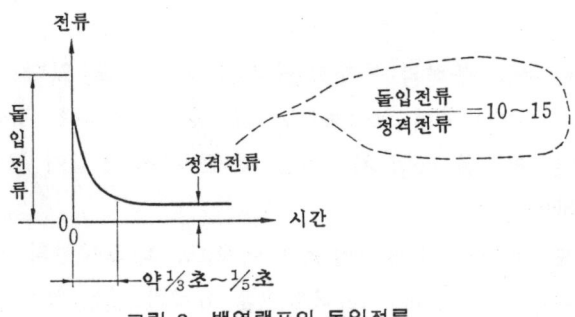

그림 2 백열램프의 돌입전류

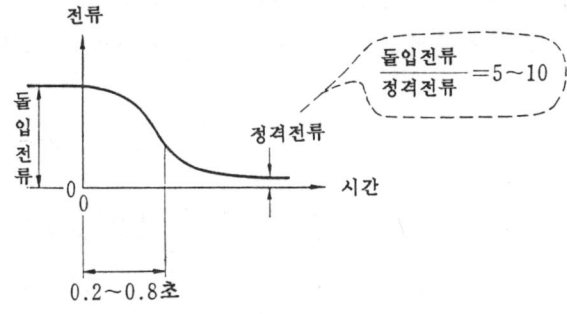

그림 3 모터부하

없을 때 돌입 전류가 5배나 10배가 흐른다. 또 AC 솔레노이드도 교류 전원에서 스위치 투입시 돌입 전류가 10배나 20배, 0.1초 간쯤 흐른다. 전자 접촉기 등도 교류인 돌입 전류가 3~10배 흘러 들어온다.

8.2 스위치를 트랜지스터에 치환하는 방법

일렉트로닉스의 각종 회로나 기기류에 사람의 손으로 스위치를 ON, OFF해서 전원을 가하는 것은 널리 행해지고 있다. 그러나 이러한 스위치를 트랜지스터로 치환하면 사람의 손이 아니라 자동적으로 제어 전류로 트랜지스터가 스위치가 되고 전원을 개폐하게 된다.

예를 들면 그림 1은 발광 다이오드를 트랜지스터로 ON, OFF하는 실험 설명도다. 트랜지스터에서 베이스의 저항 2kΩ인 선단 Z를 A

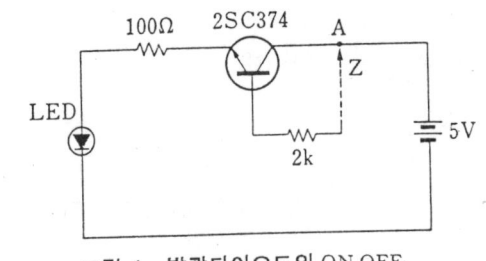

그림 1 발광다이오드의 ON, OFF

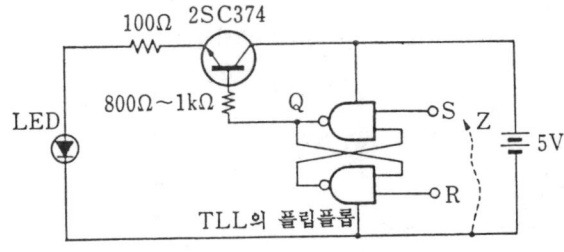

그림 2 플립플롭으로 ON, OFF

점에 대면 발광 다이오드(LED)는 점등한다. 그래서 전자 회로로부터의 출력 신호로 트랜지스터를 사용해 전원을 ON, OFF하는 실험적 설명도를 그림 2에 든다.

그림은 전자 회로의 간단한 예로는 TTL의 플립플롭을 사용해서 그 출력이 H가 되었을 때 트랜지스터를 ON으로 해서 LED를 점등하는 설명도다.

플립플롭은 그 두 개의 입력 S와 R를 모두 H로 해서 S를 일순에 L로 하면 그 S가 H로 복귀해서도 그 출력 Q에 H가 계속 나타난다. 그러면 이 H는 저항 $800\Omega \sim 1k\Omega$을 통해서 트랜지스터에 베이스 전류를 가하는 것이어서 트랜지스터는 ON이 되어 LED는 점등한다.

플립플롭은 실험을 위해 전원의 -측에서 나와 있는 점선 Z화살표의 선단을 일시 그 입력 S에 댄다(이번에는 실험을 위해 사람 손을 대다). 그러면 L신호가 들어간 것이 되고 LED가 점등한다.

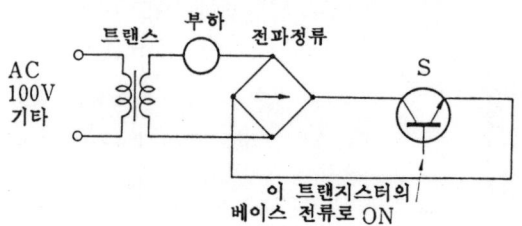

그림 3 교류스위치 참고도

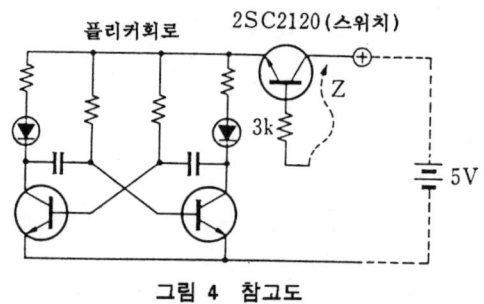

그림 4 참고도

다음에 Z화살표를 일시 그 입력 R에 대면 출력 Q는 L이 되므로 LED는 소등한다.

그림 3은 교류 부하를 트랜지스터로 ON, OFF하는 참고도다. 트랜지스터 S에 베이스 전류를 위에 준해서 가하면 트랜스의 2차측에 들어 있는 교류 부하에 교류가 흐르기 시작한다.

플리커 회로(점멸하는 회로)에 트랜지스터로 전원을 ON, OFF하는 참고도를 그림 4에 든다.

8.3 트랜지스터의 모터 제어법

트랜지스터로 모터를 제어하는 데에는 그 모터의 크기라든가, 어떻게 제어하는가, 기타 그 방법 등 몇 가지 회로를 생각할 수 있다.

그림 1은 이미터에 모터 부하(회전자)가 들어 있는 예다. 따라서 이 베이스 전류의 가하는 방법에 의해서 회전 속도가 변한다.

그림 2는 모터를 트랜지스터의 컬렉터측에 넣은 예다. 그림 3은 교류 전원을 사용해서 DC 모터를 스위치 S의 전환으로 정·역전시키는 한 방법이다. 이것은 모터에 교류가 다이오드 D에 의해서 반파로 흐르는 것으로 소형 모터용이다.

그림 4는 트랜지스터를 콤플리멘터리·심머트리(symmetry) 접속해서 모터를 정·역전시키는 방법으로 DC 서보 모터에 자주 사용된

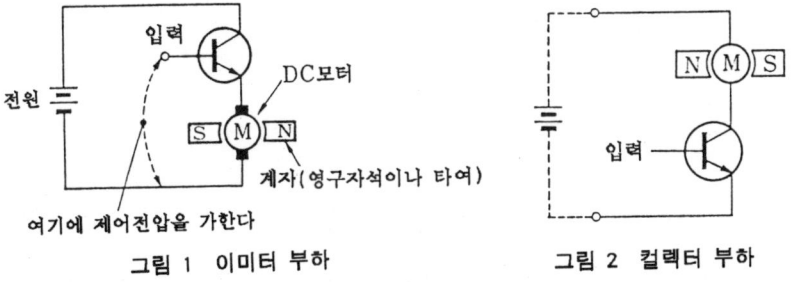

그림 1 이미터 부하   그림 2 컬렉터 부하

224 8. 기계기술자의 일렉트로닉스

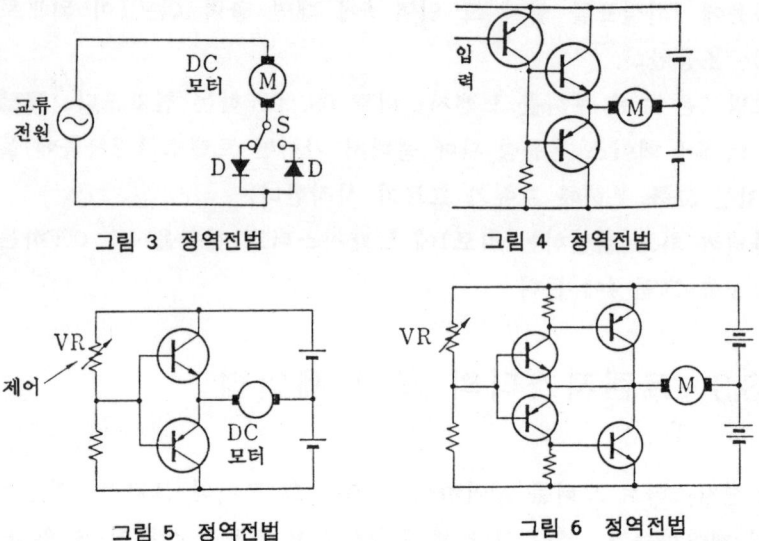

그림 3 정역전법   그림 4 정역전법

그림 5 정역전법   그림 6 정역전법

다. 입력의 베이스 전력을 강약 변화시키면 그것에 의해서 속도 제어도 된다.

그림 5는 가변 저항기 VR를 강약 조정함으로써 정역전 및 속도 제어를 할 수 있다. 이것은 이미터 폴로어의 형태로 되어 있지만 컬렉터에 넣어 트랜지스터를 2단 증폭의 형태로 하면 그림 6이 된다.

2단 증폭이어서 고감도이고 더 대형 트랜지스터를 사용할 수도 있다. 이런 회로의 가변 저항기 VR를 저항형인 센서로 치환할 수도 있다. 예를 들면 VR를 빛의 강약으로 저항이 변하는 CdS로 한다거나

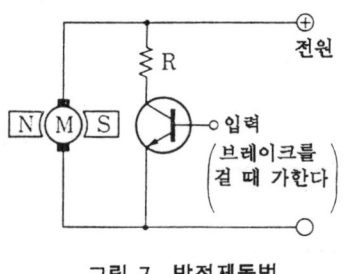

그림 7 발전제동법

온도에 의해서 저항이 변하는 서미스터나 기타로 한다. 이것에 의해서 자동적으로 모터는 센서로부터의 신호로 제어가 가능해진다.

그림 7은 전원을 적당한 방법으로 반드시 끊은 후 트랜지스터의 입력에 베이스 전류를 가함으로써 브레이크를 거는 것인 데 이것은 모터가 관성으로 회로라고 있을 때 모터에서 나타나는 발전 전류를 트랜지스터로 쇼트하도록 흘려 이것에 의해서 발전 제동을 해 브레이크를 건다.

8.4 DC 모터의 속도 제어

그림 1은 마이크로 모터 등의 DC 소형 모터의 제어 참고도다. 계자 쪽은 영구 자석이나 다른 타려의 형태다.

이것은 소형인 가변 저항기로 DC 모터를 속도 제어하는 예다.

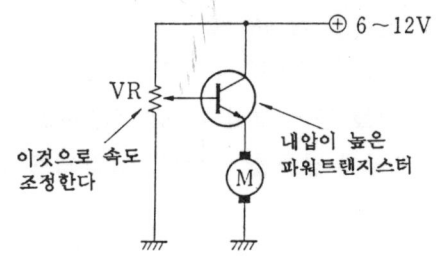

그림 1 소형모터 제어

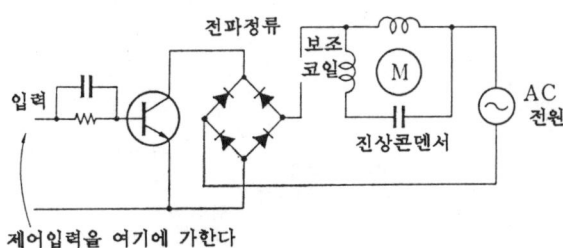

그림 2 교류모터 제어

트랜지스터로 교류 모터의 제어

파워 트랜지스터를 사용해서 교류의 단상 모터를 제어하는 회로의 예를 그림 2에 든다. 이것은 좌측의 입력에 트랜지스터의 베이스 전류를 가하면 우측의 AC 전원부터 교류용 단상 모터에 교류가 흐른다.

교류가 모터에 흐르고 있어도 전파(全波) 정류에서 파워 트랜지스터에는 직류가 되어 흐르고 이것을 트랜지스터로 제어한다.

스테핑 모터의 구동

스테핑 모터(펄스 모터)를 움직이기 위해서는 그림 3처럼(이것은 4상 모터) 전원을 그림처럼 준비해 점선 화살표를 A, B, C, D, A, B, C, D…로 대어서 순서에 따라서 전류를 흘려 가면 조금씩 스텝 회전한다.

역방향에 D, C, B, A, D, C……로 전류를 가하면 역전한다.

단 이것은 1상 여자의 작동 방법으로 보통은 2상씩 여자하는 방법, 기타가 행해진다. 2상 여자일 때 AB, BC, CD, DA……처럼 항상 2상씩 전류를 가하면서 여자를 진행한다.

전류를 가하기 위해서는 예를 들어 그림 4처럼 트랜지스터에의 입력에 의해서 펄스 모터의 코일에 전류를 가한다. 그러므로 4상 모터

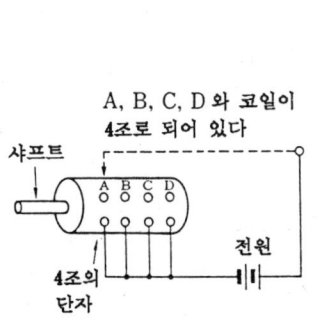

그림 3 펄스 모터의 작동법

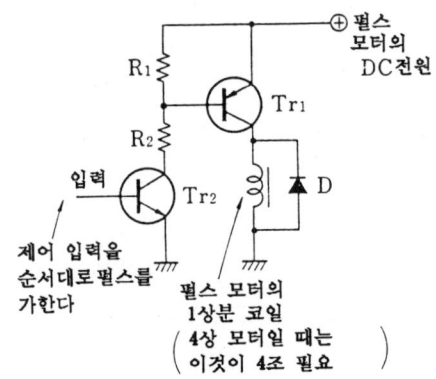

그림 4 펄스 모터의 제어회로

일 때는 이러한 회로를 4조 만들어서 각각의 트랜지스터에 입력을 순서 대로 가한다.

펄스 모터의 코일에는 서지 전압 대책으로서 다이오드 D가 들어 있다. 참고로 실드선은 외피와의 사이가 콘덴서가 되어 정전 용량을 가진다. 그 값은 1m당 수 10pF 이상인 것도 있으므로 이 전선의 접속으로 용량 부하가 접속된 상태로도 된다.

그래서 1차 지연이어서 원래의 신호를 네모꼴로 보내도 수신측에서는 병형을 받는다. 또 실드 드라이브법, 기타로 이 보상을 할 때도 있다.

8.5 광센서의 기계 응용법

광센서를 기계에 응용하는 데에는 기계의 동작이나 기계에의 재료 부품등의 동작에 의해서 빛을 통과하거나 빛을 차관하거나 또는 빛을 반사하거나 반사하지 않거나 하게 연구한다. 그리고 빛이 센서에 들어가는가 어떤가에 따라서 그 센서 회로의 출력이 전력을 나타내거나 무전압 상태가 되도록 한다.

따라서 센서 출력으로부터의 전압 상태를 알면 기계 등의 상태를 알게 된다.

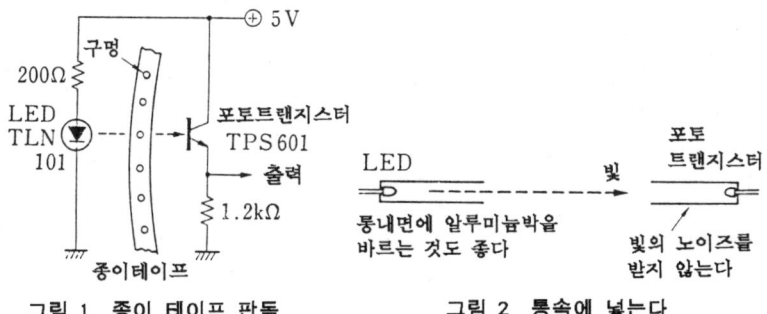

그림 1 종이 테이프 판독   그림 2 통속에 넣는다

그림 1은 종이 테이프에 구멍이 있는가, 없는가를 검출하기 위한 발광 다이오드와 포토트랜지스터를 사용해 출력에서 전기 신호를 얻는 예다. 구멍이 있으면 포토트랜지스터는 ON이 되고 출력에 5V 가까운 전압이 생기고 구멍이 없으면 무전압 상태가 된다.

또한 LED로부터의 빛은 포토트랜지스터쪽에만 나아가도록 해서 포토트랜지스터는 불필요한 빛을 받지 않도록 예를 들면 그림 2처럼 통 속에 이것을 넣어야 할 때도 있다.

최근 FMS나 FA등 무인 공장이 증가하고 있다.

그래서 무인 반송차를 생각해 보자. 그림 3은 휘트스톤 브리지 중에 CdS를 두 개 넣은 것이다. 이 CdS에 빛이 들어가지만 그림처럼 판자가 각각의 CdS에 빛이 절반씩 들어가게 해서 이 상태로 휘트스톤 브리지를 평형되고 있다.

물론 이와같이 휘트스톤 브리지를 단순하게 짜도 즉시 평형되지 않으므로 반드시 실제일 때는 가변 저항기를 브리지 속에 넣어서 조정할 수 있게 할 필요가 있다. 그래서 평형한 후 이 판자가 화살표처럼 우측이나 좌측에 움직이면 2개의 CdS는 한쪽의 빛이 증가하면 다른쪽은 빛이 감소하고 한쪽의 빛이 감소하면 다른쪽은 빛이 증가한다.

따라서 판자가 움직이는 상태는 휘트스톤 브리지로부터 +나 -의 극성과 그 판자가 어느 정도 움직였는지의 정도가 전압이 되어 나타

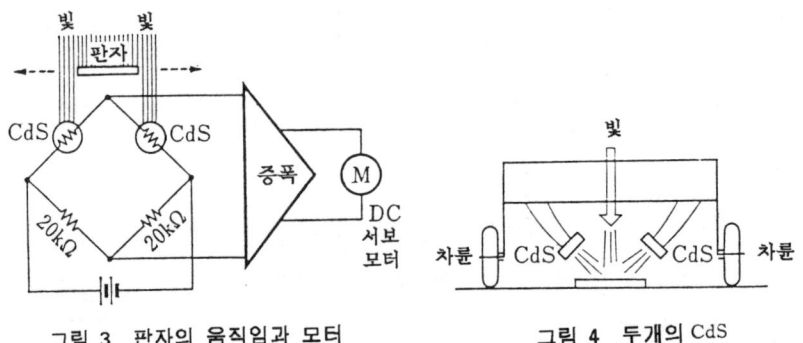

그림 3 판자의 움직임과 모터   그림 4 두개의 CdS

난다. 그러므로 판자가 움직이는 상태는 휘트스톤 브리지로부터 +나 -의 극성과 그 판자가 얼마나 움직였는가의 정도가 전압이 되어 나타난다.

이 신호를 연산 증폭기 기타로 증폭하면 방향 제어용인 DC 서보 모터는 고속, 저속, 정전, 역전 또는 (밸런스하면) 정지한다.

2개의 CdS는 차량에 장착해 그림 4처럼 노면 상의 반사하는 백페인트나 알루미판 기타의 반사하는 빛을 받도록 만든다. 이 경우 차량이 백페인트선의 중앙위에 있을 때 휘트스톤 브리지는 그 반사광을 균등하게 2개의 CdS가 받기 때문에 밸런스하고 차량이 이 상태에서 우측이나 좌측으로 벗어나면 휘트스톤 브리지는 전압을 나타내서 서보 모터를 회전하고 서보 모터로 차량의 핸들을 움직여서 다시 백선의 중앙에 들어가게 한다. 그리고 그 모터는 멈추는 것을 알 수 있다.

8.6 광파이버를 기계에 응용하는 각종 기술

기계의 회전 속도를 떨어진 것을 알기 위해서 그림 1은 회전체의 슬릿에서 빛이 단속적으로 광파이버에 들어가도록 한 예다. 이것은 광파이버의 다른 끝에서 보면 반짝반짝 빛나기 때문에 직감적으로 회전 속도를 알 수 있다. 여기에서 일렉트로닉스의 응용을 알 수 있다.

가는 광파이버 한 선으로는 빛이 적어서 몇 개씩 묶어서 사용하는 것이 바람직하다.

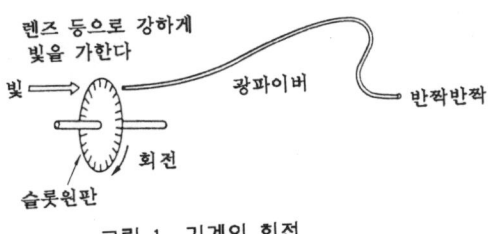

그림 1 기계의 회전

230 8. 기계기술자의 일렉트로닉스

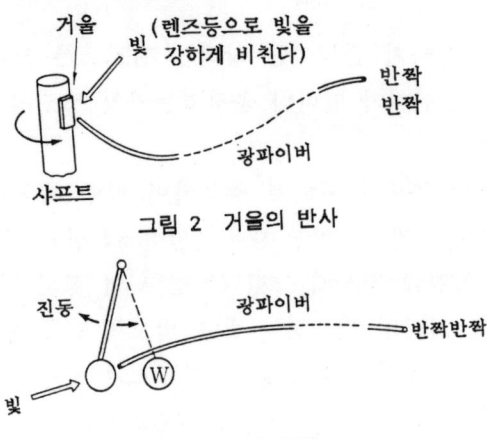

그림 2 거울의 반사

그림 3 진동상태

그림 2도 회전 샤프트에 거울을 장착해서 빛의 반사를 광파이버로 떨어진 곳까지 유도해서 다른 끝에 나타나는 빛으로 회전 상태를 알려는 일안이다.

그림 3은 진동자나 기타 기계의 진동 왕복하는 것에 빛을 대어서 이것을 광파이버로 떨어진 곳까지 유도해 빛의 단속 상태에 의해 그 진동 상태를 아는 예다.

그림 4는 진행하는 워크의 선단이 A광파이버의 빛을 차단했을 때 B나 C나 D의 광파이버의 광상태에서 워크의 길이 치수를 직감으로 즉시로 아는 일안이다. 그러나 워크의 진행 속도가 빠르면 직감에

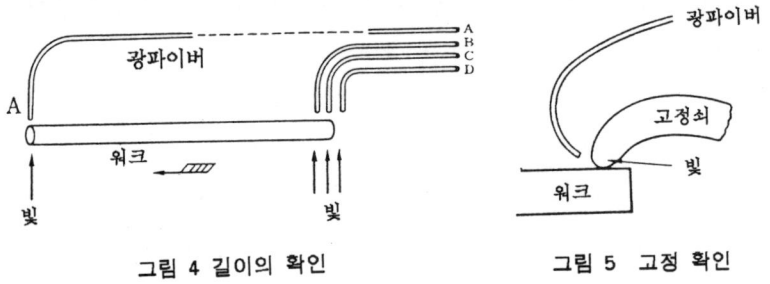

그림 4 길이의 확인   그림 5 고정 확인

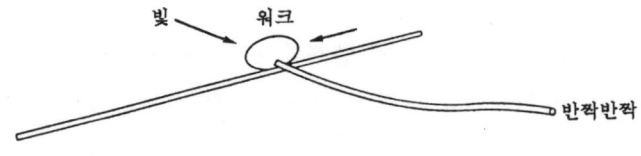

그림 6 슈트 위의 물건 흐름

의한 눈만으로 보는 것은 알기 어려워서 광센서를 A, B, C, D에 장착해서 그 신호를 사용해 기억 회로를 생각할 필요도 있다. 그러나 다른 회로를 여기에 응용하는 것도 바람직하다.

그림 5는 지그의 고정쇠가 워크를 고정했는가 어떤가를 광파이버의 빛으로 떨어진 곳에서 아는 예다.

그림 6은 슈트 위를 흘러가는 워크가 빛을 단속하도록 광파이버를 사용해 떨어진 곳에서 워크의 흐름이 멈추었는가, 흐르고 있는가, 또는 그 수 등을 아는 예다.

이상의 것 외에 광파이버를 사용해 기계의 어딘가가 어떤 위치에 움직이고 있는가, 물건이 어떤 위치에 와있는가 등을 알 수도 있다.

8.7 광파이버로 기계 감시

장소 관계로 광센서가 들어가지 않는다거나 기타 사용하기 어려울 때 광파이버를 사용할 수도 있다.

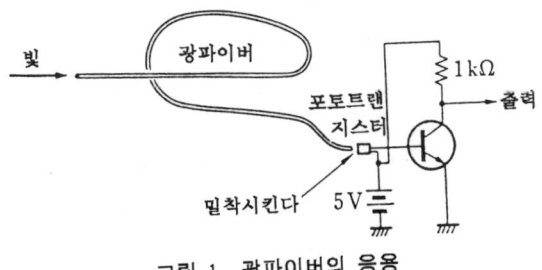

그림 1 광파이버의 응용

그림 1은 비교적 강한 텅스텐 램프의 빛이 광파이버 선단에 들어가고 구부러진 광파이버를 통해서 포토트랜지스터에 들어가 출력에서 신호가 나오는 예다. 따라서 이것에 의해 기계의 동작이 광원의 텅스텐 램프로부터의 빛을 차단하는가의 여부도 출력에 신호가 나타난다. 광원은 수명에 주의하고 약간 전압을 낮추어서 점등하게 한 텅스텐 램프나 자연광 등의 빛을 렌즈로 집광해 광파이버에 넣는 것이 간단하다.

그림 2는 파일럿 램프가 점등했는지의 여부를 확인하거나 알기 위해 광파이버를 응용하는 예다.

그림 3은 광파이버를 순서 대로 나열해서 아래로부터 강한 빛을 비추어서 워크(물건)가 흘러 왔을 때 그 빛의 차단 방법으로 경사졌는가 어떤가 등의 상태를 눈으로 보아서 아는 예다.

이것을 알기 쉽게 하기 위해서는 각 광파이버의 받는 측에 기억 회로를 설치해서 그것이 어떠한 상태로 되어 있는지의 정보가 잠깐 남을 필요가 있다.

예를 들면 그림 4는 플립플롭에 의한 기억 회로다.

입력 S가 L신호로 트리거되면 출력 Q가 H가 되어 기억된다.

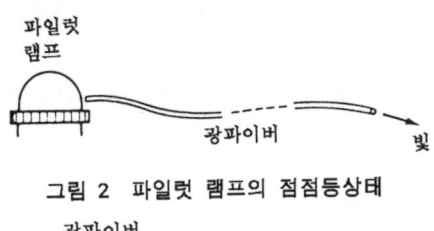

그림 2 파일럿 램프의 점점등상태

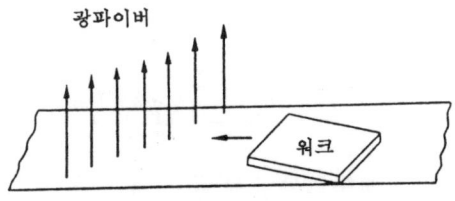

그림 3 흐르는 물건의 상태

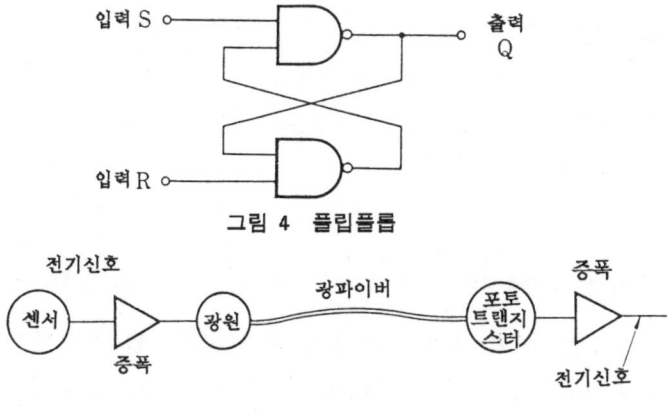

그림 4 플립플롭

그림 5 노이즈 대책례

입력 R를 L트리거함으로써 메모리는 해제된다.

그림 5는 센서로부터의 신호를 증폭해 발광 다이오드나 텅스텐 램프 기타에 넣어서 이것을 광파이버로부터 떨어진 곳까지 보내고 다시 이것을 포토트랜지스터로 전기 신호로 하는 예다. 이것에 의해서 노이즈가 걱정되는 곳을 빛으로 전송하므로 노이즈 오동작에 대해 유리해진다.

광파이버의 응용은 이 외에 많은 것이 생각된다.

8.8 기계의 동작 아날로그 검출과 부하 효과

기계 장치의 아날로그 검출은 아날로그 센서를 활용하는 것부터 시작한다.

아날로그 센서는 각종의 것이 시판되고 있지만 예를 들어 기계의 회전 위치 등은 그림 1의 퍼텐쇼미터를 기계에 연동시켜 두면 이 퍼텐쇼미터 출력에서 기계가 움직인 상태는 전압으로 나타난다.

왕복 운동하는 기계 등은 랙과 피니온으로 퍼텐쇼미터가 회전하도록 만드는 것도 바람직하지만 직선형인 퍼텐쇼미터도 제작되었

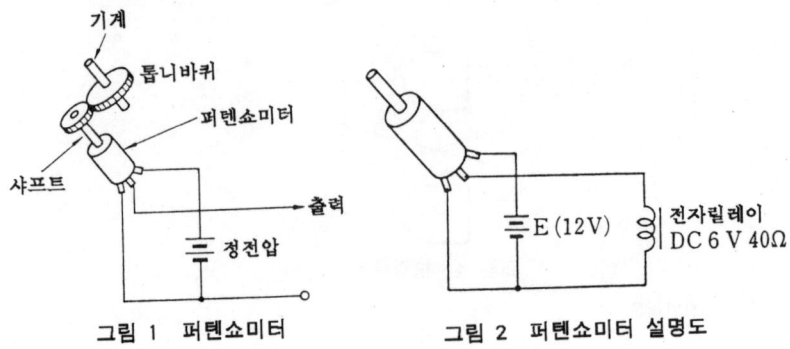

그림 1 퍼텐쇼미터   그림 2 퍼텐쇼미터 설명도

다. 퍼텐쇼미터로부터의 출력은 스타트 위치(샤프트를 일단까지 회전한 곳)에서 0볼트를, 거기서 천천히 움직이면 점차 출력 전압이 상승한다.

퍼텐쇼미터 중에는 광퍼텐쇼미터도 제작되었고 여기에 빛을 넣어서 그 빛을 움직이면 샤프트를 회전시킨 것처럼 그 출력에서 전압을 나타내는 것도 있다.

이것은 비교적 염가로 마찰의 염려가 없는 용도에 따라서는 우수하다.

부하 효과

어떤 소자의 출력에 무엇인가 부하를 접속할 때 접속에 주의한다.

예를 들면 어떤 소자의 출력 임피던스가 높은 경우 거기에 입력 임피던스가 낮은 부하를 접속하면 로딩 에러가 커져 바람직하지 못하다.

그림 2는 10kΩ의 퍼텐쇼미터에 40Ω의 전자 릴레이를 접속한다는 생각이지만 실제로는 이러한 사용 방법은 행해지지 않는다. 왜냐하면 그림 2의 퍼텐쇼미터의 샤프트를 회전시키면 전원 E(예를 들면 12V)는 0에서 12V까지 자유로 변화시킬 수 있으므로 6V를 만들어 6V의 전자 릴레이에 이것을 가하면 전자 릴레이는 움직이는가하고 생각하면 그렇지 않다.

이것은 퍼텐쇼미터로서는 임피던스(저항)가 맞은 전자 릴레이가 접속되기 때문에 퍼텐쇼미터의 출력 전압이 대폭 낮아지기 때문이다.

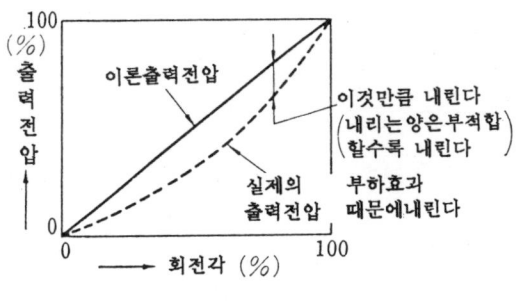

그림 3 부하효과의 설명도

따라서 일반적인 응용례인 경우 퍼텐쇼미터의 예를 들면 20배 이상이라는 입력 임피던스를 가지는 부하를 접속하는 것이 바람직하다.

그림 3은 부하 효과의 설명인 데 퍼텐쇼미터의 샤프트를 스타트 위치인 0에서 완전 100%까지 회전시켰을 때 이론적으로 나타나는 전압과 부하 효과로 낮게 나타나는 전압을 가리키는 것으로 이와같이 낮은 저항의 부하를 퍼텐쇼미터의 출력에 접속하면 그 저항이 낮을수록 출력 전압은 점선처럼 낮아진다.

이것은 상대적으로 만약 입력 임피던스가 낮은 부하를 접속할 때 퍼텐쇼미터쪽도 그 이상 훨씬 낮은 임피던스인 것을 사용하면 부하 효과는 개선된다. 그러나 너무 낮은 퍼텐쇼미터를 사용하면 거기에 대해서 전원의 소비 전력이 커진다. 이것은 퍼텐쇼미터 이외의 센서라든가 또는 회로 등에 대해서 모두 접속할 때 동일한 주의가 필요하다.

8.9 비교 판단 방법

전기적인 형태로 해서 여러 가지 상태를 판단시키는 일이 자주 있다. 그림 1은 E_1과 E_2의 전압을 뺄셈하는 회로지만 E_1과 E_2를 비교하는 설명이기도 하다. 즉 E_1과 E_2가 같을 때 전류의 흐름은 없고 전압계는 0V를 가리킨다. 그리고 E_1이나 E_2의 어느쪽 전압이 큰가에 따라서 그 큰쪽의 +로부터 다른쪽 전원의 +에 무리하게 흘러 들어가게 전류가 흐른다.

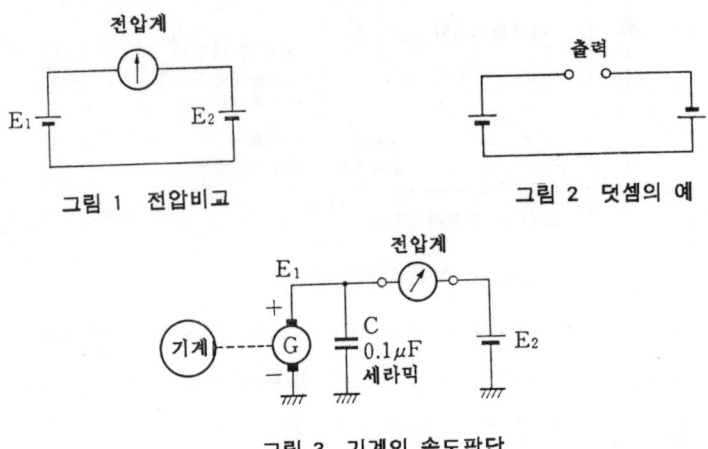

그림 1 전압비교

그림 2 덧셈의 예

그림 3 기계의 속도판단

참고로 그림 2처럼 두 개의 전원을 합하면 출력에는 E_1+E_2의 덧셈한 전압이 나타난다. 위와 같은 뺄셈에 의한 전압 비교를 그림 3처럼 형태를 바꾸어서 기계에 응용할 수도 있다.

이 그림에서는 기계의 회전 속도는 태코제너(속도 발전기)에 의해서 E_1이라는 전압이 되고 이 전압 E_1과 기준인 E_2가 비교되어 전압계에 나타난다. 물론 이러한 비교 결과의 전압이 나타나는 방식으로 이것을 증폭해 무엇인가를 제어한다.

그림처럼 전압계를 넣은 회로에서는 인간에게 그 상태를 알리는 것뿐이다. 또 태코제너의 곁에 있는 콘덴서는 정류 시 나타나는 불필요한 수염상 전압을 흡수하는 패스콘이다.

그림 4는 전원의 E_1과 E_2와 저항 R가 서로 같을 때 전압계는 0볼트를 가리킨다.

두 개의 전원 E_1과 E_2의 값이 다르면 그 대소 관계에 의해서 전압계에는 음양의 전압이 나타나 양진 미터를 넣어 두면 그 지침은 우측이나 좌측에 흔들린다. 또한 이때 E_1과 E_2가 같아도 저항 R를 같은 값으로 하지 않으면 그 대소 관계로 전압계에는 양이나 음의 전압이 나타난다.

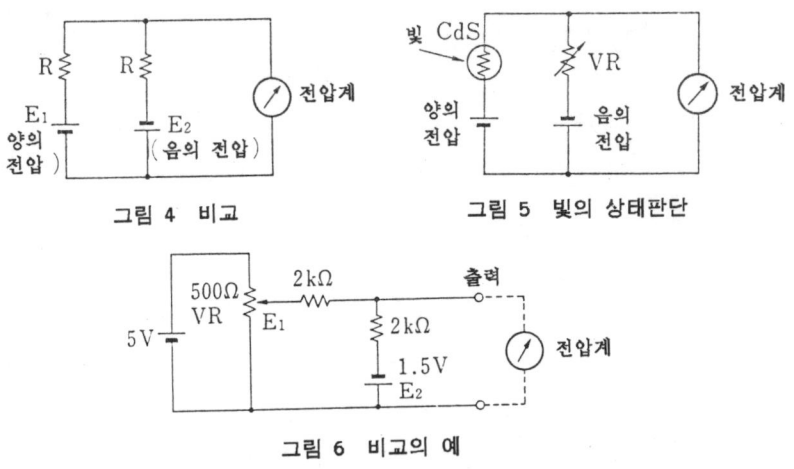

그림 4 비교   그림 5 빛의 상태판단

그림 6 비교의 예

따라서 이 R의 저항을 광센서 CdS로 치환하면 그림 5가 된다. 가변 저항기 VR를 조정해서 CdS에 있는 빛의 상태가 들어 있을 때 전압계를 0볼트가 되도록 하고 그후 빛의 상태가 강약으로 변하면 +나 -의 전압을 나타내므로 빛의 상태를 전기적으로 판단시킬 수 있다.

CdS가 아닌 서미스터를 넣으면 온도의 상태를 판단시킬 수 있다.

그림 6도 비교 회로의 예인 데 이 경우 1.5V인 E_2와 500Ω인 가변 저항기 VR(또는 퍼텐쇼미터)로 분할해서 나타나는 전압 E_1에 비교되어 출력의 전압계에 그 결과를 나타난다.

8.10 기계의 상태 비교 판단법

그림 1에 기계의 비교 판단법을 든다.

이것은 A신호와 B신호의 두 신호 간 전압 상태가 어떠한 상태인가를 비교 판단시키는 회로의 예다. 예를 들면 A입력 신호가 일정하게 들어 있다고 하고 이것을 VR_1로 분할해서 기준의 전압을 설정했다고 하자.

238   8. 기계기술자의 일렉트로닉스

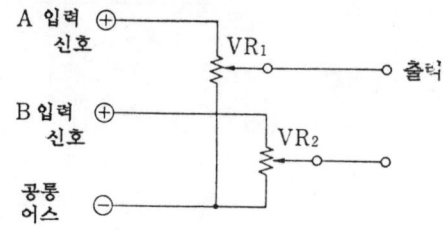

그림 1   비교판단회로의 예

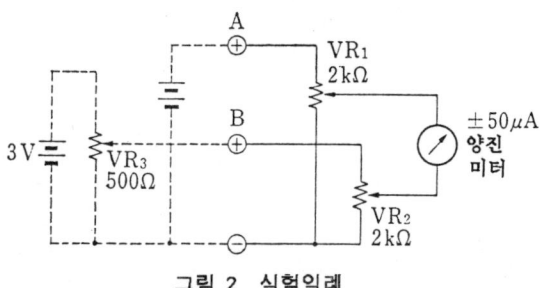

그림 2   실험일례

 이때 센서 등에서 B입력 신호가 들어 와서 이것도 자유로 VR_2로 분할해서 전압이 변화되어 출력을 0볼트로 할 수 있다.
 그런데 위처럼 출력을 0으로 한 후 B입력 전압이 변화하면 출력에는 +나 -로 AB간의 전압 관계를 비교 판단해서 출력한다.
 이것은 그림 2로 실험해 보면 이해된다.
 예를 들어 A입력에 간단히 하기 위해 일단 1.5V를 일정 상태로 가하고 가령 B입력에 3V의 전압을 VR_3으로 분할해서 3V 이하 0볼트까지 자유로 변화시켜서 가해보자.
 VR_3으로 B입력을 1.5V로 했을 때 VR_1과 VR_2를 각각 중앙 위치 부근으로 하면 출력은 0볼트가 되며 양진 미터는 중앙의 0을 가리킨다. 이때 VR_3을 움직여서 1.5V보다 B입력 전압을 상하로 변화시켜 보면 양진 미터는 좌우로 진동해서 기준의 A입력 전압에 대해서 B입력 전압이 어떤 상태인가를 출력한다. 물론 이때 VR_3을 움직여서 B입력을 2V로 해도 VR_2를 조정하면 출력은 새삼스럽게 0이 되어 위처럼 다시 비교시킬 수는 있다.

8.10 기계의 상태 비교 판단법 239

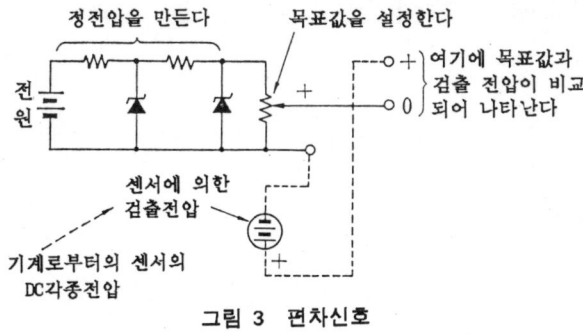

그림 3 편차신호

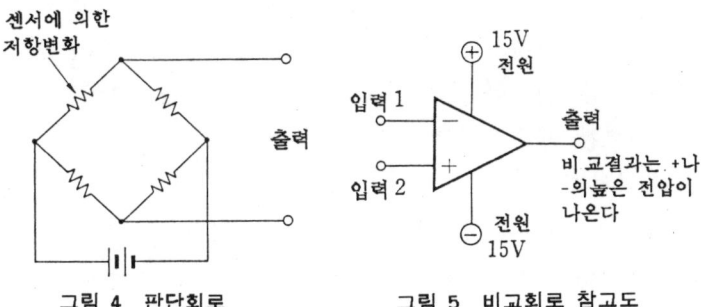

그림 4 판단회로   그림 5 비교회로 참고도

    다음, 설정 지침(값)과 지시 지침(값)의 전기 신호의 차이는 통상 편차라고 해서 편차를 얻기 위한 회로의 예를 그림 3에 든다.

    그림 4는 휘트스톤 브리지인 데 이 어딘가의 저항이 센서 등으로 치환되어 거기 상태가 어떻게 되어 있는가를 출력의 극성과 전압으로 판단이 가능해 진다. 연산증폭기를 사용해서 그림 5의 두 가지 입력에 각각 전압을 가해 그 비교 결과를 출력에 +나 -로 대단한 고감도로 표시할 수도 있다. 더구나 위와 같은 아날로그가 아닌 디지털한 마이컴 등을 사용한 방법으로 고도의 비교 판단을 할 수 있다.

8.11 일렉트로닉스 기계 응용의 마음 가짐

일렉트로닉스를 기계에 응용할 때 일반적으로 시판 IC를 이용하는 것이 바람직하고 IC의 종류는 1,000종을 넘을 정도로 광범위한 회로가 염가로 시판되기 때문에 이것을 사용하는 것이 신뢰성에서도 바람직하다.

각 소자를 모아서 회로를 자작하고 있으면 일수는 걸리고 일렉트로닉스는 기술 혁신이 심해서 타이밍을 상실해 뒤지는 일이 많다. 따라서 기계 기술자에게는 무엇보다 시판 정보를 조사해서 잘 이용할 수 있는 것을 찾도록 생각하는 것이 바람직하다. 그러나 일렉트로닉스의 기초를 배우기 위해 시간을 들여서 자작의 회로를 연구하는 것도 유익하다.

일렉트로닉스 제품을 개발할 때 메이커에 제작 의뢰하는 것도 바람직하지만 이때 어느 정도 일렉트로닉스 기술을 축적해서 메이커를 자기의 일범위에 맞도록 지도하는 능력을 가지지 않으면 희망 대로의 것을 만들기 어렵고 큰 성과도 생기기가 어려울 때가 많다.

다음, 일렉트로닉스의 회로는 소형화되는 것이 많고 커넥터나 스위치, 기타도 비교적 작은 것이 환영받는다. 그래서 커넥터가 접촉 불량을 일으키거나 납땜도 작은 곳에 불확실한 점이 나타나는 일이 있다.

능숙한 사람이 아니면 납땜만으로도 신뢰성이 있는 것은 만들 수 없는 일이 많고 완성해서 시운전에서 양호했더라도 세월의 경과와 함께 동작 불량이 되는 예가 많다. 또 노이즈를 받아서 회로가 생각치도 않던 오동작을 하는 일도 많아서 주의해야 하지만 신뢰성있는 회로를 만드는 것도 중요하다.

예를 들어 트랜지스터를 3단 직결해 굉장한 증폭을 시키는 계획에서 그림 1과 같은 회로를 계획해도 트랜지스터의 불안정성 때문에 실현은 곤란하다. 그러나 특수한 트랜지스터로 I_{CBO}가 특히 작은 것을 선정해서 그림처럼 회로를 만들면 사용할 수 있는 것은 완성된다.

8.11 일렉트로닉스 기계 응용의 마음 가짐

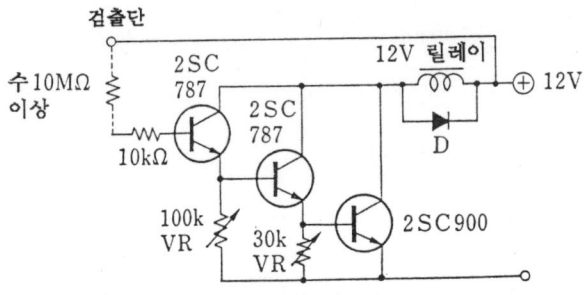

그림 1. 고증폭 릴레이 회로 참고도

검출단에 수 10MΩ 이상인 저항을 가진 것을 넣어도 전자 릴레이가 동작한다.

그러나 I_{CBO}가 크게 증폭되어 있기 때문에 조정에 의해서 전자 릴레이가 ON 상태 그대로 있고 OFF되지 않을 때도 나타난다.

일반용으로 소용되기 위해서는 실온이 오르거나 내리거나 변화하는 악영향을 주어서 실험을 거듭할 필요가 있다.

회로에 따라서는 사용 조건을 붙여서 그 범위에서 사용할 수 있는 것도 생길 것이다.

일렉트로닉스를 기계에 응용하는 것은
1) 더 안전한 기계를 만들기 위해
2) 기계의 상태를 알 수 있는 표시를 하기 위해
3) 사용하기 쉬운 기계로 하기 위해
4) 고성능인 기계로 하기 위해
5) 가장 우수한 조건, 데이터를 취하기 위해, 계측하기 위해
6) 자동화와 무인화를 위해
7) 잘 팔리는 상품으로 하기 위해
8) 불량품을 없애기 위해
9) 오차를 작게 하기 위해
10) 신뢰성의 향상을 위해
11) 기타(가격절감,   능률적 작업을 위해...)

등 이러한 점에 주목해서 기술을 응용하는 것이 바람직하다.

9. 납땜과 테스터

9.1 초심자의 납땜

 각종 전자 회로의 실험, 제작은 납땜을 필요로 하는 곳이 많고 우리는 어쨌든 납땜 방법을 알아야 한다. 납땜을 하는 데에는 그 금속 표면의 청정화가 필요하지만 일반 금속 표면은 유지 외에 다른 산화막 기타로 보통 더러워져 있다.
 따라서 그대로의 표면에서는 땜납을 부착시키기가 곤란하다. 그래서 납땜을 하려는 곳을 청정하게 하기 위해 플럭스를 사용하지만 플럭스는 용도에 따라서 종류가 있다. 또 땜납도 그 성분이나 형상, 크기 등 각종의 것이 시판된다.
 그림 1은 그 일례인 데 마이크로 컴퓨터 및 각 IC를 포함하는 전자 회로 일반에 사용하는 땜납은 선상인 수지입 땜납이 자주 사용된다.
 그림 2는 그 설명인 데 그림처럼 실땜납은 중앙에 플럭스(수지)가 들어 있다.

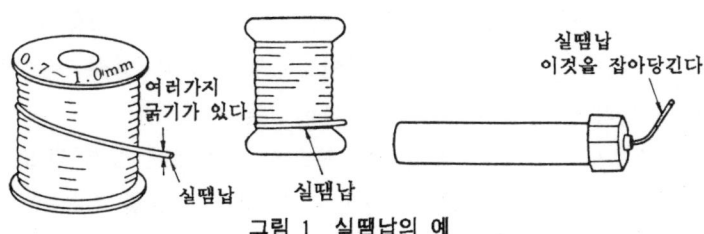

그림 1 실땜납의 예

244 9. 납땜과 테스터

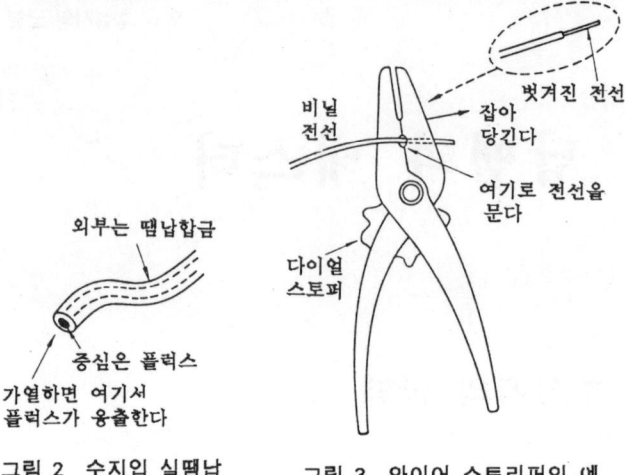

그림 2 수지입 실땜납   그림 3 와이어 스트리퍼의 예

　땜납은 납이나 주석 등의 성분에 따라 그 용융 온도가 달라진다. 마이크로컴퓨터용 LSI, TTL 또는 콘덴서, 트랜지스터 등의 납땜에는 주의해야 하고 땜납에서의 가열에 의해 그들 소자를 열화시키지 않도록 한다. 그래서 땜납은 고온 용융이 아닌 60Sn나 63Sn 정도로, 예를 들어 주석 60%, 납 40%의 1mm 수지입 땜납, 기타가 사용된다.
　즉 일반 전자 회로의 납땜에는 수지입 실땜납의 수지를 플럭스로 사용하고 특히 페이스트는 사용하지 않는 것이 좋다. 페이스트는 세트가 녹쓸 우려나 절연의 저하, 경년 변화로 성능의 열화가 생길 우려가 있다. 배선의 납땜에는 미리 납땜하기 전에 비닐 전선의 끝부분을 일부 벗겨서 내부의 동선을 노출시킬 필요가 있다.
　여기에는 와이어 스트리퍼(전용 공구)를 사용하는 것이 좋다.
　그림 3은 와이어 스트리퍼의 예인 데 그림처럼 비닐 전선을 적당한 길이가 되도록 물고서 전선을 잡아당기면 선단을 벗길 수 있다. 또 이때 전선의 굵기에 맞추어서 스트리퍼를 사용한다.
　참고로 퓨즈의 선정법을 해설하면 퓨즈의 선정에는 정격 전압, 차단 용량이라는 것과 용단 특성이라는 것과 정격 전류를 검토해서 정한다. 이 중에서 특히 정격 전류가 문제된다.

표 1 온도퓨즈의 종류와 표시

녹는온도 (℃)	색별
110	온
120	적
130	녹
170	청

용단 특성에서는 속동 용단형 퓨즈가 있다. 이것은 반도체의 과전류에 대한 보호를 위해 속단하는 것이다. 또한 온도 제어하는 것의 안전을 위해 온도 퓨즈를 사용하는 일이 있다.

표 1에 참고표를 든다.

9.2 납땜 인두

납땜 인두는 납땜하는 장소의 열용량 등에 따라서 그 크기가 다르지만 마이크로컴퓨터의 LSI나 TTL 등의 회로용에는 20~30W 정도의 소형으로 인두끝이 가는것이 바람직하다.

TTL 등과 달리 C-MOS나 마이크로컴퓨터의 LSI 등의 납땜에는 AC100V 전원으로부터의 납땜 인두의 절연도에서 오는 리크, 즉 누전에 주의를 요한다.

그림 1은 납땜 인두의 예지만 이중 아래측에 든 납땜 인두는 특히 절연에 주의해서 제작된 것으로 이러한 납땜 인두는 LSI나 C-MOS에 대해서 바람직하지만 비싸다. 그래서 그림의 위측에 든 일반의 납땜 인두로 주의하면서 사용할 수 있다.

또한 납땜 인두가 낡아진 것은 사용하지 않는 것이 좋고 인두끝과 코드 선단에 장착한 플러그 선단과의 사이를 테스터의 최고 감도로 저항 측정해 바늘이 조금이라도 움직이는 것은 리크 때문에 불안하다.

납땜 인두는 프린트 패턴 등 라인 간격이 좁은 납땜에는 끝이 가

9. 납땜과 테스터

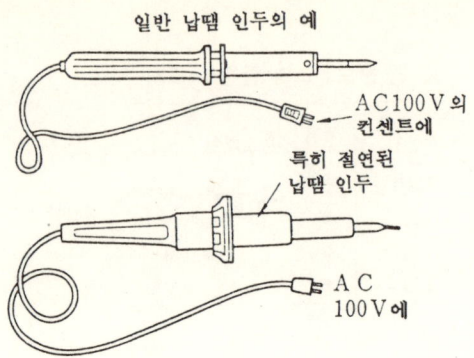

그림 1 납땜 인두의 예

는 예를 들면 끝지름이 3mm 정도의 것으로 20W에서 30W 정도가 사용하기 쉽다.

이러한 곳에 가령 60W인 대형 납땜 인두를 사용하면 프린트 기판의 동박이 벗겨지거나 불필요한 곳을 납땜하거나 해서 좋지 않다. 약간 절연에 걱정이 있는 납땜 인두로 IC류를 소켓에 꽂기 전의 소켓일 때의 회로 배선에는 사용할 수 있다.

그러나 IC가 소켓 등에 들어간 후의 납땜에는 주의하고 특히 절연성이 좋은 납땜 인두가 좋다. 단 리크의 걱정이 있는 납땜 인두라도 납땜하기 직전에 컨센트로부터 그 납땜 인두의 플러그를 뽑아서 여열로 작업하면 된다.

납땜 인두끝은 동막대인 것과 내식성이 있는 납땜 인두가 있고 후자쪽이 선단의 형태가 정확하고 복잡한 IC 관계의 납땜에 선단이 소모하지 않고 오래간다.

납땜 인두는 사용중 동인 경우 인두끝은 산화해 흑색이 되기 쉽지만 검게 된 것은 열의 전달이 어렵고 땜납도 붙기 어려워서 동의 납땜 인두인 경우 형태도 무너져 있어서 줄로 닦는 등 손질이 필요하다.

더구나 인두끝이 더러워졌을 때는 물을 함유한 스폰지 등으로 닦아내는 것이 좋다. 또 납땜 작업 전에 인두를 가열했을 때 등 인두

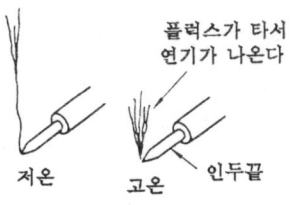

그림 2 플럭스의 연기

끝에 조금 땜납을 녹여서 붙여두는 것이 좋다. 양호한 납땜을 하기 위해서는 인두끝 온도는 적당한 온도로 유지할 필요가 있어서 납땜 인두의 인두끝 온도는 일반적으로 330°C 정도에서 사용된다.

주의하지 않으면 고온이 되기 쉬워서 인두의 온도는 별로 정확하지 않지만 수지입 땜납을 녹여 보아서 인두끝에서 나타나는 플럭스의 연기를 보기도 한다.

이것은 그림 2처럼 저온인 인두의 경우 연기가 가늘게 장시간 나타나지만 인두가 고온인 경우 연기의 발생은 급하고 단시간에 연기가 없어진다. 납땜 인두를 너무 고온으로 하면 인두의 수명도 짧아진다. 또 납땜에 앞서서 부품이나 소자의 배치는 일반적으로 배선이 짧아지도록 또 배선수가 적어지도록 고려할 필요가 있다.

9.3 납땜의 방법

납땜은 그림 1처럼 먼저 목적하는 장소에 인두끝을 대고 거기를 가열한다.

1~2초(큰 물건은 약간 긴 시간)의 가열 후, 그림 2처럼 실땜납을 손에 쥐고서 모재와 납땜 인두에 대고서 땜납을 적당량 녹인다. 녹으면 땜납을 인두에서 떼서 언제까지나 땜납을 늘려서 대량으로 녹지 않도록 한다.

이때 접합부는 움직이지 않도록 주의해서 굳는 것을 기다린다. 이

248 9. 납땜과 테스터

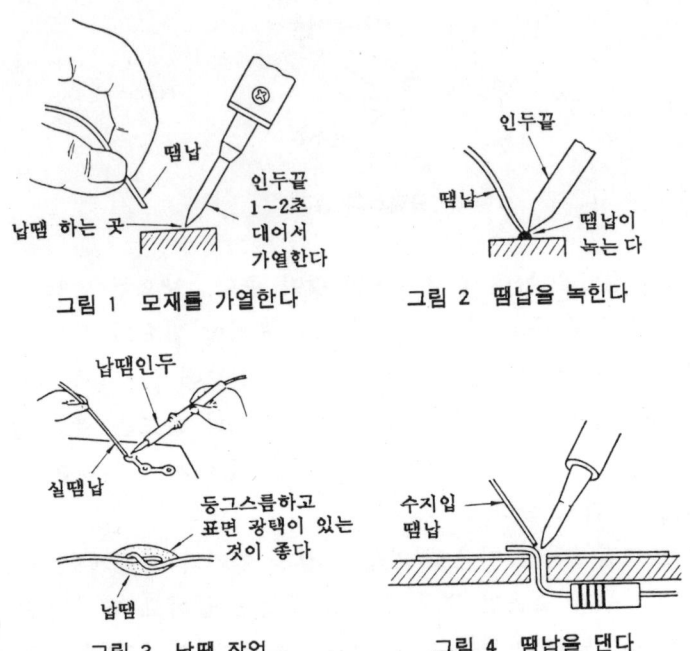

그림 1 모재를 가열한다   그림 2 땜납을 녹힌다

그림 3 납땜 작업   그림 4 땜납을 댄다

동안의 작업 시간은 LSI 등 경우 2~3초 정도겠다.
　그림 3도 납땜의 설명도인 데 그림처럼 납땜을 한 곳은 표면이 매끄럽게 광택있는 상태로 되는 것이 바람직하다.
　그림 4는 프린트 기판에 장착한 저항기(기타)를 납땜하는 곳인 데 위에 준해서 작업한다.
　또한 납땜은 형편에 따라서 납땜하려는 곳에 페이스트를 성냥 개비 기타로 바르고 다음에 납땜인두를 그림 5처럼 실땜납에 대어서 녹이고 인두끝에 그 땜납을 충분히 부착시킨 납땜 인두를 그림 6처럼 접합부에 대어서 그곳을 납땜하기도 한다.
　이와같이 페이스트를 플럭스로서 사용한 납땜은 후에 부식이나 절연 열화가 생길 우려도 있으므로 납땜 후 페이스트를 닦아내지만 그래도 절연 저하가 생기는 일이 있다.

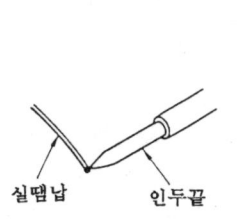 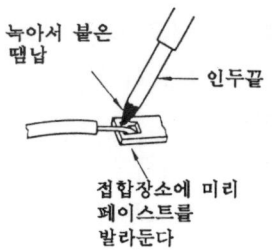

그림 5 인두끝에 땜납을 붙인다   그림 6 땜납이 부착된 인두

더구나 선재의 납땜은 다른 곳까지 예비 납땜을 하고 이것을 필요한 곳에 납땜하는 것도 바람직하다.

납땜 작업에서 녹은 땜납은 구석이나 틈의 내부에 모세관 현상을 스며들고 또 가열된 금속 표면부터 땜납이 내부에 침투해 표면에 땜납의 합금층을 만들어 확실한 납땜 접합이 된다.

참고로 땜납에는 여러 종류가 있어서 전자 부품용에는 저융점 땜납이 사용된다.

그러나 고온이 되는 곳은 고온 땜납이 사용된다.

또 색다른 것으로는 저온으로 녹는 합금으로 46.7°C나 100°C 기타로 녹는 합금이나 유리, 세라믹용 땜납이나 알루미늄용 땜납도 있다.

9.4 납땜 시의 주의

납땜 시의 주의는 여러 가지가 있지만 납땜 시 땜납이 굳어지기 전에는 접합부가 움직이지 않도록 하는 것이 중요하다.

다음 납땜을 잊거나 잘못하는 일이 많다. 또 납땜 작업 시 비산한 땜납 입자에 주의한다. 저항이나 콘덴서 등의 리드선을 니퍼로 절단해 그 선 부스러기가 어딘가에 들어가서 쇼트하는 일도 있다.

또한 납땜이 언뜻 보면 확실하게 된 것 같은 데 전기적으로 통하지 않는 경우도 있다. 또 부품이 밀집된 곳을 납땜할 때 부품이나

250 9. 납땜과 테스터

배선에 인두가 닿아서 부품이 타버려 불량품이 되거나 인두를 너무 장시간 접합부에 대고 있으면 소자의 내부까지 온도가 올라, 이것 때문에 트랜지스터나 다이오드, 콘덴서, IC류를 파손하거나 열화시키는 일도 있다.

트랜지스터는 다리쪽부터 보면서 접속을 하는 데 IC는 핀배치의 번호가 패키지의 위로부터 보고 있으므로 잘못된 핀에 납땜을 하지 않도록 주의한다.

또한 참고적으로 일반의 회로를 납땜 제작했을 때 IC나 LSI류는 소켓에 넣지 않고 전원을 먼저 넣어 보는 것이 좋다. 이때 어디선가 연기가 나거나 예상 외의 대전류가 흐르는 일이 있으므로 그러한 이상이 없는지 특히 주의한다.

또 이때 필요한 곳에 정규의 전압이 오고 있는가, 기타 이상이 없는지를 확인한 후 반드시 전원을 끊은 후 IC나 LSI를 소켓에 그 방향을 틀리지 않게 꽂는 것이 원칙이다. 전원을 넣은 채 LSI를 소켓에서 뽑거나 꽂거나 하면 LSI를 파괴하는 일이 있으므로 주의한다.

그림 1처럼 전선을 댄 채 그것을 납땜하는 것은 일반적으로 피하는 것이 바람직하지만 실험, 기타 일시적 배선 등에는 능률적이고 바람직하다. 정식인 배선은 미리 배선하려는 곳에 전선을 한번 묶고서 그 위를 납땜하는 것이 확실하고 바람직하다.

그림 2는 전선을 납땜하는 설명인 데 그림처럼 나동선을 단순히

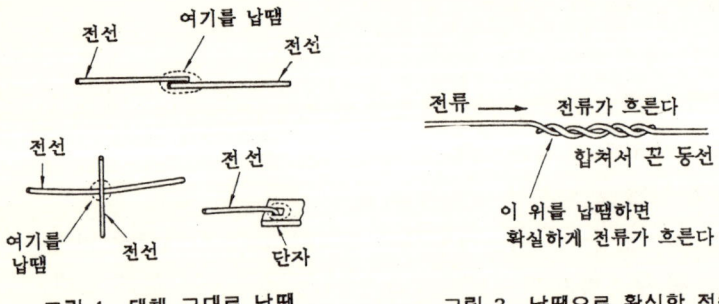

그림 1 댄채 그대로 납땜   그림 2 납땜으로 확실한 접속

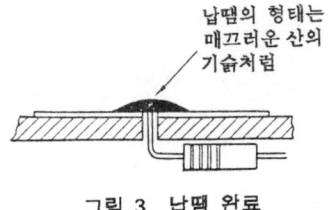

그림 3 납땜 완료   그림 4 줄지 않는 예

합쳐서 꼰 것으로는 장기에 걸쳐 확실한 전류의 흐름을 기대할 수 없다. 그래서 이 위를 납땜하면 장기간 확실하게 전류를 흘릴 수 있다.

그림 3은 양호한 납땜이지만 그림 4는 바람직 하지 못한 예다. 납땜은 신뢰성이 특히 높은 것을 희망할 때는 고도의 기술, 기능을 더욱 필요로 한다.

납땜을 할 때 일반으로 회로 부품은 가급적 가깝게 배치하며 이렇게 해서 배선 길이가 짧아지는 것이 바람직하다. 그러나 부품 간 접촉 사고나 배선 곤란, 절연 저하가 생기지 않도록 너무 고밀도로 밀집시키는 것도 좋지 않다.

배선을 위한 나전선은 꼬임선이나 단선이 널리 시판되어서 길이가 짧은 배선이나 점퍼선, 단독 배선 기타에 사용된다. 피복 전선으로는 비닐 전선이 가장 싸고 널리 사용된다.

9.5 테스터란

테스터란 회로계라고도 하며 간편한 측정기로서 전기 회로의 점검용이나 부품의 측정기로서 염가이기 때문에 가장 널리 사용되는 기계다. 테스퍼 1대로 높은 전압용부터 낮은 전압용까지 각종의 전압계로 사용되는 외에 각종의 전류계로 사용하거나 또는 각종 저항계 등에 자유로 전환해서 사용할 수 있다. 따라서 너무 고정밀도 측정기로는 적합치 않지만 일반 측정에는 대단히 편리하고 전기 관계

252 9. 납땜과 테스터

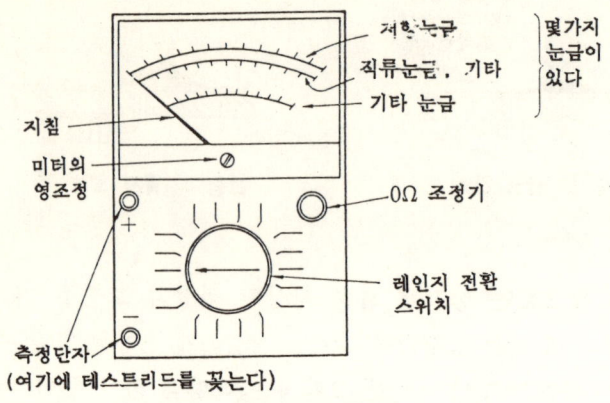

그림 1 테스터의 참고도

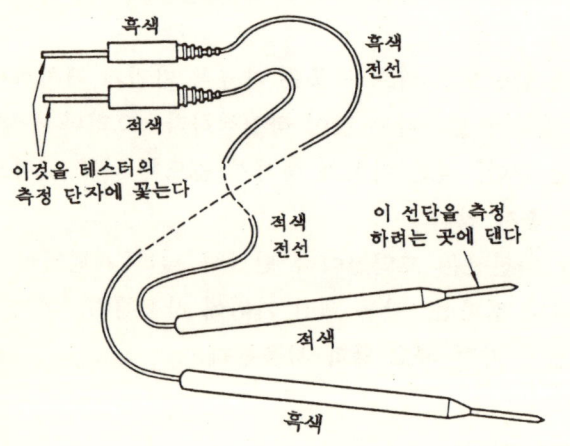

그림 2 테스트리드 참고도

의 작업에는 불가결한 만능적인 측정기의 한 가지다.

그림 1은 참고로 든 테스터의 예인 데 그림 2는 계측 시 측정 장소에 대는 테스트 리드를 가리키는 예다.

그림 3은 테스터 본체의 측정 단자에 테스트 리드의 일단을 넣어서 그 다른측에서 전압의 전압을 측정하려는 것이다. 테스터를 사용해 전원의 전압 상태나 회로 중의 어딘가의 전압이 어떻게 되어 있

9.5 테스터란   253

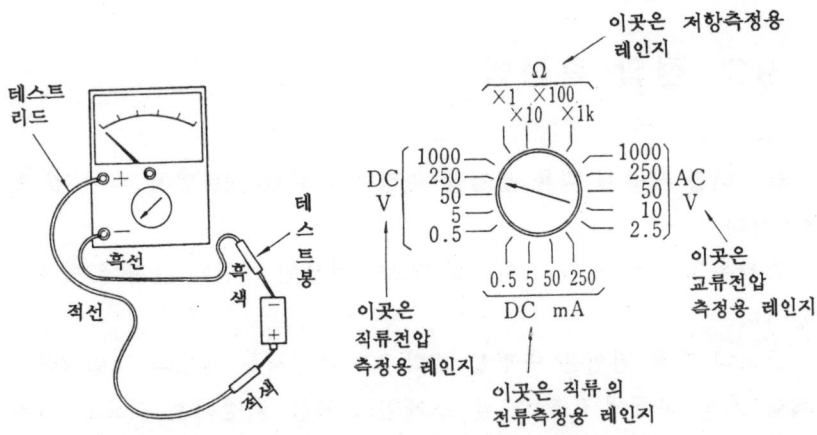

그림 3 테스터의 사용법 참고도   그림 4 레인지 전환 스위치의 예

는가를 계측하는 경우 전기에는 +와 -가 있으므로 그림 3처럼 전원이나 전자의 +측에 테스트봉의 +측(적색측)을 대고 전원이나 전지의 -측에 테스트봉의 -측(흑색측)을 대면 전원부터 테스터 내에 테스트 리드를 통해서 전류가 흘러 이것에 의해서 테스터의 지침이 움직여 스케일의 눈금 위에 그 전압을 지시한다. 따라서 이때 테스터의 눈금을 주의해서 판독하면 전압을 측정할 수 있다. 단 이때 레인지 전환 스위치를 적소에 돌려(테스터를 몇 V의 전압계로서 사용하는가) 전압을 맞춘 후 측정한다. 그러면 적소에 돌리기 위해서는 테스터의 레인지 전환 스위치와 그 눈금이 어떻게 되어 있는가를 알 필요가 있다.

눈금은 테스터에 따라서 어느 정도 다르지만 그림 4는 참고로 든 예이다.

그림을 보면 크게 나누어서 그림의 위측에 저항 측정용(Ω) 레인지가 있고 그 좌측에 직류 전압 측정용(DCV) 레인지가 있고 또 교류 전압 측정용(ACV) 레인지와 직류 전류 측정용(DCwA) 레인지의 4그룹이 있는 것을 알 수 있다.

9.6 전압 측정법

　테스터를 사용해 직류 전압을 측정하기 위해서는 먼저 해야 할 일이 있다.

　그것은 레인지 전환 스위치를 DCV의 적절한 레인지 눈금에 맞추는 일이다.

　그러나 직류 전압을 측정할 때의 DCV 레인지는 전항의 그림 4에서처럼 가장 아래에 0.5V로 풀 스케일(0.5V를 측정하는 것으로 지침이 우측끝 눈금까지 진동)이 되는 곳이 있고 다시 그 위에 5V, 다시 그 위에 50V로 풀 스케일이 되는 곳이 있다.

　다시 250, 1000V로 풀 스케일이 되는 곳이 있다.

　즉 이 경우 직류용 전압계로서 0.5V인 전압계와 5V인 전압계와 50V, 250V, 1,000V인 전압계를 이 테스터 1대로 자유로이 구분해서 사용할 수 있다.

　그리고 예를 들면 250V로 풀 스케일이 되는 곳에 레인지 전환 스위치를 손으로 맞추면 계측하려는 전압이 100V나 150V, 요컨대 250V 이하인 직류(DC)일 때는 여기서 계측할 수 있다.

　그러나 전원이나 회로의 전압이 12V 정도의 비교적 낮은 전압의 경우 이러한 250V 레인지로 측정하면 12V로는 지침은 거의 진동하지 않고 그 눈금을 정확히 판독해도 측정 오차는 크다. 따라서 이때 레인지 전환 스위치를 50V 레인지로 전환해서 계측하면 12V의 전압도 지침은 충분히 진동해서 양호하게 계측할 수 있다. 물론, 0.2V나 0.3V등의 전압을 계측하는 데에는 0.5V 레인지로 전환해서 거기서 측정한다.

　그림 1은 1.5V의 건전지를 전압 측정하는 것인 데 이 경우 5V 레인지로 했으므로 지침은 그림처럼 1.5를 가리키게 된다. 이때 테스트 리드의 테스트봉을 +와 -에 반대로 하면 미터의 지침은 반대로 좌측으로 진동하려고 하기 때문에 테스터가 파손하는 일은 없지만

9.6 전압 측정법 255

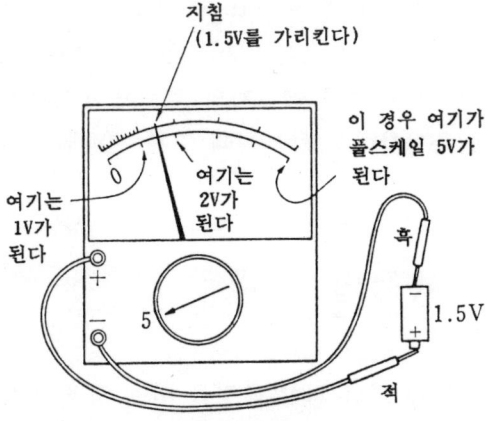

그림 1 전압의 계측법 참고도

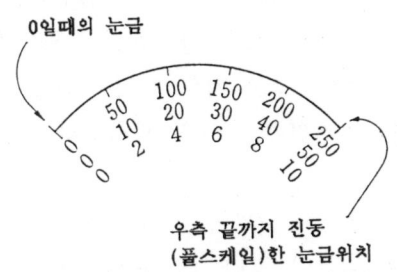

그림 2 풀 스케일 눈금의 참고 설명

바람직 하지 못하므로 어느쪽이 +이고 -인가 극성을 잘 보고서 대도록 한다.

또 전압 측정 시 몇 볼트인지 불명한 전압을 계측할 때 그림처럼 5V 레인지로 해서 계측했더니 예상외로 500이라는 고압이 측정되면 지침은 일순에 끊겨 테스터를 파손하게도 되므로 대단히 주의해야 한다. 그래서 레인지를 높은쪽으로 전환해서 계측해 보고 별로 지침이 진동하지 않으면 그 지시의 진동 정도로 개략의 전압을 알고서 저압 레인지쪽으로 전환해서 계측하는 것이 좋다.

다음 지침의 스케일 눈금은 예를 들면 그림 2처럼 되어 있으므로 레인지 전환 스위치를 1,000V에 맞추면 이 눈금의 풀 스케일(우측 끝까지)인 10을 1,000V로 읽게 된다. 교류 전압을 측정하는 데에는 레인지 전환 스위치를 우측 AC측 레인지의 적소에 전환해서 직류 전압일 때와 동일하게 측정한다. 또한 이때 교류 전용인 스케일 눈금을 판독할 때도 있다.

9.7 저항의 측정법

전기 부품이나 저항체, 기타 저항 측정을 하는 경우 예를 들면 그림 1처럼 레인지 전환 스위치는 저항 측정용 레인지에 맞추지만 이 레인지에 대해 예를 들면 ×1(즉 1배)인 곳과 눈금값의 10배가 되는 ×10인 곳과 100배가 되는 ×100, 1000배가 되는 ×1 k가 있다.

따라서 어떤 저항을 측정해서 테스터의 지침이 20인 눈금을 가리킨다면 그때의 레인지 전환 스위치가 ×1의 위치라면 그 저항값은 눈금 그대로 20Ω이다.

그러나 ×100의 레인지 위치에서 20을 가리킨다면 20×100이 되어 2,000Ω 즉 그 저항값은 2kΩ이 된다. 또 동일하게 20을 가리켜도 레인지 전환 스위치가 ×1kΩ에서 그 값을 가리킨 경우에는 20×1k 즉 20kΩ이 된다.

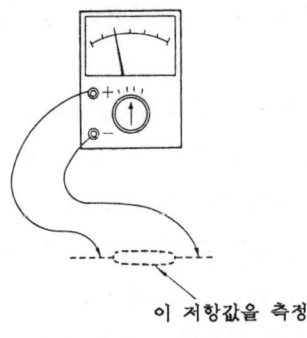

이 저항값을 측정

그림 1 저항의 측정참고도

9.7 저항의 측정법 257

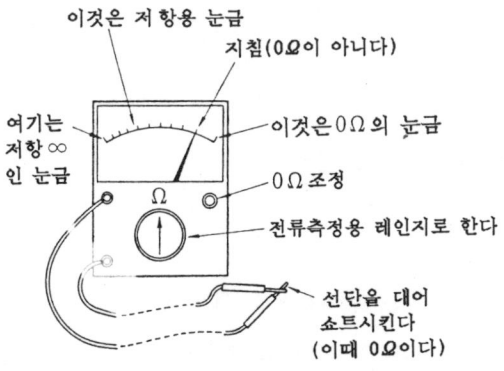

그림 2 저항을 측정하기 전에

단, 상술한 저항 측정을 하기 전에 테스터를 조정해 두어야 한다. 조정하는 데에는 그림 2처럼 레인지 전환 스위치를 예상되는 위치에 세트한 후 테스트봉을 그림처럼 직접 쇼트상으로 대어서(쇼트시켰다는 것은 거기가 0Ω이라고 보아도 좋다. 즉 0Ω을 측정하는 것이 된다) 이것에 의해 테스터의 지침을 완전히 진동시킨다.

그림은 지침이 0Ω을 측정하고 있는 데 완전히 우측 끝의 0Ω까지 진동하지 않아서 조정 불량이다. 반대로 지침의 우측이 진동해서 스케일 아웃(0Ω인 눈금보다 우측으로 나아가는 것)하는 것도 조정 불량이다.

이것들은 미터의 지침을 주의해서 보면서 그림 2의 0Ω 조정을 손으로 어느쪽인가에 돌려 확실하게 우측끝 눈금의 0Ω에 지침을 맞출 필요가 있다.

이와같이 먼저 테스터를 조정한 후 필요로 하는 곳의 저항을 앞에서처럼 측정하게 된다.

저항 눈금은 테스터의 눈금 중에서는 가장 위측에 있는 것이 보통이고 이 눈금은 등간격이 아니라 낮은 저항값일 때는 눈금 간격이 크고 고저항 부분은 눈금 간격이 대단히 작아진다.

테스터에 의한 저항 측정은 연습을 위해 저항값이 알려진 예를 들

258 9. 납땜과 테스터

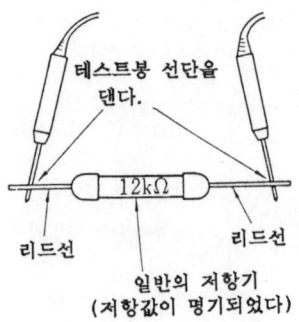

그림 3 저항기를 계측한다

면 그림 3처럼 일반의 저항기를 몇 가지 선정해서 계측해 그 계측 결과가 맞는지의 여부와 계측 방법을 이해하는 것이 좋다.

테스터 내부에는 전지가 들어 있다. 이 전지가 소비되면 저항 측정을 위해 0Ω 조정을 돌려도 지침은 우단의 0까지 진동할 수가 없으므로 이때는 테스터의 뚜껑을 열어서 내부의 전지를 교환한다. 최근은 정밀도가 높은 덜치 미터가 시판되고 또 옛날부터 사용되던 지침을 가진(여기서 해설하는 것과 같은) 테스터도 있고 종류 또한 많다.

9.8 전류의 측정

테스터를 사용해서 전류 측정을 하는 데에는 그림 1처럼 레인지

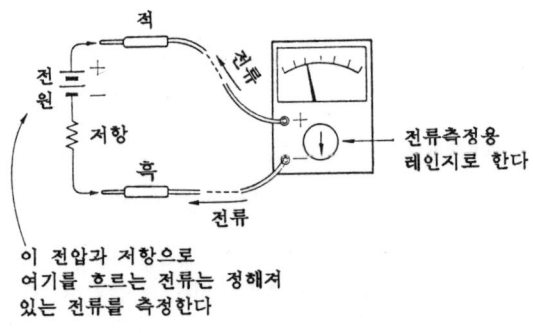

그림 1 전류의 측정방법

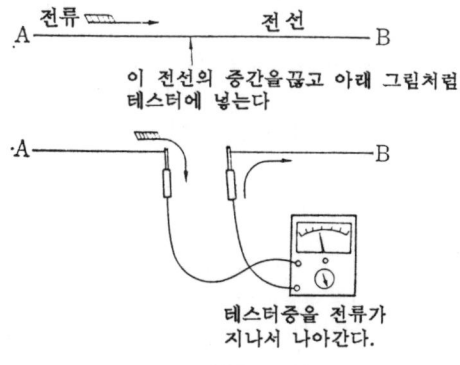

그림 2 전류의 측정

전환 스위치를 먼저 적당한 위치에 맞춘 후 테스트봉의 +측에서 테스터 내에 전류가 흘러 들어가 테스터 속을 지나서 -측 테스트봉에 흘러 나아가도록 사용한다.

일반으로 테스터에서는 교류 전류의 측정이 불가능한 것이 많다. 직류 전류의 측정을 하므로 전원의 극성에 맞추어서 테스트봉을 사용해야 한다. 또 그림처럼 전원에서 테스터에 전류가 흐를 때 흐르는 전류의 값(흐르는 전류의 대소)은 무엇에 의해서 결정되는가 하면 그 회로에 들어 있는 부하의 저항(모든 부하에는 저항이 있다)에 따라서 결정된다.

그렇게 정해져 흐르는 전류의 값을 테스터에 의해서 측정하는 데 앞에서처럼 결정되어 흐르는 전류를 테스터 내에 흐르면 그 값을 측정한다. 따라서 저항이 없는 전원뿐인 곳에(전압을 측정하는 것처럼) 테스트봉을 전류 측정 레인지의 상태로 대는 일은 없다.

만약 그렇게 되면 대단한 대전류가 테스터 내를 흘러서 테스터를 파괴할 우려가 있으므로 주의한다.

그림 2는 한 줄의 전선 A-B 간에 흐르는 전류를 측정하는 예인 데 이 경우 그 전류의 중간을 끊고 거기에 그림의 아래측에 든 것처럼 테스터를 넣는다.

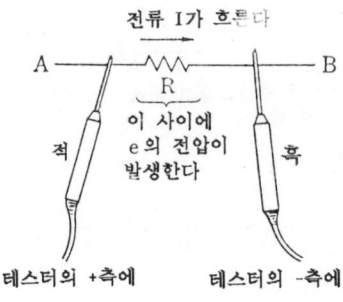

그림 3 저항양단의 전압

이것에 의해 A에서 B에 흐르는 전류는 테스터 내를 지나서 흐르게 되고 그 전류량을 측정할 수 있다. 결국 측정이라는 것은 그림 1처럼 어딘가에 전원이 있고 또 어딘가에 어떤 형태의 부하 즉 저항이 존재해 거기에 흐르는 정해진 전류를 측정하게 된다.

전류 측정의 경우도 레인지 환환 스위치는 일단 대전류가 흘러도 안전하게 대전류측에 전환해서 계측하고 지침이 별로 진동하지 않는 것을 확인한 후 소전류측에 전환해서 그 후에 계측하는 것이 무난하다.

그림 3은 A에서 B에 전류가 흐르는 한 줄의 전선이지만 단순한 전선이 아니라 이 전선 중의 적소에 비교적 낮은 값의 저항 R를 넣은 설명이다. 이와같이 불필요한 저항을 전류 측정을 위해 전선의 도중에 넣으므로 이 저항 때문에 본래의 전류가 제한되어서는 바람직하지 못하다. 그래서 예를 들어 그때의 상태에 따라서 1Ω이나 10Ω의 낮은 저항을 미리 넣어 둔다.

따라서 이 저항기를 전류가 흐르면 옴의 법칙에 의해 $e=IR$의 전압이 그 저항기의 양단에 발생한다. 그래서 그 발생하는 전압 E를 테스트봉을 저항의 양단에 대고서 계측하면 그것에 의해서 흐르는 전류 I를 계산으로 구할 수 있다. 예를 들면 10Ω의 저항 양단에 1V가 발생하면 $I=E/R(1/10=0.1)$에 의해서 0.1A(100mA)가 흐르는 것이다.

기계기술자의 일렉트로닉스 100가지 기술

1993年 3月 15日 發行
1995年 7月 20日 2刷

   著 者 스기다 미노루
   譯者 編 輯 部
   發行人 羅 慶 安

發行處 **機電硏究社** ──────
서울特別市 東大門區 新設洞 104의 29
電話 : 238-7744/235-0791/234-9703
FAX : 252-4559
登錄 : 1974. 5. 13. 第 5-12號
代替 : 011809-31-0515460番

정가 7,000원

ISBN 89-336-0121-X 93550

◆ 본서에 게재된 내용 일체의 무단복제 복사를 금함 ◆